AF381377

Anleitungen
für die chemische Laboratoriumspraxis
Band XXI

Herausgegeben von

W. Fresenius, J. F. K. Huber, E. Pungor,
G. A. Rechnitz, W. Simon, G. Tölg und Th. S. West

Heinz-Helmut Perkampus

UV-VIS-Spektroskopie und ihre Anwendungen

Mit 75 Abbildungen und 21 Tabellen

Springer-Verlag
Berlin Heidelberg New York Tokyo

Prof. Dr. Heinz-Helmut Perkampus
Universität Düsseldorf,
Institut für Physikalische Chemie, Lehrstuhl I,
Universitätsstraße 1, 4000 Düsseldorf 1

Herausgeber

Prof. Dr. Wilhelm Fresenius, Institut Fresenius, Chemische und Biologische Laboratorien
GmbH, Im Maisel, D-6204 Taunusstein 4

Prof. Dr. J. F. K. Huber, Institut für Analytische Chemie der Universität Wien,
Währinger Straße 38, A-1090 Wien

Prof. Dr. Ernö Pungor, Institute for General and Analytical Chemistry,
Gellért-tér 4, H-1502 Budapest XI

Prof. Garry A. Rechnitz, Department of Chemistry, University of Delaware,
Newark, DE 19711, USA

Prof. Dr. Wilhelm Simon, Eidgenössische Technische Hochschule, Laboratorium für
Organische Chemie, Universitätsstraße 16, CH-8092 Zürich

Prof. Dr. G. Tölg, Institut für Spektrochemie,
Postfach 778, 4600 Dortmund 1

Prof. Thomas S. West, Macaulay Institute for Soil Research, Craigiebuckler,
Aberdeen AB9 2QJ, U.K.

CIP-Kurztitelaufnahme der Deutschen Bibliothek
Perkampus, Heinz-Helmut:
UV-VIS-Spektroskopie und ihre Anwendungen / Heinz-Helmut Perkampus. –
Berlin; Heidelberg; New York; Tokyo: Springer, 1986.
(Anleitungen für die chemische Laboratoriumspraxis; Bd. 21)
ISBN-13: 978-3-642-70517-5   e-ISBN-13: 978-3-642-70516-8
DOI: 10.1007/978-3-642-70516-8

NE: GT

2154/3020-543210

Vorwort

Die UV-VIS-Spektroskopie stellt eine der ältesten Methoden innerhalb der Molekülspektroskopie dar. Mit der endgültigen Formulierung des Bouguer-Lambert-Beerschen Gesetzes im Jahre 1852 war schon früh eine Grundlage für die quantitative Auswertung von Absorptionsmessungen geschaffen worden, die zunächst zur Kolorimetrie, dann zur Photometrie und schließlich zur Spektralphotometrie führte. Dieser Weg ging parallel mit der Entwicklung der Detektoren für die Messungen von Lichtintensitäten, d. h. vom menschlichen Auge über das Photoelement, die Photozelle zum Photomultiplier sowie von der Photoplatte zum heutigen Siliziumdiodentarget, die beide eine direkte Aufnahme eines Gesamtspektrums gestatten.

Mit der Entwicklung der Quantenchemie rückte der Zusammenhang zwischen Lichtabsorption und Materie sehr stark in den Vordergrund, so daß in den letzten Jahrzehnten eine Reihe ausgezeichneter Darstellungen zur Theorie der Elektronenanregungsspektroskopie (UV-VIS- und Lumineszenz-Spektroskopie) erschienen sind. Dieser äußerst interessante Aspekt der Molekülspektroskopie dominierte dann auch in den meisten Vorlesungen, auch den eigenen. Dabei wurde häufig übersehen, daß neben der Theorie auch die Anwendungsmöglichkeiten der spektroskopischen Methoden für den Naturwissenschaftler von besonderem Interesse sind. Aus diesem Grunde wurde z. B. die Vorlesung zur Elektronenanregungsspektroskopie am Institut für Physikalische Chemie der Universität Düsseldorf durch eine Vorlesung „UV-VIS-Spektroskopie und Anwendungen" ergänzt, die somit auch die Grundlage des vorliegenden Buches darstellt.

Die UV-VIS-Spektroskopie verdankt ihre Bedeutung nicht zuletzt den vielfältigen Anwendungsmöglichkeiten in der Chemie, Physik und Biochemie.

Diese Anwendungsmöglichkeiten nicht nur bei analytischen Fragestellungen, sondern auch bei der Untersuchung chemischer Gleichgewichte und der Kinetik chemischer Reaktionen einschließlich der Photokinetik darzustellen, ist das Anliegen dieses Buches. Aus diesem Grunde ist der theoretische Teil sehr knapp gehalten, da, wie oben erwähnt, ausgezeichnete Darstellungen hierzu existieren. Auch die apparativen Details werden sehr kurz dargestellt, da in Band II dieser Reihe von G. Kortüm eine hervorragende Darstellung dieser Thematik gegeben worden ist, die auch heute in ihren grundlegenden Details voll gültig ist.

Neben den Anwendungsmöglichkeiten werden auch eine Reihe von Methoden der UV-VIS-Spektroskopie behandelt, wobei die Auswahl vom Interesse des Autors beeinflußt war. Für die praktischen Beispiele, die auch als Praktikumsaufgaben im fortgeschrittenen Praktikum der Physikalischen Chemie durchgeführt werden, wurden zahlreiche Messungen vorgenommen.

Für diese Messungen, das Zeichnen der Abbildungen und das Schreiben des Manuskriptes möchte ich mich bei den entsprechenden Mitarbeiterinnen und Mitarbeitern sehr herzlich bedanken.

Düsseldorf, im September 1985   Heinz-Helmut Perkampus

Inhaltsverzeichnis

1 Einleitung 1

2 Grundlagen 3

2.1   Das Bouguer-Lambert-Beersche Gesetz und seine praktische Anwendung 3
2.2   Photophysikalische Primärprozesse 4
2.3   Schwingungsstruktur der Elektronenspektren 5
2.4   Elektronenspektren und Molekülstruktur 7
Literatur 8

3 Photometer und Spektralphotometer 9

3.1   Photometer 9
3.2   Spektralphotometer 11
3.3   Der Falschlichtfehler 14
3.3.1   Allgemeine Bemerkungen 14
3.3.2   Der Falschlichtfehler des Durchlaßgrades und der Extinktion und seine Messung 15
Literatur 18

4 Analytische Anwendung der UV-VIS-Spektroskopie 19

4.1   Photometrische Einzelbestimmung 19
4.1.1   Photometrische Bestimmung der Elemente mit Hilfe von Komplexbildnern 21
4.1.2   Photometrische Bestimmung von Anionen und Ammoniak 31
4.1.3   Photometrische Wasseranalysen 35
4.1.4   Photometrische Bestimmung von organischen Verbindungen 36
4.1.5   Enzymatische Analysen und Enzymkinetik 41
4.2   Mehrkomponentenanalyse 49
4.2.1   Grundgleichungen 49
4.2.2   Beispiel für eine Mehrkomponentenanalyse 55
4.3   Identifizierung und Strukturbestimmung 58
Literatur 64

5 Spezielle Methoden der UV-VIS-Spektroskopie 69

5.1   Doppelwellenlängenspektroskopie 69
5.2   Derivativspektroskopie. 75
5.3   Reflexionsspektroskopie. 81
5.4   Photo-Akustik-Spektroskopie 88
5.4.1   Grundlagen der PAS 88
5.4.2   Anwendungen der PAS 95
5.5   Lumineszenzanregungsspektroskopie 102
Literatur 109

6 Untersuchung von Gleichgewichten 113

6.1   Allgemeines 113
6.2   Protolytische Gleichgewichte; pK-Werte 114
6.3   Komplexbildungsgleichgewichte 123
6.3.1   H-Brückenassoziation. 124
6.3.2   EDA-Komplexe. 130
6.3.3   Metallkomplexe 138
Literatur 142

7 Untersuchung der Kinetik chemischer Reaktionen 144

7.1   Grundgleichungen der Kinetik 144
7.1.1   Einführung der Extinktion als Meßgröße 144
7.1.2   Zusammenstellung weiterer Reaktionstypen 146
7.1.2.1 Reaktionen 2. Ordnung 146
7.1.2.2 Reaktionen 3. Ordnung 148
7.1.2.3 Reaktionen pseudo-1. Ordnung. 149
7.1.2.4 Folgereaktionen. 150
7.1.2.5 Parallelreaktionen 151
7.2   Zahl der linear unabhängigen Teilreaktionen 152
7.3   Auswertung kinetischer Messungen 157
7.4   Beispiele 160
7.5   Schnelle Reaktionen 167
7.5.1   Strömungsmethoden; Stopped-flow-Technik 167
7.5.2   Relaxationsspektroskopische Methoden 169
7.6   Photoreaktionen 173
Literatur 179

8 Spezielle Auswertung von UV-VIS-Spektren 183

8.1   Oszillatorenstärke und Übergangsmomente 183
8.2   Bandenanalyse. 187
8.2.1   Gauß- und Lorentz-Funktionen 187
8.2.2   Anwendung der Derivativspektren 191
8.3   Schwingungsstruktur 196
Literatur 200

Verzeichnis der dargestellten Absorptionsspektren 202

Sachverzeichnis 203

1 Einleitung

Die Grundlage der optischen Spektroskopie ist die Bohr-Einsteinsche Frequenz-beziehung

$$\Delta E = E_2 - E_1 = h\nu. \tag{1}$$

Sie verknüpft diskrete atomare bzw. molekulare Energiezustände E_i mit der Frequenz ν der elektromagnetischen Strahlung. Die Proportionalitätskonstante h ist das Plancksche Wirkungsquant ($6{,}626 \cdot 10^{-34}$ Js bzw. $6{,}626 \cdot 10^{-27}$ erg s). In der Spektroskopie ist es sinnvoll, an Stelle der Frequenz ν die Wellenzahl $\tilde{\nu}$ zu benutzen, dann wird aus Gl. (1):

$$\Delta E = E_2 - E_1 = h c \tilde{\nu}$$
$$\text{mit } \nu = c/\lambda = c\tilde{\nu}. \tag{2}$$

Absorbierte oder emittierte Strahlung der Frequenz ν bzw. der Wellenzahl $\tilde{\nu}$ kann somit bestimmten Energiedifferenzen oder, nach der Definition des sogenannten Termwertes, bestimmten Termdifferenzen zugeordnet werden:

$$\tilde{\nu} = \Delta E/hc = E_2/hc - E_1/hc = T_2 - T_1 \tag{3}$$

$T_i = E_i/hc$ ist die Definition eines Termwertes. Aus seiner Definition folgt, daß er nach dem SI-System die Dimension m^{-1} besitzt. Allgemein üblich ist aber noch immer die Angabe in cm^{-1}. Die Wellenzahl $\tilde{\nu}$ als Termdifferenz wird somit in m^{-1} oder cm^{-1} angegeben. Da in der Literatur die Wellenzahl ausschließlich in cm^{-1} angegeben wird, soll auch hier noch davon Gebrauch gemacht werden ($1\,cm^{-1} \hat{=} 100\,m^{-1}$).

Für die Absorptionsspektroskopie im Ultravioletten (UV) und Sichtbaren (VIS) läßt sich dieser Bereich durch die in Abb. 1 zusammengestellten Angaben charakterisieren.

Innerhalb des den Chemiker interessierenden Gesamtbereiches der elektromagnetischen Strahlung nimmt die Absorptionsspektroskopie im UV und Sichtbaren nur einen sehr engen Frequenz- oder Wellenzahlbereich ein. Dennoch ist dieser Bereich von außerordentlicher Bedeutung: So entsprechen die Energiedifferenzen gerade denen der *Elektronenzustände* in den Atomen und Molekülen, weshalb wir von „Elektronenanregungsspektren" sprechen. Zum anderen manifestieren sich im sichtbaren Spektralbereich die Wechselwirkungen zwischen der Materie und der elektromagnetischen Strahlung in der *Farbigkeit*. Dies führte früh zu Meßmethoden, deren Grundprinzipien noch heute angewandt werden.

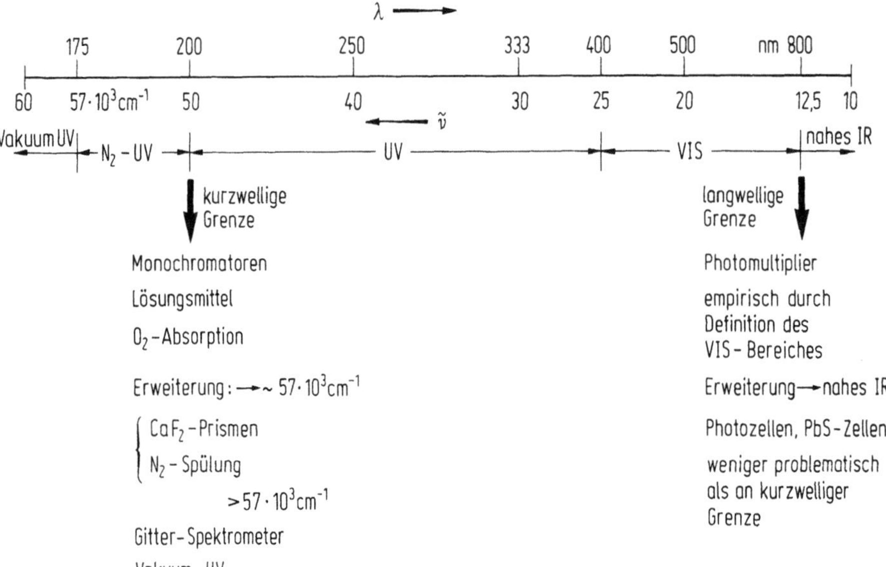

Abb. 1. Bereiche der Elektronenspektren und ihre Begrenzung

Die in Abb. 1 angegebenen Grenzen sind keine festen Grenzen, denn auch unterhalb 200 nm bzw. oberhalb $50\,000$ cm^{-1} zeigen die Moleküle Absorptionen, doch ist dieser Spektralbereich der Routine-Meßtechnik nicht zugänglich. Die kurzwellige Grenze ist apparativ und experimentell bedingt. Die langwellige Grenze (800 nm) ist weniger durch apparative Bedingungen gegeben, sondern hier zeigen, von Ausnahmen abgesehen, die meisten Verbindungen keine Absorptionen mehr, die auf Elektronenanregung zurückzuführen sind. Ausnahmen sind z.B. Polymethinfarbstoffe, die als photographische Sensibilisatoren dienen, sowie anorganische Komplexe, deren Absorptionsbanden noch bis 2 µm $\hat{=}$ $5 \cdot 10^5$ m^{-1} (5000 cm^{-1}) zu beobachten sind.

2 Grundlagen

2.1 Das Bouguer-Lambert-Beersche Gesetz und seine praktische Anwendung

Für Lichtabsorptionsmessungen im UV-VIS und IR an Gasen und Lösungen ist das Bouguer-Lambert-Beersche Gesetz die mathematisch-physikalische Grundlage [1]:

$$\lg\left(\frac{I_0}{I}\right)_{\tilde{v}} = \lg\left(\frac{100}{T(\%)}\right)_{\tilde{v}} \equiv A_{\tilde{v}} = \varepsilon_{\tilde{v}} \cdot c \cdot d. \tag{4}$$

Hierin bedeuten:

$$A_{\tilde{v}} = \lg\left(\frac{I_0}{I}\right)_{\tilde{v}} \qquad \text{die } \textit{Extinktion} \text{ bzw. „Absorbance“,}$$

$$T_{\tilde{v}} = \frac{I}{I_0} \cdot 100 \text{ in \%} \qquad \text{die } \textit{Durchlässigkeit} \text{ bzw. „Transmittance“,}$$

$\varepsilon_{\tilde{v}} \qquad$ der *molare dekadische Extinktionskoeffizient* (molarer Extinktionsmodul).

I_0 ist die Intensität des in die Probe eintretenden, I die Intensität des aus der Probe austretenden monochromatischen Lichtes. c ist die Konzentration des lichtabsorbierenden Stoffes und d die Schichtdicke der Probe in cm.

Aus Gl. (4) ergibt sich:

$$\varepsilon_{\tilde{v}} = \frac{A_{\tilde{v}}}{c \cdot d}$$

mit der Dimension für $\varepsilon_{\tilde{v}}$: $\quad 1 \text{ mol}^{-1} \text{ cm}^{-1} \quad$ bei „c“ in mol l^{-1}
oder $\qquad\qquad\qquad 1000 \text{ cm}^2 \text{ mol}^{-1} \quad$ bei „c“ in mol $\cdot 10^{-3} \text{ cm}^{-3}$.

Der molare dekadische Extinktionskoeffizient $\varepsilon_{\tilde{v}}$ ist eine stoffspezifische Größe, die noch von der Wellenzahl $\tilde{v}$ (cm^{-1}) bzw. entsprechend von der Wellenlänge λ (nm) abhängt.

Den funktionellen Zusammenhang zwischen $\varepsilon_{\tilde{v}}$ und der Wellenzahl $\tilde{v}$ bezeichnet man als das *„Absorptionsspektrum“* einer Verbindung. Da bei vielen anorganischen und organischen Verbindungen der Extinktionskoeffizient innerhalb des Absorptionsspektrums um mehrere Zehnerpotenzen variieren kann, trägt man zweckmäßig statt $\varepsilon = f(\tilde{v})$, den logarithmischen Wert $\lg\varepsilon = f(\tilde{v})$ zur Darstellung des Absorptionsspektrums auf [2].

Das Bouguer-Lambert-Beersche Gesetz ist ein Grenzgesetz für verdünnte Lösungen, d.h. die Aussage, daß der Extinktionskoeffizient ε bei gegebener Wellenzahl $\tilde{v}$ (Wellenlänge λ) von der Konzentration des Stoffes unabhängig sein sollte, gilt nur für verdünnte Lösungen. Bei konzentrierten Lösungen ist ε nicht mehr konstant, sondern hängt vom Brechungsindex der Lösung ab [1]. Bis zu Konzentrationen von $c \leq 10^{-2}$ mol l^{-1} ist der Effekt gering und liegt um 1 bis 2 Zehnerpotenzen unterhalb der üblichen photometrischen Genauigkeit, wie von Kortüm durch Präzisionsmessungen an wäßrigen Lösungen von $K_3[Fe(CN)_6]$ nachgewiesen wurde [3].

Die Anwendung des Bouguer-Lambert-Beerschen Gesetzes setzt nach Gl. (4) die Messung des Verhältnisses der Lichtintensitäten I und I_0 voraus. Bei der Messung in Quarzküvetten (UV-VIS) oder Küvetten aus optischem Spezialglas (VIS) geht aber ein Teil des Lichtes durch Reflexionen an den Küvettenflächen verloren. Um diesen Fehler zu eliminieren, führt man stets eine Vergleichsmessung gegen eine Küvette gleicher Schichtdicke durch, die die zu messende Substanz nicht enthält. Da bei der UV-VIS-Spektroskopie meist in Lösung gearbeitet wird, enthält dann die Vergleichsküvette das reine Lösungsmittel (das in dem in Frage kommenden Spektralbereich selbst nicht absorbieren darf).

Hinter der Vergleichs- oder Referenzküvette wird somit I_0 und hinter der Meßküvette, die die Probe enthält, wird I gemessen. Das nun von Reflexionsverlusten und Lösungsmitteleinflüssen unabhängige Verhältnis I/I_0 wird je nach Aufbau und Arbeitsweise des Gerätes analog oder digital in $T_{\tilde{v}}$ (%) oder $A_{\tilde{v}}$ angezeigt.

Voraussetzung bleibt, daß die beiden gegeneinander gemessenen Küvetten die gleiche Schichtdicke besitzen und vor Beginn der Messungen abgeglichen worden sind. Die Genauigkeit der Schichtdicken eines ausgemessenen Küvettensatzes wird von den meisten Herstellern innerhalb weniger Promille eingehalten. Der Abgleich eines bereits benutzten Küvettenpaares hängt jedoch ganz von der individuellen Sorgfalt jedes einzelnen Benutzers eines UV-VIS-Spektralphotometers ab. Für viele Zwecke wird man mit den sogenannten Standardküvetten auskommen, die in Schichtdicken von 0,1; 0,2; 0,5; 1; 2; 5 und 10 cm zur Verfügung stehen und die je nach Spektralbereich aus Quarzglas-Suprasil oder optischem Spezialglas angefertigt sind. Darüber gibt es serienmäßig eine große Auswahl von Küvetten für spezielle Meßtechniken [4].

Die Wahl des Lösungsmittels hängt von einer ausreichenden Löslichkeit der zu messenden Substanz ab. Als Lösungsmittel, die von ca. 180 nm ab im UV-VIS-Bereich durchlässig sind, kommen z.B. n-Heptan, Wasser und Trifluor-ethanol bzw. Hexafluor-isopropanol in Frage. Allerdings muß die Schichtdicke unterhalb 200 nm auf 0,1 cm heruntergesetzt werden und das Spektralphotometer muß in diesem Bereich mit nachgereinigtem Stickstoff gespült werden, um die Absorption durch den Luftsauerstoff auf ein Minimum zu reduzieren. Durchlässigkeitskurven der wichtigsten Lösungsmittel finden sich in [2], Band 5. Die UV-Durchlässigkeit von Lösungsmitteln hängt sehr stark von der Reinheit der Lösungsmittel ab. Von einigen Firmen werden deshalb spezielle, für die UV-Spektroskopie gereinigte Lösungsmittel angeboten [5, 6].

2.2 Photophysikalische Primärprozesse

Auf Grund von Gl. (3) faßt man die Energiezustände eines Moleküls in einem sogenannten „Termschema" zusammen.

Ein allgemeines Termschema der Elektronenzustände, wie es zur Erklärung der photophysikalischen Primärprozesse – ohne Berücksichtigung der Schwingungszu-

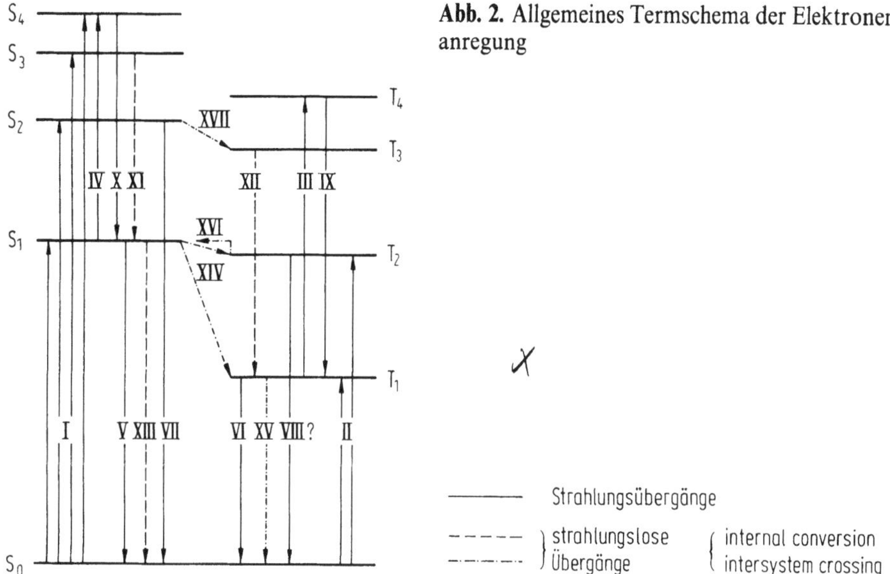

Abb. 2. Allgemeines Termschema der Elektronenanregung

stände – herangezogen wird, ist in Abb. 2 dargestellt. Die einzelnen Terme entsprechen dabei den unterschiedlichen Energiezuständen der Elektronen in den Singulett- und Triplettzuständen. Von den Übergängen wird in der normalen Absorptionsspektroskopie nur der Übergang I erfaßt. Die Übergänge V und VI liegen der Fluoreszenz bzw. Phosphoreszenz zugrunde.

Die Übergänge XI, XII und XIII sind strahlungslose Übergänge, die als *internal conversion* bezeichnet werden, während XIV und XVII den Übergang des *intersystem crossing* beschreiben. Der Übergang II ($T_1 \leftarrow S_0$) stellt die Singulett-Triplett-Absorption dar und ist als *Interkombinationsübergang* spin-verboten. Er wird daher nur mit sehr geringer Intensität beobachtet; es bedarf besonderer meßtechnischer Methoden, um diesen Übergang beobachten zu können [7]. Die Übergänge III und IV sind Zweiphotonenübergänge, wobei primär durch das erste Photon T_1 bzw. S_1 angeregt sein müssen. Der Vorgang der Resonanzfluoreszenz wird durch VII dargestellt und kann praktisch nur bei Gasen unter vermindertem Druck beobachtet werden. Eine Beschreibung der photophysikalischen Primärprozesse gibt Birks [8].

In Abb. 3 ist das Singulett-Termschema dem gemessenen Absorptionsspektrum zugeordnet, um zu verdeutlichen, daß die Absorptionsmaxima ganz bestimmten Energiezuständen, d.h. Anregungsenergien, zugehören. Die Abbildung vermittelt weiterhin die wichtige Tatsache, daß neben der Lage des Absorptionsmaximum auch dem Extinktionskoeffizienten ε eine erhebliche Bedeutung bei der Interpretation der Spektren zukommt.

2.3 Schwingungsstruktur der Elektronenspektren

Die Termschemata in Abb. 2 und 3 berücksichtigen nicht, daß den Elektronenzuständen die *Schwingungs-* und *Rotationszustände* überlagert sind. Bei der Größe der Moleküle, mit denen wir es hier zu tun haben, können die Rotationszustände nicht mehr aufgelöst werden, zumal in Lösung die umgebenden Lösungsmittelmoleküle die

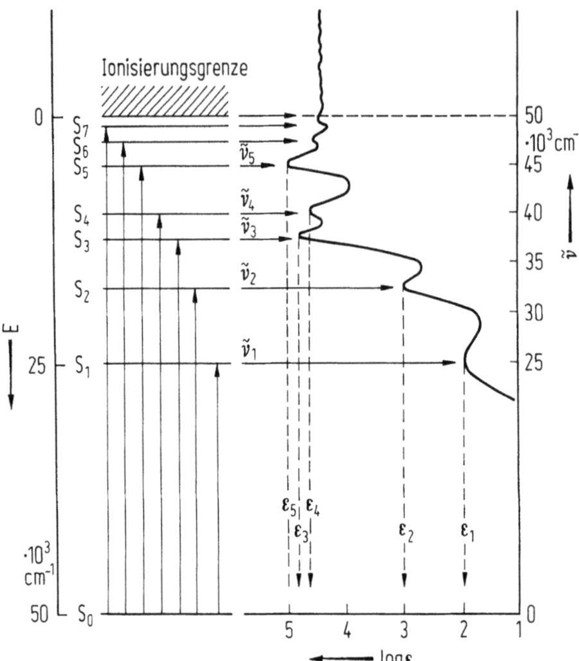

Abb. 3. Singulett-Termschema und Zuordnung zum Absorptionsspektrum

Rotationen stark behindern. Dies hat zur Folge, daß die beobachtete Struktur durch die Überlagerung mit Schwingungszuständen hervorgerufen wird. In Abb. 4 ist ein Termschema wiedergegeben, das zur Vereinfachung nur die Überlagerung mit einer Schwingung im Grund- und Anregungszustand berücksichtigt. Anhand der unter dem Termschema wiedergegebenen Absorptions-, Fluoreszenz- und Phosphoreszenzspektren kann man die Charakteristika dieser Spektren erkennen:

a) Im *Absorptionsspektrum* beobachten wir die Schwingungsquanten des Anregungs-

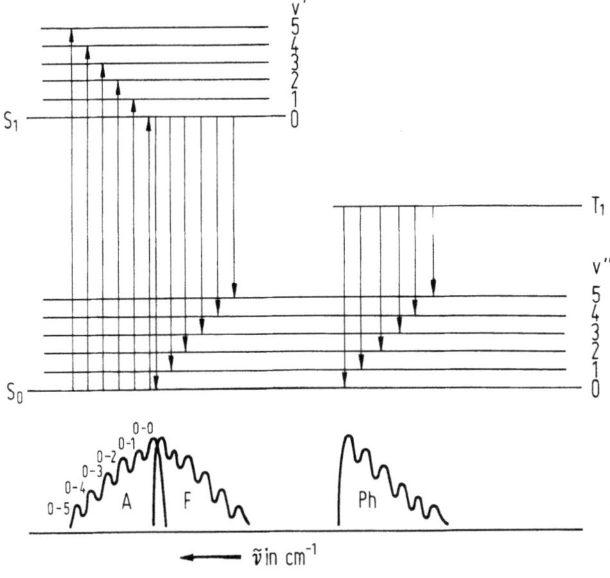

Abb. 4. Termschema unter Berücksichtigung der Überlagerung mit einer Schwingung

zustandes, im Fluoreszenz- und Phosphoreszenzspektrum dagegen die des Grundzustandes.

b) Das *Fluoreszenzspektrum* stellt häufig angenähert das Spiegelbild des Absorptionsspektrums dar (Beispiele s. [9]).

c) Das *Phosphoreszenzspektrum* ist wegen der energetisch niedrigeren Lage des Triplett-Terms T_1 stark rot-verschoben, so daß normalerweise Fluoreszenz- und Phosphoreszenzspektren deutlich voneinander abgesetzt sind (Beispiele s. [9]).

Die schematisch in Abb. 4 dargestellten Spektren stellen den Fall dar, daß im Grund- und Anregungszustand die gleiche Geometrie der Moleküle vorliegt. Da dies sehr oft nicht der Fall ist, verschieben sich die Maxima in Absorption und Emission zu höheren Schwingungsübergängen, d.h., der 0-0-Übergang ist nicht mehr der intensivste. Eine Erklärung dieses Verhaltens gibt das Franck-Condon-Prinzip [10, 11, 12].

2.4 Elektronenspektren und Molekülstruktur

In den Termschemata sind die diskreten Molekülzustände dargestellt, die theoretisch den Elektronenzuständen zugeordnet sind. Diese hängen wiederum sehr empfindlich von der Zahl der Elektronen innerhalb eines Moleküls ab sowie auch von der Struktur oder Geometrie und der Symmetrie der Moleküle. Dies hat zur Folge, daß die Elektronenanregungsspektren eine außerordentlich wertvolle Hilfe für die Strukturanalyse darstellen.

Die Moleküleigenfunktionen des Grundzustandes und der verschiedenen Anregungszustände bestimmen außerdem die Auswahlregeln und damit die Intensität der Elektronenübergänge. Der Zusammenhang zwischen Theorie und Experiment wird hierbei durch die *Oszillatorenstärke* „f" hergestellt, die theoretisch berechnet, aber auch experimentell aus $\varepsilon = f(\tilde{v})$ bestimmt werden kann (s. speziell Kap. 8).

$$f_{exp} = \frac{2303 \cdot m \cdot c^2}{\pi \cdot e \cdot N_L \, n} \int_{Bande} \varepsilon(\tilde{v}) \, d\tilde{v}. \tag{5}$$

Hierin bedeuten:
m, Masse des Elektrons; c, Lichtgeschwindigkeit; e, Elementarladung; N_L, Loschmidtsche Zahl; n, Brechungsindex des Lösungsmittels.

Das Integral stellt die sogenannte „Integrale-Absorption", die experimentell leicht bestimmt werden kann, dar. Sie kann angenähert werden durch den Ausdruck

$$\int_{Bande} \varepsilon(\tilde{v}) \, d\tilde{v} \approx \varepsilon_{max} \cdot \frac{\Delta \tilde{v}}{2}. \tag{6}$$

$\dfrac{\Delta \tilde{v}}{2}$ ist die Halbwertsbreite der Bande.

Den Zusammenhang mit der Theorie stellt Gl. (7) dar:

$$f_{l,k} = \frac{8 \pi^2 mc \, \tilde{v}_{l,k}}{3 \cdot he^2} \, G |M_{l,k}|^2. \tag{7}$$

$\tilde{v}_{l,k}$ ist die Wellenzahl des 0-0-Überganges $(l \rightarrow k)$,
G das statistische Gewicht, das für einen reinen Elektronenübergang gleich 1 ist,
$M_{l,k}$ ist das Dipolübergangsmoment, das theoretisch berechnet werden kann.

Entscheidend für die Intensität eines Übergangs ist das Dipolübergangsmoment, das eine gerichtete Größe ist und sich aus seinen drei Komponenten im kartesischen Koordinatensystem zusammensetzt. Dies hat bei vielen ebenen Molekülen die Konsequenz, daß die Komponente senkrecht zur Molekülebene nicht vorhanden ist und daß eine Anisotropie der Elektronenanregung vorliegt, die für molekül-theoretische Probleme von großem Interesse ist. Zusammengefaßt kann man sagen, daß die Elektronenspektren folgende Informationen liefern:

1. Absorptionsmaximum $\tilde{v}_{max}$ entspricht den diskreten Molekülzuständen, die stark von der Struktur, Geometrie und Symmetrie der Moleküle abhängen.
2. Extinktionskoeffizient ε_{max} bzw. die integrale Absorption über eine Absorptionsbande liefert die Größe des Dipolübergangsmomentes ebenfalls geometrie- und symmetrieempfindlich.
3. Die Struktur innerhalb einer Absorptionsbande oder innerhalb des Fluoreszenz- bzw. Phosphoreszenzspektrums gibt Informationen über die mit der Elektronenanregung gekoppelten Normalschwingungen.
4. Die Anisotropie der Lichtabsorption oder Emission gestattet Angaben zur Orientierung der Elektronenübergänge und ist sehr empfindlich gegen Veränderungen der Geometrie und Symmetrie der Moleküle.

Die Elektronenanregungsspektren im UV und VIS können also außerordentlich wertvolle Informationen über die Molekülstruktur geben (s. Abschn. 4.3).

Literatur

1 Kortüm, G.: Kolorimetrie, Photometrie und Spektrometrie, 4. Aufl. Berlin, Göttingen, Heidelberg: Springer 1962, Kap. 1.5, S. 21 ff.
2 DMS-UV-Atlas. Hrsg. Perkampus, H.-H.; Sandemann, I.; Timmons, C.J. London: Butterworth, Weinheim: Verlag Chemie, Vol. I–V, 1966–1971
3 Kortüm, G.: Z. Physik. Chemie (B), *33*, 243 (1936)
4 Hellma-Küvetten, Mülheim/Baden, Katalog 67/32 u. 76/34
5 Uvasole, Lösungsmittel und Substanzen für die Spektroskopie, Merck, Darmstadt
6 Baker Analyzed Reagenz für die UV-Spektroskopie, Katalog 780, Baker-Chemikalien, Groß-Gerau
7 McClure, D.S.; Blake, N.W.; Hanst, P.L.: J. Chem. Phys. *22*, 255 (1954);
McGlynn, S.P.; Azumi, T.; Hasha, M.: J. Chem. Phys. *40*, 507 (1964);
McGlynn, S.P.: Chem. Rev. *58*, 1113 (1958);
Evans, D.F.: J. Chem. Soc. *1957*, 1351; *1959*, 2753;
Robinson, G.W.: J. Mol. Spectrosc. *6*, 58 (1961)
8 Birks, J.B., in: Organic Molecular Photophysics, Bd. 1. London, New York, Sidney, Toronto: Wiley 1973, Kap. 1, S. 1 ff.
9 Perkampus, H.-H.; Vollbrecht, H.R.: Spectrochim. Acta Part A, *27a*, 2173 (1971)
10 Jaffé, H.H.; Orchin, M.: Theorie and Applications of Ultraviolet Spectroscopy. New York, London: Wiley 1962
11 Murrell, J.N.: Elektronenspektren organischer Moleküle, Bd. 250/250a, B.I. Hochschultaschenbücher. Mannheim: Bibliograph. Inst. 1967
12 Becker, R.S.: Theory and Interpretation of Fluorescence and Phosphorescence. New York, London, Sidney, Toronto: Wiley 1969

3 Photometer und Spektralphotometer

Photometer und Spektralphotometer weisen im Grunde das gleiche Bauprinzip auf: Lichtquelle, Monochromator oder Filter, Küvettenraum, Empfänger, Verstärker mit Anzeigeinstrument.

3.1 Photometer

Bei den *Photometern* tritt an Stelle des Monochromators ein Filtersatz, mit dem aus dem Kontinuum einer Lichtquelle, z. B. einer Halogenlampe im VIS-Bereich bestimmte Spektralbereiche ausgewählt werden können. Oft benutzt man Quecksilberdampf-Hochdrucklampen, die mit Interferenzfiltern kombiniert werden, so daß die Quecksilberlinien bei 334, 365, 404/407, 435/436, 546 und 577/579 nm benutzt werden können. Photometer, die mit einem Linienstrahler als Lichtquelle ausgerüstet sind, gewährleisten in Kombination mit einem Interferenzfilter eine bessere Monochromasie des Meßlichtes. Die Zahl der Spektrallinien kann durch andere Metalldampf-Entladungslampen erweitert werden: so liefert eine Cadmiumdampf-Entladungslampe die Linien 326, 468/480, 509 und 644 nm. Eine Zusammenstellung gibt Tab. 1 [1]. Angaben über Filter in Tab. 2 und 3 [2]; vgl. auch [3].

Die Anwendung der „Photometer" liegt bei der photometrischen Einzelbestimmung (s. u.). In den letzten Jahren sind Anwendungen im klinisch-chemischen und biochemischen Bereich hinzugekommen.

Tabelle 1. Filterkombinationen zur Isolierung der Emissionslinien von Metalldampfentladungslampen, nach [1]. Die Zahlen in der Spalte Filterkombinationen beziehen sich auf Tab. 2 und 3

Element	λ in nm	Filter-kombinationen Filter-Nr.	Trans-missionsgrad b. Raumtemp. in % etwa	Z. Unterdrückung d. Ultrarot- u. restl. Rotstrahlg. Filter-Nr.
Zn	308	4 + 32 + 33	5	16 (36)*
Hg	313	4 + 34	35	16 (36)
Cd	326	4 + 32 + 34	5	16 (36)
Hg	334	4 + 32 + 35	10	16 (36)
Zn	328/30/35	4 + 32 + 35	2	16 (36)
Tl	352/53	2 + 10 + 32	10	16 (36)
Hg	365	5 + 9 + 31	20	16 (36)
Tl	378	2 + 22	30	16 (36)
Hg	404/07	1 + 3 + 20 + 9	1	16 (36)
Hg	435/36	10 + 17 + 6	4	16 (36)
Cs	456/59	9 + 22	40	16 (36)
Cd	468/80	9 + 18	25	16 (36)
Zn	468/72/81	9 + 18	25	16 (36)
Cd	509	7 + 21 + 8	20	16 (36)
Tl	535	14 + 19	35	16 (36)
Hg	546	15 + 23 + 13 + 8	10	16 (36)
Hg	577/79	12 + 24 + 12	15	16 (36)
He	588	12 + 25 + 12	10	16 (36)
Na	589	12 + 25 + 12	10	16 (36)
Zn	636	26	85	
Ne	638–668	26	90	
Cd	644	26	90	
He	668	27 + 11	20	
He	707	29	65	
K	767/70	30 + 29	25	
Rb	780/95	30 + 29	25	
Cs	794–921	30 + 29	10	
Cs	852–921	30 + 28	1	

* An Stelle des UR-Filters 16 kann auch das Flüssigkeitsfilter Nr. 36 (s. Tab. 3) benutzt werden.

Tabelle 2. Gebräuchliche Glasfilter, nach [2]

Filter-Nr.	Kurz-zeichen	Schicht-dicke mm	Filter-Nr.	Kurz-zeichen	Schicht-dicke mm
1	UG2	1	17	GG435	4
2	UG3	2	18	GG455	3
3	UG3	2	19	GG475	2
4	UG5	3	20	GG385	5
5	UG11	2	21	GG495	2
6	BG3	2	22	GG375	2
7	BG7	1	23	OG530	1
8	BG8	2	24	OG570	3
9	BG12	2	25	OG590	2
10	BG12	4	26	RG610	2
11	KG3	3	27	RG665	2
12	BG18	2	28	RG1000	2
13	BG18	3	29	RGN9	2
14	BG18	5	30	KG1	2
15	BG20	5	31	WG360	1
16	BG38	3			

Tabelle 3. Wichtige Flüssigkeitsfilter

Filter-Nr.	Bezeichnung	Menge/l H_2O	Schichtdicke (lichte Weite d. Küvette) mm
32	Nickel-Kobaltsulfat $NiSO_4 + CoSO_4$	$303\,g + 86,5\,g$	20
33	Pikrinsäure	16 mg	20
34	Kaliumchromat	150 mg	20
35	Salpetersäure	n/5	20
36	Kupfersulfat $CuSO_4 + 5\,H_2O$	57 g	10

3.2 Spektralphotometer

Bei einem Spektralphotometer wird das Meßlicht durch einen Prismen- oder Gittermonochromator zerlegt. In Verbindung mit einer Deuteriumlampe für den UV-Bereich und einer Wolframlampe (Wolfram-Halogenlampe) im VIS-Bereich erlauben diese Geräte die kontinuierliche Variation der Meßwellenlänge über den gesamten Spektralbereich. Die meisten Geräte gestatten die Messung von 190–900 nm [4].

Wir unterscheiden: *Einstrahlgeräte* und *Zweistrahlgeräte.*

Einstrahlgeräte arbeiten i. allg. nach dem Substitutionsprinzip, d.h., Referenz- und Meßküvette werden nacheinander in den Strahlengang gebracht. Die Einstellung des 100%-Punktes, die zunächst noch von Hand über den Spalt oder durch Änderung der Verstärkung vorgenommen wurde, wird heute bei den meisten Geräten automatisch geregelt. Durch elektronische Verarbeitung wird bei vielen Geräten das Ergebnis digital in %T oder Extinktion wiedergegeben.

Beim Zweistrahlgerät wird der primäre Lichtstrahl in zwei Strahlengänge aufgeteilt, die in einem Abstand von etwa 10–15 cm Referenz- und Meßküvette zeitlich nacheinander durchstrahlen, so daß nach Wiedervereinigung beider Strahlengänge Licht wechselnder Intensität auf den Empfänger fällt und ein Wechselspannungssignal erzeugt. Dieses Prinzip ist die Grundlage der registrierenden Spektralphotometer.

Im Fall feststehender Strahlenteilerelemente muß durch einen Chopper die zeitliche Verschiebung der Durchstrahlung der beiden Küvetten ermöglicht werden. Bei einem rotierenden Sektorspiegel übernimmt das Strahlenteilerelement selbst die Funktion. Abbildung 5 zeigt das optische System eines Zweistrahlgerätes (Perkin-Elmer 554).

Das wichtigste Bauelement eines Spektralphotometers ist der *Monochromator*. Hier müssen Geräte mit *Einfachmonochromatoren* und Geräte mit *Doppelmonochromatoren* unterschieden werden. Der wesentliche Vorteil eines Doppelmonochromators liegt darin, daß der Falschlicht- oder Streulichtanteil sehr klein ist. Unter Falschlicht versteht man dabei den Anteil von Licht aus einem anderen Spektralbereich, der sich dem Nutzlicht aus einem bestimmten zur Messung eingestellten Spektralbereich überlagert und somit die Messungen erheblich verfälschen kann (s. Abschn. 3.3).

Als Monochromatoren dienen heute fast ausschließlich Gittermonochromatoren. Für Einfach-Gitter-Monochromatoren liegt der Falschlicht- oder Streulichtanteil zwischen 0,05 und 0,005 % je nach Qualität der verwendeten Gitter. Bei Doppelmonochromatoren ist der Streulichtanteil bis zu zwei Zehnerpotenzen geringer, wobei sich diese Angaben als Durchschnittswerte aus Angaben der Gerätehersteller ergeben. Zur Eliminierung bzw. zur Bestimmung des Falschlichtes siehe Abschn. 3.3.

Der Vorteil eines Gitters gegenüber einem Prisma liegt darin, daß das Gitter eine lineare Dispersion über die Wellenlänge aufweist. Den Zusammenhang zwischen dem Auflösungsvermögen in Wellenzahlen $\tilde{v}$ und der Wellenlänge λ in nm gibt für die spektrale Bandbreite $\Delta\lambda = 1$ nm, Tab. 4, wieder. Für jeden anderen Wert von $\Delta\lambda$ erhält man $\Delta\tilde{v}$ durch Multiplikation dieses Tabellenwertes mit dem entsprechenden $\Delta\lambda$. Man erkennt, daß das Auflösungsvermögen (spektrale Bandbreite) vom UV zum Sichtbaren hin zunimmt.

Von Ausnahmen abgesehen, sind alle heutigen Geräte mit Gittermonochromatoren ausgerüstet.

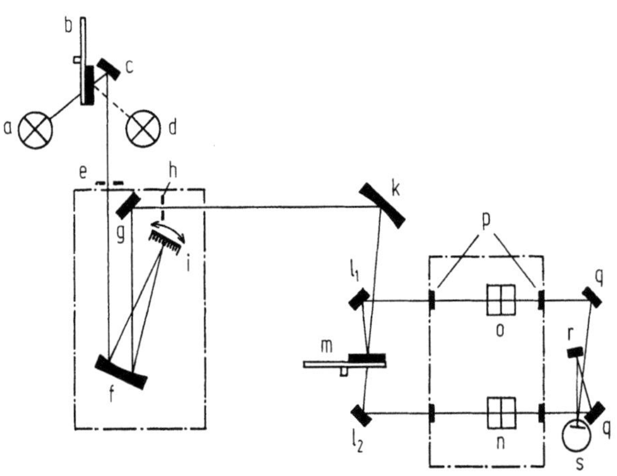

Abb. 5. Optischer Aufbau eines Zweistrahl-Spektralphotometers; Beispiel: Perkin-Elmer-Modell 55X (X: 0, 1, 4, 5). *a, d* Lampen; *b* Klappspiegel; *c* Hohlspiegel; *e* Eintrittsspalt; *f* Hohlspiegel (Kollimator u. Kollektor); *g* Umlenkspiegel; *h* Austrittsspalt; *i* Gitter; *k* Hohlspiegel; *l₁, l₂* Umlenkspiegel; *m* rot. Sektorspiegel; *n, o* Meß- u. Vergleichsküvette; *p* Quarzfenster; *q, r* Umlenkspiegel; *s* Photomultiplier

Tabelle 4. Auflösungsvermögen $\Delta\tilde{\nu}$ in cm^{-1} im UV-VIS-
Bereich für eine spektrale Bandbreite von $\Delta\lambda = 1\,nm$

λ [nm]	$\tilde{\nu}$ [cm^{-1}]	$\Delta\tilde{\nu}$ [cm^{-1}]
200	50000	250
300	33333	110
400	25000	62
500	20000	40
600	16666	28
700	14286	20
800	12500	16

Bei vollautomatisierten Geräten können über den Mikrocomputer je nach dem Grad seiner Programmierung folgende Funktionen abgerufen bzw. laufend überwacht werden:

Grundlinienkorrektur, Umsetzung von Analog- in Digitaldaten, Schreiber-, Drucker- oder Plottersteuerung incl. Formatwahl bei graphischen Plottern, Umrechnung der Extinktionswerte in Konzentrationen, Vorgabe des Registrierbereiches, Registrierung in Wellenlänge oder Wellenzahl, wiederholende Registrierung in wählbaren Wellenlängenbereichen bzw. bei verschiedenen Wellenlängen und Zeitintervallen, Lampen- und Filterwechsel, Bildung der 1. und 2. und gegebenenfalls höherer Ableitungen, Erstellung von Versuchsprotokollen durch Drucker, z.B. Ausgabe von Analysendaten mit Probenzuordnung bei Serienmessungen.

Durch Ergänzungs- und Zubehörteile können die Anwendungsbereiche wesentlich erweitert werden. Hier sind z.B. zu nennen: temperierbare und durch den Mikrocomputer temperaturkontrollierte Küvettenwechsler, Fluoreszenzzusatz, Zubehör für diffuse und gerichtete Reflexionsspektroskopie, Ausbau für Enzymkinetik, Probenansaugsysteme für Serienmessung (sogenannte Sipper-Systeme), Gelscanner, Chromatographiezusätze u.a.

Einige spezielle Techniken haben in letzter Zeit an Bedeutung gewonnen: Die *Derivativspektroskopie* [5] und die *Dual-* oder *Doppelwellenlängenspektroskopie* [6].

Geräte, die mit Mikrocomputern ausgerüstet sind, bieten i.allg. auch die Möglichkeit, die *Derivativspektren 1. und 2. Ordnung* direkt zu registrieren. Für analytische Anwendungen ist diese Methode immer mehr in den Vordergrund getreten, da sie es gestattet, die Nachweisempfindlichkeit erheblich zu steigern.

Während Zusätze für die Derivativspektroskopie an vielen registrierenden Spektralphotometern nachträglich eingebaut werden können, erfordert die echte Doppelwellenlängenspektroskopie ein spezielles Gerät, dessen wichtigster Bestandteil zwei optisch identische Monochromatoren sind.

Allerdings kann auch mit einem mikrocomputer-gesteuerten Spektralphotometer Doppelwellenlängenspektroskopie betrieben werden, indem der Extinktionswert bei einer bestimmten Wellenlänge λ_1 in den Speicher gegeben wird und zum Vergleich mit den Extinktionswerten bei den Wellenlängen λ_2, $\lambda_3 \dots$ jeweils aus dem Speicher abgerufen werden kann. Einige Hersteller haben bei Programmierung der Gerätefunktionen diese Anwendungsmöglichkeit berücksichtigt.

Eine interessante Entwicklung ist das Spektralphotometer HP 8450 A. An Stelle des Monochromators wird ein *Polychromator* benutzt. Bei ihm wird das spektral zerlegte Licht eines Kontinuumsstrahlers in der Austrittsebene abgebildet. Diese Arbeitsweise entspricht der klassischen Methode, bei der in der Austrittsebene eines Spektrographen eine Photoplatte angeordnet war, die das gesamte Spektrum direkt „registrierte". An Stelle der Photoplatte wird nun ein Siliciumdioden-Target verwendet, das unmittelbar eine schnelle elektronische Verarbeitung der in 400 Diodenreihen (Kanälen) kurzzeitig gespeicherten spektralen Informationen gestattet. Im Gegensatz zu einem konventionellen Spektralphotometer ist die Reihenfolge der Bauelemente vertauscht, so daß zwischen Lichtquelle und Eintrittsspalt des Polychromators die Küvetten angeordnet sind.

3.3 Der Falschlichtfehler

3.3.1 Allgemeine Bemerkungen

Da die überwiegende Zahl der UV-VIS-Spektralphotometer noch mit Einfach-Monochromatoren ausgerüstet ist, können insbes. bei kleinen Werten der Transmission (Durchlässigkeit) Verfälschungen durch das Monochromator-Falschlicht an der Grenze der Monochromator-Durchlässigkeit ($\lambda \leq 220\,\mathrm{nm} \triangleq \geq 45\,000\,\mathrm{cm}^{-1}$) auftreten.

Unter *Falschlicht* versteht man fremdwelliges Störlicht, das dem „Nutzlicht" überlagert ist und durch Streuung an den optischen Flächen im Monochromator entsteht (oft fälschlich als Streulicht bezeichnet).

Ist der Monochromator auf die Wellenlänge λ_0 eingestellt und entspricht die Spaltbreite einer effektiven Bandbreite $\Delta\lambda$, so liegt das Nutzlicht im Bereich zwischen

$$\lambda_0 - \Delta\lambda \quad \text{und} \quad \lambda_0 + \Delta\lambda. \tag{8}$$

Dieser Bereich heißt *Nutzlichtbereich*. Im Idealfall sollte der Monochromator nur im Nutzlichtbereich durchlässig sein, wobei die Durchlässigkeit von λ_0 aus nach beiden Seiten linear abnimmt. Infolge des Falschlichtes ist aber auch außerhalb des Nutzlichtbereiches noch eine gewisse Durchlässigkeit des Monochromators vorhanden, die ihrem Betrage nach klein ist (Größenordnung 10^{-5}), aber doch wirksam werden kann, da der Strahlungsempfänger das Falschlicht im ganzen Wellenlängenbereich, in dem er empfindlich ist und in dem die Lichtquelle Strahlung emittiert, aufsummiert.

Maßgebend für die Wirkung des Falschlichtes bei der spektralphotometrischen Messung ist der Falschlichtanteil des Photostromes, der vom Empfänger abgegeben wird und zur Anzeige gelangt.

Unter *Falschlichtanteil* sei daher das Verhältnis des Photostroms, der vom Falschlicht herrührt, zum gesamten Photostrom verstanden. Obwohl der Falschlichtanteil normalerweise klein ist ($< 0{,}1\%$), kann er dennoch störende Beträge annehmen, wenn der Nutzlicht-Photostrom relativ klein wird. Dies tritt praktisch in folgenden Fällen ein:

1. Das Nutzlicht kann geschwächt werden durch Absorption im Strahlengang, während das Falschlicht wenig abgeschwächt wird. Dieser Fall tritt besonders unterhalb 230 nm in Erscheinung:
   a) Die optischen Elemente im Strahlengang (Kolben der Wasserstofflampe, Spiegel der Leuchte, Linsen, Spiegel, Prisma bzw. Gitter im Monochromator, Linsen im Probenwechsler, Kolben des Vervielfachers) absorbieren zunehmend mit abnehmender Wellenlänge. Hinzu kommt die Wirkung von absorbierenden Schichten auf den frei zugänglichen, optisch durchsetzten Flächen (Kolben der Wasserstofflampe, Linsen im Probenwechsler, Küvettenfenster), wenn sich auf diesen Verunreinigungen niederschlagen. Bei Wellenlängen unterhalb von 200 nm tritt weiterhin die Absorption des Luftsauerstoffs, der sich im Strahlengang des Gerätes befindet, in Erscheinung.
   b) Wenn das Lösungsmittel im kurzwelligen UV absorbiert, das langwellige Falschlicht aber ungeschwächt durchläßt, wird ebenfalls der Falschlichtanteil vergrößert. Dieser Möglichkeit ist besonders Aufmerksamkeit zu widmen, da die meisten Lösungsmittel infolge von geringen Verunreinigungen im kurzwelligen UV absorbieren, wenn sie nicht besonders gereinigt sind. Bei vielen, wegen ihrer Lösungseigenschaften bevorzugten Lösungsmittel, ist die Durchlässigkeit bereits bei $40\,000\,\mathrm{cm}^{-1}$ entsprechend 250 nm praktisch Null, so daß hier bereits ab 260–270 nm auf Falschlicht geachtet werden muß.
2. In einigen Spektralgebieten ist die Strahlungsdichte der Lichtquelle im Nutzlichtbereich relativ

klein im Verhältnis zur Strahlungsdichte im Falschlichtbereich. Dieser Fall ist gegeben bei Messungen mit der Glühlampe im Bereich zwischen 320 und 400 nm. Deshalb sollten in diesem Gebiet Falschlichtschutzfilter vorgeschaltet werden, die das langwellige Falschlicht absorbieren. Dadurch kann der Falschlichtanteil auf weniger als 0,2% herabgesetzt werden, wenn nicht etwa an Lösungsmitteln mit der unter 1 b) erläuterten Eigenschaft gemessen wird.

3. In bestimmten Spektralgebieten ist die Empfindlichkeit des Empfängers im Nutzlichtbereich relativ klein, im Falschlichtbereich dagegen groß. Dieser Fall ist gegeben an der langwelligen Grenze der Empfindlichkeit des Empfängers, also beim Vervielfacher oberhalb von etwa 620 nm und bei der Photozelle oberhalb von 1,1 μm. Man kann deshalb die Messungen nicht über diese Grenze hinaus erstrecken, ohne die Gefahr eines beträchtlichen Fehlers, es sei denn, daß das kurzwellige Falschlicht durch Spezialfilter geschwächt wird.

Für die Praxis ist der Fall 1 besonders wichtig und erfordert eine Kontrolle des Falschlichtanteiles bei der Messung besonders dann, wenn das Lösungsmittel eine beträchtliche Absorption im Nutzlichtbereich aufweist. Bei Messungen unterhalb 230 nm sollte in jedem Fall die Extinktion des Lösungsmittels geprüft werden. Dazu kann die Extinktion der Vergleichsküvette gegen Luft gemessen werden. Wenn die Extinktion des Lösungsmittels größer als etwa 0,5 ist, ist zu prüfen, ob durch die Reinigung des Lösungsmittels oder Herabsetzung der Schichtdicke die Extinktion verringert werden kann.

Ein deutliches Anzeichen für einen Falschlichtfehler durch absorbierende Lösungsmittel besteht in folgender Erscheinung: Wenn man die Messung mit verschiedenen Schichtdicken durchführt und dann den Extinktionskoeffizienten in Abhängigkeit von der Wellenlänge aufzeichnet, müßte man für alle Schichtdicken die gleichen Werte des Extinktionskoeffizienten finden. Oft ist das für Wellenlängen oberhalb etwa 250 nm innerhalb der Fehlergrenze erfüllt. Dagegen laufen bei einem Falschlichtfehler die Kurven mit abnehmender Wellenlänge derart auseinander, daß für größere Schichtdicken kleinere Werte des Extinktionskoeffizienten erhalten werden. Offensichtlich sind hier die mit der kleinsten Schichtdicke erhaltenen Werte die zuverlässigsten.

3.3.2 Der Falschlichtfehler des Durchlaßgrades und der Extinktion und seine Messung

Das Nutzlicht, das die Vergleichsküvette verläßt, rufe den Photostrom I_0 im Empfänger hervor. Der Photostrom, der von dem die Probenküvette verlassenden Nutzlicht erzeugt werden, sei I. Dann ist der wahre Durchlaßgrad (T) der Probe

$$T = \frac{I}{I_0}. \tag{9}$$

Durch das Falschlicht wird ein zusätzlicher Photostrom I_f hervorgerufen. Infolgedessen ergibt die Messung einen gefälschten Durchlaßgrad T' von der Größe

$$T' = \frac{I + I_f}{I_0 + I_f}. \tag{10}$$

Dabei ist zunächst angenommen, daß das Falschlicht von der Probe in gleicher Weise geschwächt wird wie vom Lösungsmittel. Diese Annahme ist in vielen Fällen ausreichend erfüllt.

Bei Einführung des Falschlichtanteiles

$$p = \frac{I_f}{I_0 + I_f}$$

wird

$$T' = T(1-p) + p. \tag{11}$$

Bei Kenntnis des Falschlichtanteiles kann somit der wahre Durchlaßgrad aus dem durch Falschlicht gefälschten Wert berechnet werden gemäß

$$T = \frac{T'-p}{1-p}. \tag{12}$$

Geht man vom Durchlaßgrad zur Extinktion über, so ergibt sich mit den Bezeichnungen

$$A = -\log T; \quad A' = -\log T'$$

für den Fehler der Extinktion, der durch Falschlicht verursacht ist

$$\Delta A = A' - A = \log T - \log[T(1-p)+p]. \tag{13}$$

Bei der Spektralphotometrie ist besonders der *relative Fehler* $\Delta A'$ der Extinktion von Interesse. Diese Größe ist in Abhängigkeit von der unmittelbar abgelesenen gefälschten Extinktion A' in Abb. 6 aufgetragen [7]. Dabei ist der Falschlichtanteil p als

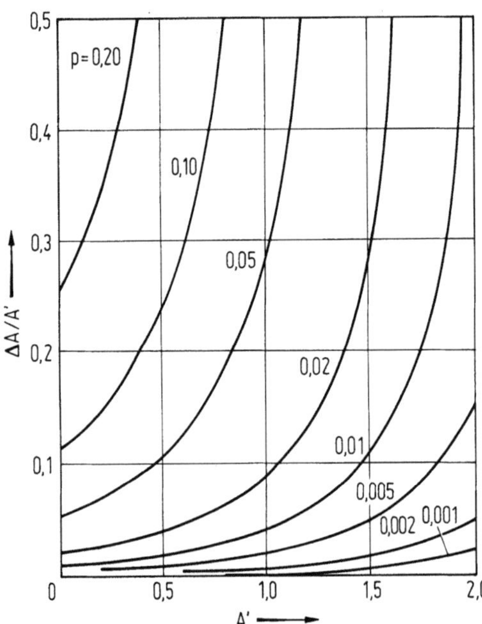

Abb. 6. Falschlichtanteil der Extinktion A

Parameter eingeführt. Aus dem Diagramm geht hervor, daß der relative Fehler der Extinktion stark mit dem Wert der Extinktion steigt, wenn ein bestimmter Falschlichtanteil p angenommen wird. Also sind Schichtdicke und Konzentration bei allen Messungen so zu wählen, daß die Extinktion nicht zu groß wird. Über eine Extinktion von 0,6 bis 0,8 sollte man nicht hinausgehen, bei p Werten in der Größenordnung $0{,}005 \leq p \leq 0{,}02$. Man kann für jeden Einzelfall aus dem Diagramm entnehmen, welche größte Extinktion angewendet werden darf, wenn ein bestimmter relativer Fehler bei der Messung nicht überschritten werden soll.

Zur Messung des Falschlichtanteiles muß das Nutzlicht aus dem Strahlengang entfernt werden. Dann kann der durch das Falschlicht allein hervorgerufene Photostrom I_f gemessen werden. Die Entfernung des Nutzlichtes kann durch Absorption oder durch Ausblendung [8] erfolgen.

Wenn der Falschlichtanteil p bestimmt worden ist, kann die Korrektur des Durchlaßgrades (T) vorgenommen werden:

$$T = \frac{T' - p}{1 - p}.$$

Zur praktischen Durchführung der Bestimmung von p mit *Absorption des Nutzlichtes* setzt man in den Küvettenhalter des Spektralphotometers neben die Küvetten mit dem Lösungsmittel (L) bzw. der Probenlösung (P) noch eine Küvette (K) gleicher Schichtlänge, welche die Meßsubstanz in so großer Konzentration enthält, daß der wahre Durchlaßgrad im Nutzlichtbereich unter 0,1 % liegt. Dann mißt man zunächst P gegen L (Ergebnis T'), sodann K gegen L (Ergebnis p) und errechnet daraus den korrigierten Durchlaßgrad T der Probe.

Wie aus den Definitionen T, T' und p hervorgeht, sind die Größen als Bruchteil von 1,0 und nicht als Prozentzahlen in die Formeln einzusetzen, also beispielsweise $T' = 0{,}32$ (statt 32%) und $p = 0{,}01$ (statt 1%).

Diese Näherungsmethode zur Bestimmung von p ist besonders dann ausreichend genau, wenn der Nutzlichtbereich mit einer starken Absorptionsbande zusammenfällt, da in diesem Fall die Testlösung K das Falschlicht nicht wesentlich stärker schwächen wird als die Probe P bzw. das Lösungsmittel L. Gerade in diesem Fall ist auch die Korrektur des Falschlichtfehlers besonders wichtig, da schon die Probe im Nutzlichtbereich eine relativ hohe Absorption haben wird.

Wenn die Verhältnisse ungünstiger liegen, derart, daß die Meßsubstanz bei genügend hoher Konzentration als Testprobe K das Falschlicht wesentlich stärker schwächt als die eigentliche Probe P, muß man eine andere Substanz für die Testprobe verwenden. Bei Messungen im kurzwelligen UV ist diese nicht schwer zu finden. Von der Voraussetzung, daß L und P das Falschlicht in gleicher Weise schwächen, kann man sich frei machen. In diesem Fall wird

$$T' = \frac{I + I_f}{I_0 + I_{f_0}},$$

wobei jetzt die Falschlichtphotoströme I_f und I_{f_0} voneinander verschieden sind. Mit einer idealen Testprobe oder durch Abblendung des Nutzlichtes lassen sich dann in leicht ersichtlicher Weise zwei Größen p' und p'' messen

$$p' = \frac{I_f}{I_0 + I_{f_0}},$$

$$p'' = \frac{I_{f_0}}{I_0 + I_{f_0}}.$$

Für den wahren Durchlaßgrad folgt in diesem Falle

$$T = \frac{T' - p'}{1 - p''}.$$

Ob es sinnvoll ist, diese verbesserte Nährung für die Korrektur von T' anzuwenden, hängt davon ab, mit welcher Sicherheit die beiden Falschlichtanteile p' und p'' gemessen werden können.

Bezüglich des *Falschlichtfehlers bei UV-Messungen* sei auf die Arbeiten von Luther und Mitarbeitern [9] sowie Luck [10] hingewiesen. Zur Berücksichtigung und Ermittlung des Falschlichtfehlers findet man Angaben und Vorschriften ferner bei Burgess [11], Cook u.a. [12], Poulson [13], Renle [14] und Kaye [15].

Bezüglich weiterer meßtechnischer Details sei auf Derkosch und Gauglitz verwiesen [16, 17].

Literatur

1 OSRAM, Druckschrift: Licht für Kinoprojektion, Technik und Wissenschaft, Ausg. Dez. 1978, 869, *1*
2 Jenaer Glaswerke Schott & Gen., Mainz: Farb- und Filterglas
3 Perkampus, H.-H., in: Ullmanns Encyklopädie der technischen Chemie, 4. Aufl., Bd. 5. Weinheim: Verlag Chemie, 1980, 269 ff.
4 Perkampus, H.-H., in: Analytiker-Taschenbuch, Band 3. Berlin, Heidelberg, New York: Springer 1983, S. 279–316
5 Talsky, G.; Mayring, L.; Kreuzer, H.: Angew. Chem. *90*, 840 (1978)
6 Shibata, S.: Angew. Chem. *88*, 750 (1976)
7 Hogness, T. R.; Zscheile jr., F. P.; Sidwell jr., A. E.: J. Phys. Chem. *41*, 379 (1937)
8 Preston, I. S.: J. Scient. Instr. *13*, 3681 (1936)
9 Luther, H.; Pokkels, G.: Z. Elektrochem. Ber. Bunsenges. *59*, 159 (1955)
10 Luck, W.: ibid. *64,* 676 (1960)
11 Burgess, C.; Knowles, A.: Standards in Absorption Spectrometry, Ultraviolet Spectrometry Group, Vol. I. Chapman and Hall 1981
12 Cook, R. B.; Jankow, A. R.: J. Chem. Ed. *49*, 405 (1972)
13 Poulson, R. E.: Appl. Opt. *3*, 99 (1964)
14 Renle, A.: Coll. Spectr. Int. XVI *1*, 107 (1971)
15 Kaye, W.: Anal. Chem. *53*, 2201 (1981)
16 Derkosch, J.: Absorptionsspektralanalyse im ultravioletten, sichtbaren und infraroten Gebiet, Bd. 5 der Methoden der Analyse in der Chemie. Frankfurt/M.: Akad. Verlagsges. 1967
17 Gauglitz, G.: Prakt. Spektroskopie. Tübingen: Attempto 1983

4 Analytische Anwendung der UV-VIS-Spektroskopie

Nachdem Bouguer 1729 den Zusammenhang zwischen Schichtdicke und Lichtschwächung empirisch erkannt, Lambert 1760 [1] den Zusammenhang mathematisch formulierte und Beer 1852 [2] die Abhängigkeit von der Konzentration fand, ist das Bouguer-Lambert-Beersche Gesetz seit 130 Jahren die quantitative Grundlage der Absorptionsspektroskopie. Anfangs diente das menschliche Auge als Empfänger beim Vergleich von unterschiedlichen Leuchtdichten. Pulfrich stellte noch 1925 sein Photometer vor als [3]: „Über ein den Empfindungsstufen des menschlichen Auges tunlichst angepaßtes Photometer, Stufenphotometer genannt ...". Das Auge ist in der Lage, die Gleichheit zweier Leuchtdichten mit einer Genauigkeit von etwa 1% zu beurteilen. Auf dieser Tatsache basierte das Prinzip der Kolorimetrie oder der visuellen Photometrie (s.a. [4–6]).

Das Bouguer-Lambert-Beersche Gesetz gilt auch für eine *verdünnte* Lösung, wenn diese *mehrere* Komponenten enthält. Die gemessene Extinktion A_1 dieser Lösung bei der Wellenzahl λ_1 ist dann gleich der Summe der Extinktionen, die wir für jede Lösung getrennt erhalten würden, wenn wir bei gleicher Wellenzahl $\tilde{v}_1$ bzw. Wellenlänge λ_1 und gleicher Schichtdicke d die Lösungen einzeln vermessen hätten:

$$A_1 = A_{11} + A_{12} + A_{13} + \ldots = \sum_j A_{1j}. \tag{14}$$

Allgemein können wir formulieren:

$$A_i = \varepsilon_{i1} \cdot c_i \cdot d + \varepsilon_{i2} c_2 d + \varepsilon_{i3} \cdot c_3 \cdot d + \ldots = d \sum_{j=1}^{n} \varepsilon_{ij} \cdot c_i = \sum_{j=1}^{n} A_{ij}. \tag{14a}$$

Der Index i bezieht sich auf die Wellenlänge λ bzw. Wellenzahl $\tilde{v}$ und der zweite Index j auf die Komponenten.

Während Gl. (4) die Grundgleichung für die photometrische Einzelbestimmung darstellt, ist Gl. (14a) die Ausgangsbeziehung für die photometrische Mehrkomponentenanalyse.

4.1 Photometrische Einzelbestimmung

In Gl. (4) steht die Extinktion A mit der Konzentration c und dem molaren dekadischen Extinktionskoeffizienten in einem einfachen linearen Zusammenhang. Bei Kenntnis der Extinktionskoeffizienten $\varepsilon_{\tilde{v}}$ der zu bestimmenden Substanz ergibt sich somit die

Konzentration c zu:

$$c = \frac{A_{\tilde{v}}}{\varepsilon_{\tilde{v}} \cdot d}. \tag{15}$$

Gleichung (15) zeigt, welche Größenordnungen der Konzentrationen bestimmt werden können.

Bei einem maximalen Extinktionskoeffizienten von $\varepsilon_{\tilde{v}} = 10^5 \, 1 \, mol^{-1} \, cm^{-1}$,
einer Schichtdicke von $d = 1 \, cm$ und
einem unteren Extinktionswert von $A_{\tilde{v}} = 0,1$
ergibt sich die nachweisbare Konzentration zu $c = 10^{-6} \, mol \, 1^{-1}$.

Bei modernen Geräten, die mit Hilfe eines Mikrocomputers eine Grundlinienstabilität von 10^{-3}–10^{-4} Einheiten der Extinktion und ein Rauschen in gleicher oder kleinerer Größenordnung garantieren, können noch Extinktionswerte von 0,01 bis 0,001 gemessen werden, so daß die Nachweisgrenze der Konzentration bei $c = 10^{-7} \, mol \, 1^{-1}$ und bei entsprechender Wahl der Schichtdicke im günstigsten Fall bei $c = 10^{-8} \, mol \, 1^{-1}$ liegt.

Extinktionskoeffizienten in der angegebenen Größenordnung von $10^5 \, 1 \, mol^{-1} \, cm^{-1}$ sind jedoch i. allg. die Ausnahme. Die meisten UV-VIS absorbierenden Verbindungen weisen sehr viel kleinere Extinktionskoeffizienten auf, die im Bereich

$$10^3 \leq \varepsilon \leq 5 \cdot 10^4 \, 1 \, mol^{-1} \, cm^{-1}$$

liegen.

Für viele organische Verbindungen mit chromophoren Systemen gilt diese Abgrenzung der Extinktionskoeffizienten, wobei jedoch die typischen Farbstoffe bzw.

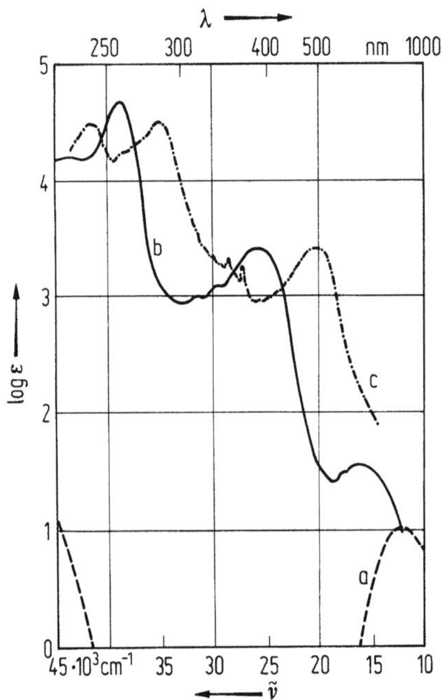

Abb. 7. Absorptionsspektrum von *a* Hexaaquo-Kupfer(II) in H_2O, *b* Kupfer(II)-8-hydroxychinolin in Ethanol, *c* Kupfer(II)-4-hydroxyacridin in Chloroform

farbstoffähnliche chromophore Systeme in der Nähe von $\varepsilon = 100\,000\,\mathrm{l\,mol^{-1}\,cm^{-1}}$ liegen können. Dagegen zeichnen sich die Eigenfärbungen der oft zu analysierenden Metallkationen im sichtbaren Spektralbereich durch sehr geringe Extinktionskoeffizienten aus. Bei stark farbigen Komplexverbindungen ist die Situation günstiger. Das Spektrum des Hexaaquo-Kupfer(II)-perchlorates in 0,1 n $HClO_4$ (Abb. 7a) hat ein Absorptionsmaximum bei $\tilde{v} = 12\,400\,\mathrm{cm^{-1}}$ mit $\varepsilon = 11\,\mathrm{l\,mol^{-1}\,cm^{-1}}$ [7]. Bei der Komplexierung mit 8-Hydroxy-chinolin und 1-Hydroxy-acridin (Abb. 7) treten Absorptionsbanden im sichtbaren Spektralbereich auf, deren Extinktionskoeffizienten

$$\varepsilon = 2{,}8 \cdot 10^3\,\mathrm{l\,mol^{-1}\,cm^{-1}} \quad \text{für den 8-Hydroxy-chinolin-Komplex in Ethanol und}$$

$$\varepsilon = 2{,}7 \cdot 10^3\,\mathrm{l\,mol^{-1}\,cm^{-1}} \quad \text{für den Hydroxy-acridin-Komplex in Chloroform}$$

betragen [8].

Da der Extinktionskoeffizient derartiger Komplexe auf das Molgewicht des Komplexes bezogen ist, kann er bei gleichbleibendem Komplexbildner benutzt werden, um die Empfindlichkeit der photometrischen Methode für Elemente ähnlichen Atomgewichts zu vergleichen. Um zu einem allgemein anwendbaren Ausdruck und damit zu einem Vergleich der photometrischen Methoden zu gelangen, wurde die *spezifische Absorption* „a" von Ayres und Narang [9] eingeführt.

Diese ist gegeben zu

$$a = \frac{\varepsilon_\lambda}{\text{Atomgewicht}} \cdot 10^{-3}. \tag{16}$$

Der molare dekadische Extinktionskoeffizient ε_λ wird somit auf das Atomgewicht des Metalls bezogen und dieser Zahlenwert mit 10^{-3} multipliziert. Die spezifische Absorption „a" hat dann die Dimension $\mathrm{ml\,g^{-1}\,cm^{-1}}$ und entspricht der Extinktion einer Lösung, die $1 \cdot 10^{-6}\,\mathrm{g}$ des zu bestimmenden Metalls in $1\,\mathrm{cm^3}$ enthält bei einer Schichtdicke der Küvette von 1 cm; dies entspricht 1 ppm.

Neben der spezifischen Absorption ist von Sandell [10] der *Empfindlichkeitsindex* „S" eingeführt worden. Dieser gibt die Anzahl Mikrogramm eines Elementes pro ml in einer Lösung an, die die Extinktion A = 0,001 bei einer Schichtdicke von 1 cm aufweist. Die Dimension ist $10^{-6}\,\mathrm{g\,cm^{-2}}$. S ergibt sich aus der spezifischen Absorption a zu

$$S = \frac{10^{-3}}{a}. \tag{17}$$

4.1.1 Photometrische Bestimmung der Elemente mit Hilfe von Komplexbildnern

Im sichtbaren Spektralbereich nur schwach oder überhaupt nicht absorbierende Metallkationen lassen sich durch Komplexbildner in stark farbige Verbindungen überführen. Stark farbig bedeutet, daß die für den Komplex charakteristische Absorptionsbande einen Extinktionskoeffizienten $> 10^4\,\mathrm{l\,mol^{-1}\,cm^{-1}}$ aufweist. Einige Komplexbildner haben sich als hervorragend geeignet erwiesen. Hierher gehören z.B. das Dithizon [11] sowie 1-(2-pyridylazo)-2-naphthol (PAN) [12–16], 8-Hydroxychinolin (8-Oxin) [17−20], Formaldoxim [21−25], 1,10-Phenanthrolin und 2-2′Dipyridyl [26−28], N-Benzoylphenylhydroxylamin [29], Morin [30, 31], Na-Dithiocarbamat (DTC) [41−43] und als anorganischer Komplexbildner das Thiocyanat-Ion [32−35] (s. Abb. 8).

Da die genannten Komplexbildner mit sehr vielen Metallen Komplexe zu bilden vermögen, gibt es keine große Selektivität, besonders aber auch keine Spezifität. Dies bedeutet, daß andere Metalle den Nachweis eines zu bestimmenden Metalls stören

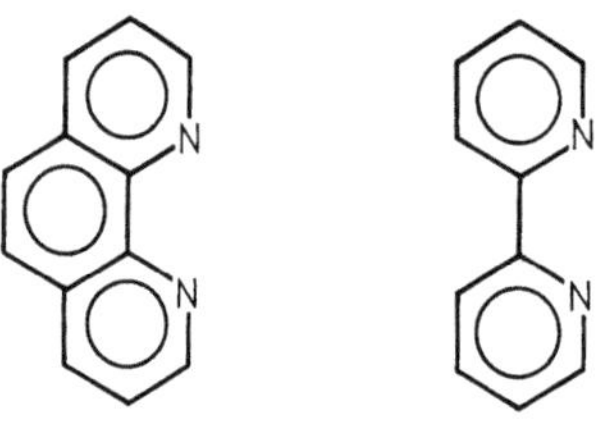

Abb. 8. Strukturformeln einiger Komplexbildner

können. Man bezeichnet ein *Reagenz* als *selektiv,* wenn es nur mit einer begrenzten Zahl von Elementen reagiert, und als *spezifisch,* wenn es *nur mit einem Element* die gewünschte Farbreaktion unter Einhaltung bestimmter Reaktionsbedingungen eingeht.

Die *Selektivität* der Farbreaktion hängt u.a. von der Wahl des Reagenzes, der Oxidationszahl des Elementes, in vielen Fällen auch vom pH-Wert der Lösung und in ganz entscheidendem Maße von der Komplexbildungskonstanten ab, die eine Aussage über die Stabilität des Komplexes gestattet. Dies ist außerordentlich wichtig, da schwächere Komplexe durch Umkomplexierung in stabilere überführt werden können und so mit dem ersten Reagenz nicht mehr reagieren können. Auf diesem Wege kann man störende Elemente maskieren. Diese *Maskierungstechnik* hat sich außerordentlich bewährt und dazu beigetragen, daß die Selektivität und Spezifität der photometrischen Bestimmungsmethoden außerordentlich gesteigert werden konnten. Eine Zusammenstellung der heute am häufigsten benutzten Maskierungsmittel geben Marczenko [36] und Umland [37]. In Tab. 5 sind die Elemente und ihre photometrischen Bestimmungsmethoden zusammengestellt, für die es ausführliche Arbeitsvorschriften gibt.

Die Praxis erfordert die exakte Einhaltung genau definierter Bedingungen. Dies gilt besonders für Spurenanalysen. Die für jedes Element und Reagenz spezifischen Arbeitsmethoden sind in ausgezeichneten Monographien zusammengestellt: Sandell und Onishi [10], Iwantscheff [1], Schilt [28], Marczenko [36], Umland [37], Koch und Koch-Dedic [38], Lange und Vejdelek [39], Fries und Getrost [40].

Tabelle 5. Zusammenstellung photometrischer Bestimmungen von Elementen. Die Literaturangabe bezieht sich auf die Darstellung ausführlicher Analysenvorschriften

Element	Reagenz	λ in nm	$\varepsilon\,10^{-3}$ l mol^{-1} cm^{-1}	Lit.
Aluminium	Aluminon	525	11,0	36
	Eriochromcyanin R	535	74,0	40
	8-Hydroxychinolin	386	6,6	36
	Salicylsäure	410		44
Antimon	Silberdiethyl-dithiocarbamidat	510	18,2	40
	Phenylfluoron	530	34,2	36
	Rhodamin B	565	85,0	40
	Pyrocatecholviolett	555		45
	Brompyrogallolrot	560	37,4	36
Arsen	Silberdiethyl-dithiocarbamidat	538	13,5	36, 40
	Bestimmung als Arsenmolybdänblau-Kompl.	840		36
Barium	Dimethylsulfonazo DAL	670	5,3	36
Beryllium	Acetylaceton	295	31,6	36
	Eriochromcyanin R	512	13,5	36
	Chromalblau G + Cetyltrimethyl-ammoniumchlorid	626	93,0	46
Blei	Dithizon	520	72,9	36, 40
	8-Hydroxychinolin in geschmolzenem Naphthalin/CHCl$_3$	360	91,0	47
Bor	Curcumin	555	146,0	36
	Carminsäure	610	5,7	40
	1,1'-Dianthrimid	620	18,0	40
Cadmium	Dithizon	520	65,0; 85,	36, 40
	Pyridylazonaphthol	550		36

Tabelle 5 (Fortsetzung)

Element	Reagenz	λ in nm	$\varepsilon \, 10^{-3}$ $1 \, \text{mol}^{-1} \, \text{cm}^{-1}$	Lit.
Calcium	Glyoxalbis-(2-hydroxyanil)	520	16,31	36
	8-Hydroxychinolin/n-Butylamin	370	6,37	36
Cer	8-Hydroxychinolin	505	6,0	40
Chlor	o-Tolidin	440	28,0	40
Chrom	Diphenylcarbazid	540	34,0	40
Eisen(II)	1,10-Phenanthrolin	512	11,1	36
	Bathophenanthrolin	533	22,4	36, 40
	2,2'-Dipyridyl	522	8,7	36
Eisen(III)	Ferron(7-Iod-8-hydroxychinolin-5-sulfonsäure)	610	5,7	36
Fluor	Ce-Chelat mit Alizarin-3-methylamin-N,N-diessigsäure	617	13,7	36
	La-Chelat mit s.o.	620	11,0	40
Gallium	Xylenolorange	545	32,9	36
Germanium	Phenylfluoron	510	87,0	40
Gold	Rhodamin B	565	61,0	40
	Pyridin-2-aldoxim	420		36
Hafnium	Arsenazo (neben Zr)	570		36
Indium	Dithizon	510	69,0	40
	4-(2-pyridylazo)-resorcin	500	17,1	36
	Xylenolorange	560	25,9	36
Iridium	Pyridyl-azonaphthol	550	10,3	36
Jod	o-Tolidin	425	20,0	40
Kobalt	1-Nitroso-naphthol-2	420	34,0	36, 40
	2-Nitroso-naphthol-1	530	14,7	36
	Nitroso-R-Salz	500	14,0	40
	1-(2-pyridylazo)-resorcin	510	56,7	48, 49
Kupfer	Bathocuproin	479	14,2	36
	Cuprizon	595	16,0	36, 40
	Natrium-diethyldithiocarbamidat	440	16,0	40
	Diphenylcarbazid	495	158,8	50, 51
Lanthaniden	Alizarin S (Summenbest.)	530–550		36
Magnesium	8-Hydroxychinolin/n-Buthylamin	380	5,6	36
	Eriochromschwarz T	530	24,0	40
Mangan	Formaldoxim	450	11,0	40
	Diethyl-dithiocarbamidat	500	4,0	36, 40
Molybdän	6,7-Dihydroxy-2,4-diphenyl-benzopyriliumchlorid	535	50,0	52
	Toluoldithiol	670	23,0	40
	Chloranilsäure	350	10,0	40
	Quercetin	420	36,0	40
	Thioglycolsäure	365	2,35	36
Nickel	Dimethylglyoxim	450	16,0	36
	Natrium-diethyl-dithiocarbamidat	325	35,0	40
	Pyridylazonaphthol	560	61,0	53–55
Niob	4-(Pyridyl-2-azo)-resorcin	550	38,0	40
	Brompyrogallolrot	610	47,5	36
Osmium	1,5-Diphenylcarbazid	560	140,0	40
	1-Naphthylamin-4,6,8-trisulfonsäure	555	29,8	36
	Mercapto-benzimidazol	550	10,5	36
Palladium	2,2'-Furildioxim	380	22,5	36
	2-Nitroso-naphtol-(1)	370	22,3	36

Tabelle 5 (Fortsetzung)

Element	Reagenz	λ in nm	$\varepsilon\,10^{-3}$ $1\,mol^{-1}\,cm^{-1}$	Lit.
Phosphor	als Phosphormolybdänblau	725	16,3	36
(PO_4^{3-})	als Molybdatophosphorsäure	310	24,4	36
Platin	Dithizon	720	38,0	36
Quecksilber	Dithizon	485	68,0	36, 40
Rhenium	2,2'-Furildioxim			
	a) in wäßriger Phase	522	41,3	36, 40
	b) in organischer Phase	530	29,8	36
Rhodium	1-(Pyridylazo)-naphthol-(2)	600	5,4	40
Ruthenium	Nitroso-R-Salz	580	22,2	36
	N,N'-Diphenyl-thioharnstoff	650	0,23	40
Scandium	Alizarin S	520	5,4	36, 40
	8-Hydroxychinolin	378	6,9	36
Selen	3,3'-Diamino-benzidin	420	9,9	36
	o-Phenylendiamin	355	17,8	36
	2,3-Diamino-naphthalin	377	23,8	36
Silber	Dithizon	462	30,6	36, 40
Silicium	als Molybdatokieselsäure	390	1,7	36
	als Silicomolybdänblau	691 o. 730		36
Strontium	Arsenazo III	600		39
Tantal	Pyrogallol	325	4,8	36
Tellur	Natrium-diethyl-dithiocarbamidat	430	3,7	36
	Bismuthiol	335	28,0	36
Thallium	Brillantgrün s. Tab. 6	630	100,0	40
	Rhodamin	560	100,0	40
	Dithizon	505		36
Thorium	Thorin	545	10,2	36
	Arsenazo	660	130,0	40
Titan	Brenzcatechin-disulfonsäure-3,5	410	13,6	40
	N-Benzoyl-N-phenylhydroxylamin	380	6,7	36
Uran	Glyoxal-bis-(2-hydroxyanil)	570	24,0	36, 40
	Pyridylazoresorcin	530	38,7	36
	1-(Pyridyl-2-azo)-naphthol-2	560	20,0	40
	2-(5-Brompyridyl-2-azo)-5-(diethylamino)-phenol	580	74,0	40
Vanadium	N-Benzoyl-N-phenylhydroxylamin	510	4,7	36, 40
	Pyridylazoresorcin	550	36,0	36
	Vanadox (2,2'-Dicarboxydiphenylamin)	610	23,0	40
Wismut	Dithizon	495	80,0	36
	Natrium-diethyl-dithiocarbamidat	366	8,6	36
	Xylenolorange	550	11,0	40
Wolfram	Dithiol	640		36
Yttrium	Alizarin S	550		56
	Brenzcatechinviolett	665	25,9	57
	Dicarboxyarsenazo III	645	79,6	58
Zink	Dithizon	538	95,0	36, 40
	Zincon[2-{|α(2-Hydroxy-5-sulfo-phenylazo)-benzyliden|-hydrazino}-benzoesäure-Mononatriumsalz]	625	24,0	40
Zinn	Phenylfluoron	510	56,0	36, 40
	Pyridyl-3-fluoron	545	110,0	40
	Hämatein	590	76,0	36
	Brompyrogallolrot	515	18,0	36

Tabelle 5 (Fortsetzung)

Element	Reagenz	λ in nm	$\varepsilon\,10^{-3}$ $1\,\text{mol}^{-1}\,\text{cm}^{-1}$	Lit.
Zirkon	Alizarin S	560		36
	Brenzcatechinviolett	650	32,6	59, 61
	Xylenolorange	535	12,8	40, 61
		600	75,0	62
	Arsenazo III	665	120,0	63

Die Tab. 5 zeigt, daß meist chelatartige Komplexe gebildet werden, die zum Teil große Extinktionskoeffizienten aufweisen. In einigen Fällen handelt es sich bei den Reagenzien um organische Farbstoffe, die, wie die Beispiele einiger Azofarbstoffe zeigen, in der Lage sind, chelatartige Komplexe mit dem Metallion einzugehen. Oft ist die Wirksamkeit der Farbstoffe auf die Bildung eines Ionenassoziates zwischen einem bereits komplexierten Metallion und einem bzw. mehreren Farbstoffmolekülen zurückzuführen. Dieses Ionenassoziat kann dann aus wässerigen Lösungen mit organischen Lösungsmitteln extrahiert und photometrisch vermessen werden. Der erste für diese *Extraktionsspektrophotometrie* angewandte basische Farbstoff war das Rhodamin B. Dieser Farbstoff bildet z.B. in saurer Lösung (6 n HCl) mit $SbCl_6$ ein Ionenassoziat im Verhältnis 1:1, das mit Benzol extrahiert werden kann [64–68].

Weitere Beispiele hierfür sind das Ionenassoziat aus Methylviolett und Fluorotantalat [69], das Ionenassoziat der Dodekamolybdato-phosphorsäure mit Safranin [70] oder Kristallviolett [71] sowie das Tetrafluoroborat des Methylenblaus [72] bzw. des Monomethyl-thionins [73]. Derartige Ionenassoziate mit basischen oder sauren Farbstoffen weisen i.allg. sehr hohe Extinktionskoeffizienten auf, da mehrere Farbstoffmoleküle im Ionenassoziat vorliegen können, so daß in den letzten Jahren auf Grund der Forderung nach größerer Empfindlichkeit und der damit gegebenen Senkung der Nachweisgrenze bis in den ppb-Bereich zahlreiche Untersuchungen zu dieser Extraktionsspektrophotometrie durchgeführt worden sind. Die Tab. 6 und 7 geben Zusammenstellungen der mit basischen bzw. sauren Farbstoffen extrahierbaren Elemente in Form ihrer Ionenassoziate nach Marczenko [74].

Die Angabe des Lösungsmittels in den Tab. 6 und 7 bezieht sich auf das Lösungsmittel, mit dem das Ionenassoziat extrahiert wurde. Vergleicht man die Extinktionskoeffizienten der Ionenassoziate in diesen Tabellen mit den entsprechenden Angaben in Tab. 5, so erkennt man, daß in der Tat bei den Ionenassoziaten zum Teil sehr große Extinktionskoeffizienten beobachtet werden, die eine hohe Nachweisempfindlichkeit bedingen. Zur Beurteilung der Empfindlichkeit sind die Werte für die spezifische Absorption „a" nach Gl. (16) für jedes Element mit angegeben.

Tabelle 6. Zusammenstellung einiger extraktionsspektrophotometrischer Bestimmungsmethoden mit basischen Farbstoffen [74]

Element	Komplex	Farbstoff	Lösungsmittel	ε_{max}	spezif. Absorption a
Antimon	$SbCl_6^-$	Rhodamin B	Benzol	$97 \cdot 10^3$	0,80
	$SbCl_6^-$	Brillantgrün	Toluol	$103 \cdot 10^3$	0,85
	$SbCl_6^-$	Butylorhodamin B	Toluol/Butanol	$120 \cdot 10^3$	0,99

Tabelle 6 (Fortsetzung)

Element	Komplex	Farbstoff	Lösungsmittel	ε_{max}	spezif. Absorption a
Bor	BF_4^-	Methylenblau	Dichlorethan	$65 \cdot 10^3$	6,01
	BF_4^-	Chrompyrazol II	Chloroform	$67 \cdot 10^3$	6,20
Gallium	$GaCl_4^-$	Methylenblau	Benzol/$C_2H_2Cl_2$	$75 \cdot 10^3$	1,07
	$GaCl_4^-$	Rhodamin B	o-Dichlorbenzol	$90 \cdot 10^3$	1,29
Germanium	Dinitro-benz-catechin	Brillantgrün	CCl_4	$141 \cdot 10^3$	1,94
	Alizarin-komplexon	Rhodamin 6G	CCl_4/$CHCl_3$	$290 \cdot 10^3$	4,00
Gold	$AuCl_4^-$	Rhodamin B	Benzol	$97 \cdot 10^3$	0,49
	$AuCl_4^-$	Methylviolett	Trichlorethylen	$115 \cdot 10^3$	0,58
Indium	InJ_4^-	Malachitgrün	Benzol/Hexan	$106 \cdot 10^3$	0,92
	$InBr_4^-$	Rhodamin B	Benzol/Diiso-propylether	$110 \cdot 10^3$	0,96
Phosphor	Hetero-polys.	Malachitgrün	Propylacetat	$170 \cdot 10^3$	5,49
	Hetero-polys.	Kristallviolett	Propylacetat	$270 \cdot 10^3$	8,72
Quecksilber	$HgCl_4^{2-}$	Kristallviolett	Toluol	$55 \cdot 10^3$	0,27
	$HgCl_4^{2-}$	Methylgrün	Benzol/Toluol	$131 \cdot 10^3$	0,65
Rhenium	ReO_4^-	Butylrhodamin B	Benzol	$40 \cdot 10^3$	0,21
	ReO_4^-	Nilblau A	Chlorbenzol + Methanol		
Tantal	TaF_6^-	Nitrochrompyrazol	Benzol/Toluol	$83 \cdot 10^3$	0,46
	TaF_6^-	Methylenblau	Dichlorethan + Trichlorethylen	$91 \cdot 10^3$	0,50
	TaF_6^-	Capriblau	Chloroform	$107 \cdot 10^3$	0,59
Tellur	$TeBr_6^{4-}$	Viktoriablau 4R	Benzol + Nitrobenzol	$83 \cdot 10^3$	0,63
Thallium	$TlCl_4^-$	Kristallviolett	Diisopropylether	$102 \cdot 10^3$	0,50
	$TlCl_4^-$	Brillantgrün	Diisopropylether	$106 \cdot 10^3$	0,52
	$TlCl_4^-$	Methylenblau	Dichlorethan + Trichlorethan	$114 \cdot 10^3$	0,56
Uran	Benzoe-säure	Rhodamin B	Benzol + MIBK	$103 \cdot 10^3$	0,43
Wismut	BiI_6^-	Rhodamin B	Benzol	$130 \cdot 10^3$	0,62
Wolfram	Dinitro-brenz-catechin	Brillantgrün	Chloroform	$132 \cdot 10^3$	0,72
Zinn	$SnCl_6^{2-}$	Kristallviolett	Heptanon	$85 \cdot 10^3$	0,72

Tabelle 7. Extraktions-spektrophotometrische Bestimmungsmethoden mit sauren Farbstoffen; Metalle mit 1,10-Phenanthrolin komplexiert [74]

Farbstoff	Element	Lösungsmittel	ε_{max}	spezif. Absorption
Bengalrosa B	Kupfer(II)	Chloroform	$63 \cdot 10^3$	0,99
		Ethylacetat	$78 \cdot 10^3$	1,23
	Palladium	Chloroform	$50 \cdot 10^3$	0,47
	Zink	Chloroform	$51 \cdot 10^3$	0,78
	Cadmium	Chloroform	$64 \cdot 10^3$	0,57
	Blei	Chloroform	$58 \cdot 10^3$	0,28
Eosin	Silber	Nitrobenzol +	$55 \cdot 10^3$	0,51
		Chloroform + Butanol	$50 \cdot 10^3$	0,46
	Lanthaniden	Toluol + Butanol	$120 \cdot 10^3$	—
	Zink	Chloroform	$120 \cdot 10^3$	1,84
	Blei	Chloroform	$110 \cdot 10^3$	0,53
Erythrosin	Lanthaniden	Toluol + Butanol	$160 \cdot 10^3$	—
	Blei	Chloroform	$65 \cdot 10^3$	0,31
Bromphenolblau	Eisen(II)	Chloroform + Amylol	$59 \cdot 10^3$	1,06
		Nitromethan	$82 \cdot 10^3$	1,47
	Silber	Chloroform		
	Zink	Chloroform	$100 \cdot 10^3$	1,53
	Zink	Chloroform	$38 \cdot 10^3$	0,58
	Cadmium	Dichlorethan	$31 \cdot 10^3$	0,28
Bromphenolrot	Eisen(II)	Nitromethan	$56 \cdot 10^3$	0,57
	Zink	Chloroform + Amylol	$32 \cdot 10^3$	0,49
Bromkresolgrün	Zink	Chloroform	$17 \cdot 10^3$	0,29
Methylorange	Eisen(II)	Chloroform	$48 \cdot 10^3$	0,86

Es hat sich gezeigt, daß einige schwerlösliche Ionenassoziate basischer Farbstoffe mit Anionenkomplexen beim Ausschütteln mit organischen Lösungsmitteln geringer DK nicht extrahiert werden, sondern sich in Flocken zusammenballen, die sich an der Phasengrenze sammeln oder an der Wand haften. Das Lösungsmittel und die wäßrige Lösung werden durch Dekantieren oder Filtrieren abgetrennt und anschließend wird der Niederschlag gelöst (meist in Aceton oder Alkohol). Das Assoziat unterliegt dabei einem Zerfall. Dieses Verfahren bildet die Grundlage einer neuen photometrischen Arbeitsmethode, der sogenannten *Flotationsspektrophotometrie*.

Die hohen Extinktionskoeffizienten, die bei dieser Methode bestimmt worden sind, beruhen darauf, daß das schwerlösliche Ionenassoziat beim Auflösen dissoziiert. In der Lösung wird dann schließlich die Extinktion des in die Lösung überführten *Farbstoffes* gemessen. Da im Ionenassoziat mehrere Farbstoffmoleküle gebunden sein können und die gemessene Extinktion auf das Molgewicht des Assoziates bezogen wird, erhält man pro Grammatom des zu bestimmenden Elementes die außerordentlich hohen Extinktionskoeffizienten. Es sind ganzzahlige Vielfache des Extinktionskoeffizienten des Farbstoffes im selben Lösungsmittel. Rhodium z.B. gibt als $RhCl_3$ mit $SnCl_2$ ein Ionenassoziat, in dem *fünf* Moleküle Malachitgrün gebunden sind, so daß der für diese Bestimmungsmethode angegebene Extinktionskoeffizient $\varepsilon = 340 \cdot 10^3 \, 1 \, mol^{-1} \, cm^{-1}$ hierauf zurückzuführen ist [75]. – Bei der Bestimmung des Osmiums bildet sich ein Ionenassoziat aus $Os(SCN)_6^{3-}$ und *drei* Molekülen Methylenblau [76], so daß der Extinktionskoeffizient von $\varepsilon = 220 \cdot 10^3 \, 1 \, mol^{-1} \, cm^{-1}$ bei 655 nm auf *drei* Farbstoffmoleküle zurückzuführen ist. – $Pd(SCN)_4^{2-}$ bildet mit Methylenblau

(MB) ein Ionenassoziat der Zusammensetzung $[MB^+]_2 [Pd(SCN)_4^{2-}]$, so daß der gemessene Extinktionskoeffizient *zwei* Molekülen Methylenblau entspricht [77].

Tabelle 8. Flotationsspektrophotometrische Methoden zur Bestimmung von Elementen nach Marczenko [74]

Element	Komplex mit	basischer Farbstoff	Lösungsmittel Flotation	Lösung	ε l mol^{-1} cm^{-1}
Arsen	Mo–As–O	Kristallviolett	Cyclohexan + Toluol	Aceton	$320 \cdot 10^3$
Cadmium	I$^-$	Kristallviolett	Diisopropyl-ether	Aceton	$130 \cdot 10^3$
Germanium	Mo–Ge–O	Brillantgrün	Butylacetat	Aceton	$190 \cdot 10^3$
		Rhodamin 6G	Toluol	Ethanol	$310 \cdot 10^3$
		Rhodamin B	Toluol	Ethanol	$370 \cdot 10^3$
	Alizarin-Komplexon	Rhodamin 6G	$CCl_4 + CHCL_3$	Ethanol	$290 \cdot 10^3$
Silicium	Mo–Si–O	Kristallviolett	Propylaceton	Aceton	$140 \cdot 10^3$
		Rhodamin B	Diisopropyl-ether	Ethanol	$230 \cdot 10^3$
Molybdän	SCN$^-$	Kristallviolett	Toluol	Ethanol	$230 \cdot 10^3$
Phosphor	Mo–P–O	Kristallviolett	Butylacetat	Methal-ethylketon	
Rhodium	RhCl$_3$SnCl$_2$	Malachitgrün	Diisopropyl-ether	Aceton	$340 \cdot 10^3$
Tellur	Br$^-$	Rhodamin 6G	Benzol	Ethanol	$170 \cdot 10^3$
Wismut	Br$^-$	Rhodamin 6G	Diisopro-pylether	Ethanol	$150 \cdot 10^3$
Zirkonium	Pikramin-Epsilon	Ethylrhodamin B	Benzol	Aceton	$320 \cdot 10^3$

Einen Überblick zur *Flotationsspektrophotometrie* gibt Tab. 8. Die Zusammensetzung der Ionenassoziate hängt außerordentlich stark von den Arbeitsbedingungen, speziell von den Lösungsmitteln ab, die zur Flotation und zum Lösen benutzt werden [74].

Die beschriebenen Verfahren arbeiten diskontinuierlich, doch es ist auch ein kontinuierliches Verfahren – für die Bestimmung von Spuren von Chrom(VI) – beschrieben worden [78]: Natriumlaurylsulfat bildet mit dem Komplex Chrom-Diphenylcarbazon ein Ionenassoziat, welches sich in dem bei dieser Methode entstehenden Schaum an der Grenzfläche anreichert und diskontinuierlich oder kontinuierlich nach Verdünnung des Schaumes spektralphotometrisch gemessen werden kann. Derart kann in vielen Fällen Cr(VI) mit einer Genauigkeit von $\pm 3\%$ bei einem 100fachen Überschuß an Fremdionen bestimmt werden!
Die Methode entspricht der Bildung von Ionenassoziaten zwischen Metallionen und Xylenolorange (R), die sich mit Cetylpyridiniumbromid (CP) bilden, und die in Wasser löslich sind. Mit Lanthan bildet sich z.B. der Komplex La[R(CP)$_2$]$_2$, der bei 625 nm einen Extinktionskoeffizienten von $\varepsilon = 92 \cdot 10^3$ l mol^{-1} cm^{-1} besitzt [79].

Generell ist es bei der Erarbeitung neuer Methoden das Ziel, Systeme mit kleinen Extinktionskoeffizienten in Systeme mit möglichst hohen Extinktionskoeffizienten zu überführen, wenn auch, wie bei der Flotationsspektrophotometrie, die extrem hohen Extinktionskoeffizienten nur scheinbare Meßgrößen darstellen.

Besonders interessant ist eine weitere Methode, die darauf beruht, daß die im Chelat

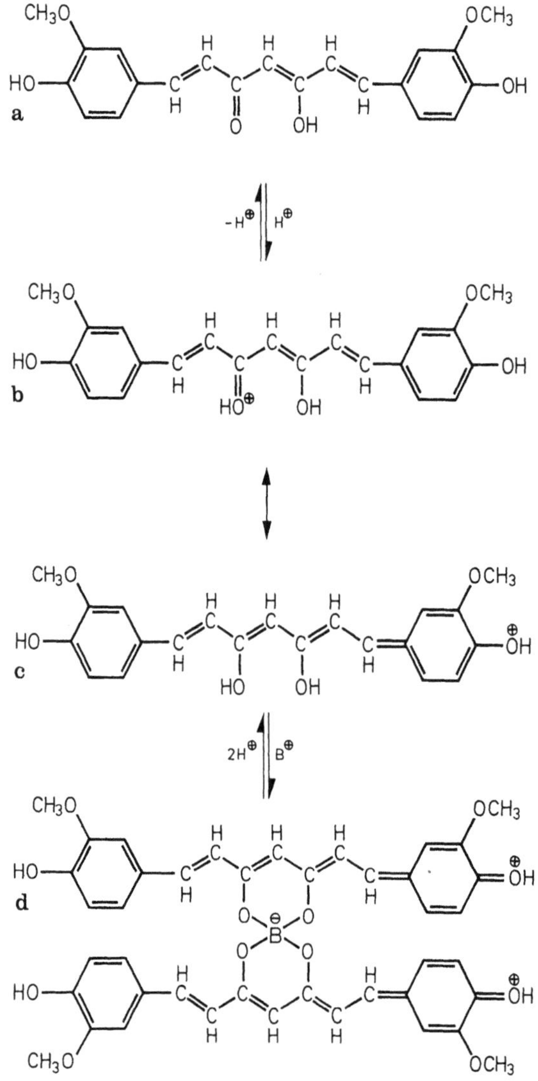

Abb. 9a–d.
Komplexierungsmechanismus
für Bor mit Curcumin
(Erläuterung s. Text)

auftretende intensive Farbe auf die Fixierung einer *veränderten Struktur des Liganden* beruht, ohne daß das komplexierte Element Einfluß auf die Lage und Intensität des Spektrums hat. Ein Beispiel ist die photometrische Bestimmung des Bors mit Curcumin [80]. Curcumin ist das Enol eines 1,3-Diketons, das in stark saurer Lösung in eine mesomere Form übergeht, die eine durchgehende Konjugation mit Ladungsresonanz aufweist. Diese Form besitzt eine langwellige Bande bei $18\,020\ \mathrm{cm}^{-1}$ mit einem Extinktionskoeffizienten $\varepsilon_{max} = 73{,}6 \cdot 10^3\ \mathrm{l\ mol}^{-1}\ \mathrm{cm}^{-1}$. In Abb. 9 sind die mesomeren Formen dargestellt.

In der mesomeren Grenzform c liegt eine Anordnung mit zwei enolischen OH-Gruppen vor, die selektiv für Bor ist. In Gegenwart von Borsäuren wird diese Struktur unter Esterchelat-Bildung fixiert. Die Lage des Absorptionsmaximums und der Extinktionskoeffizient dieses 1:1-Komplexes ist vergleichbar mit dem protonierten Molekül [81]. Da Bor jedoch in der Lage ist, zwei Curcumin-Liganden zu binden, ist der Extinktionskoeffizient dieses 1:2-Komplexes dann doppelt so groß. Statt $\varepsilon = 73{,}6 \cdot 10^3\ \mathrm{l\ mol}^{-1}\ \mathrm{cm}^{-1}$ für das Chelat mit *einem* Curcumin-Liganden in

Ethanol als Lösungsmittel ergibt sich $\varepsilon = 146 \cdot 10^3 \, \mathrm{l \, mol^{-1} \, cm^{-1}}$ für das Chelat mit *zwei* Curcumin-Liganden. Mit einem derart großen Extinktionskoeffizienten ist dann für die Bor-Bestimmung eine Empfindlichkeit im Nanogrammbereich gegeben! Durch Kombination mit der Papierchromatographie läßt sich dieses Verfahren in den Picogrammbereich quantitativ ausdehnen [82, 83].

Bei dieser Methode müssen die Arbeitsbedingungen genau eingehalten werden, besonders was den Blindwert bei der photometrischen Messung betrifft. Von Tôei und Mitarbeitern wurde daher ein weiteres Bestimmungsverfahren von Bor vorgeschlagen [84], das auf der erwähnten Extraktionsspektrophotometrie beruht. Hierbei wird Bor mit 2,4-Dinitronaphthalin-1,8-diol komplex gebunden und in ein Ionenassoziat mit Brillantgrün überführt, das in Toluol extrahiert und photometriert wird. Bei $\lambda = 693 \, \mathrm{nm}$ weist dieses Ionenassoziat einen Extinktionskoeffizienten von $\varepsilon = 103 \cdot 10^3 \, \mathrm{l \, mol^{-1} \, cm^{-1}}$ auf, d.h., auch diese Methode ist sehr empfindlich und außerdem sehr selektiv für Bor [84].

4.1.2 Photometrische Bestimmung von Anionen und Ammoniak

Auch hier ist die Überführung in eine farbige Spezies das Ziel jeder Arbeitstechnik. Wie Tab. 9 zeigt, verwendet man Reaktionen, an denen das zu bestimmende Anion primär beteiligt ist, jedoch im farbigen Endprodukt *nicht* unbedingt mehr vorhanden sein muß. Ausnahmen sind die Bestimmung von Bromid und Iodid, die nach ihrer Oxidation zu Brom und Iod in organischen Lösungsmitteln direkt bestimmt werden können. Beim Iodid spielt auch die Oxydation zum Iodat-Ion eine Rolle, wobei schließlich die Reaktion mit zugefügter ethanolischer KI-Lösung, d.h. die Bildung von I_2 zur photometrischen Bestimmung ausgenutzt wird. Läßt man Brom mit Fluorescein reagieren, wird Tetrabromfluorescein (d.h. Eosin) gebildet, das leicht photometrisch bestimmt werden kann. Ähnlich bildet sich mit Brom aus Phenolrot das Bromphenolblau. Weitere Beispiele für den *Einbau des zu bestimmenden Anions in eine organische Verbindung* unter Veränderung des Absorptionsspektrums der organischen Komponente sind der Nitrat-Nachweis mit Phenolen, wobei sich bei Gegenwart von konz. Schwefelsäure gelbe Nitrophenol-Derivate bilden [85–87]. Mit Natriumsalicylat läßt sich unter Einhaltung der Reaktionsbedingungen das Nitrat-Ion als 5-Nitrosalycylsäure photometrisch bestimmen. Beim Nitrit-Ion wird die Diazotierungsreaktion mit anschließender Kupplung zu einem Azofarbstoff für die photometrische Bestimmung ausgenutzt. Auch diese Reaktion kann zur Nitrat-Bestimmung benutzt werden, wenn das Nitrat-Ion zunächst zum Nitrit-Ion reduziert wird [88, 89].

Eine andere Reaktion, bei der das zu bestimmende Anion in das Endprodukt eingebaut wird, ist der Nachweis von S^{2-} bzw. H_2S. Hier wird bei Gegenwart von Fe(III)-Salzen als Katalysator aus N,N-Dimethyl-p-phenylendiamin Methylenblau gebildet, das bequem photometrisch bestimmt werden kann. Wenn SO_4^{2-}-Ionen zunächst zu S^{2-}-Ionen reduziert werden, kann diese Methode auch zur Sulfat-Bestimmung benutzt werden [90–93].

Tabelle 9. Zusammenstellung der photometrischen Bestimmung von Anionen nach Lange und Vejdelek [39]

Anion	Reagenzien; Reaktion		Bestimmung als	nm
Br^-	1) K_2CrO_4; $KMnO_4$: Oxidation zum Br_2		Br_2	400–410
	2) Chloramin T	Br_2 + Fluorescein	Eosin	
	3) Chloramin T	Br_2 + Phenolrot	Bromphenolblau	580–610
	4) $AuCl_3$		K $AuCl_3Br$	350; 440–470
Cl^-	1) Quecksilberchloranilat		Chloranilat-Ion	305; 530–540
	2) $AgNO_3$	$AgCl$; Ag^+ + Dithizon	Ag-Dithizonat	595–600
	3) Ag_2CrO_4	$AgCl$; CrO_4^{2-} + 1,5-Diphenylcarbazid	Cr(III)-Diphenylcarbazon	540
	4) Ag_2CrO_4	$AgCl$; CrO_4^{2-} + H_2O_2	$Cr_2O_7^{4-}$	620
	5) $Hg(NO_3)$	Hg; Hg + 1,5-Diphenylcarbazid	Komplex	520
	6) $Hg(SCN)_2$	Hg_2Cl_2 + SCN^-; SCN^- + Fe(III)	$Fe(SCN)_3$	460, 480–490
	7) Oxidation	Cl_2; + o-Toluidin	Chinon-Derivat	435
CN^-	1) Phenolphthalin + $CuSO_4$(pH = 11) als Katalysator		Phenolphthalein	530–54
	2) Chloramin T	ClCN; ClCN + Barbitursäure pH = 7	Polymethinfarbstoff	575–580
F^-	1) Zirkon-Alizarin-Komplex pH 0,7–2,7		Entfärbung	520–530
	2) Thorium(IV)-Alizarin-Komplex pH 0,7–2,7		Entfärbung	520
	3) La-Komplex mit Alizarinkomplexon; Doppelkomplex		La-Chelat	600–625
	4) CeIII-Komplex mit Alizarinkomplexon; Doppelkomplex		Ce-Chelat	600–625
	5) $Th(IO_3)_4$ IO_3^-; IO_3^- + Jodidstärkereagenz		Iod-Stärke-Komplex	620–630
I^-	1) Oxidation I_2; Extraktion		I_2 (oxi. Lösungsmittel)	350–420
	2) Ce(IV)/As(III); Redoxreaktion		Ce(IV)-Entfärbung	400–420
	3) H_2O_2 I_2; I_2 + o-Tolidin		Farbreaktion	pH 1,5–2; 420
				pH 3,5–5; 620
	4) $KMnO_4$(pH 3,5–4) IO_3; IO_3^- + KI^- $+ 6H^+ 3I_2 + 3H_2O$		I_2 (CCl_4, CS_2 usw.)	310; 350–360
	4a) + KJ (Ethanol)		KI_3-Lösung	350 – 360
	4b) + Stärke-Lösung		Iod-Stärke-Komplex	570

Tabelle 9 (Fortsetzung)

Anion	Reagenzien; Reaktion	Bestimmung als	nm
NO_3^-	1) $FeSO_4$ in konz. H_2SO_4;	$(FeNO)SO_4$	520–530
	2) Xylenole in $H_2O + CH_3COOH + H_2SO_4$ Nitroxylenole	Nitroxylenol	410–430
	Nitroxylenole	Nitrosoxylenol	410–430
	3) Brucin in $H_2O + H_2SO_4$ Farbreaktion	Reaktionsprodukt	400–420
	4) Phenoldisolfonsäure; 5-Nitrophenol-2,4-disulfonsäure	Reaktionsprodukt	400–425
	5) Chromotropsäure in konz. H_2SO_4;	Reaktionsprodukt	357; 400–430
	6) Natriumsalicylat $+ H_2O + H_2SO_4$	5-Nitrosalicylsäure	410–420
NO_2^-	1) Sulfanilamid; Diazotierung; Kupplung zum Azofarbstoff mit N-(1-Naphthyl)-ethylendiamin · 2 HCl	Azofarbstoff	540–545
	2) Naphthylamin Diazotierung; + Naphthylamin	Azofarbstoff	560
	3) Thio-Michler-Keton	Farbreaktion	650
Phosphate	s. Tab. 6 unter Element Phosphor		
Silicate	s. Tab. 6 unter Element Silicium		
SO_4^{2-}	1) $BaCrO_4$ $BaSO_4 + CrO_4^{2-}$; CrO_4^{2-} + Diphenylcarbazid	Cr(III)-Diphenylcarbazon	540
	2) Benzidin Benzidinsulfat		
	a) $H_2O_2 + FeCl_3$	Reaktionsprodukt	410–430
	b) Diazotierung + Kupplung mit Thymol	Azofarbstoff	
	c) Umsatz mit 2-Naphthochinon-4-sulfonsaurem Natrium	Reaktionsprodukt	470–490
	3) Bariumchloranilat $BaSO_4$ + Chloranilat-Ion	Chloranilat-Ion	305; 530–540
	4) 2-Amino-pyrimidiniumchlorid 2-Amino-pyrimidiniumsulfat	Reagenzüberschuß	305; 525
	5) Reduktion zu S^{2-}; + N,N-Dimethyl-p-phenylendiamin, Fe(III)-Salze als Katalysator	Methylenblau	600–670
H_2S; S^{2-}; S	s. SO_4^{2-} Methode 5)		
$S_2O_3^{2-}$,	Alkalicyanide bei Gegenwart von Cu(II)-Salzen		
$S_3O_6^{2-}$, $S_4O_6^{2-}$	SCN^-; $SCN^- + Fe(III)$	$Fe(SCN)_3$	460

Alle anderen Methoden der Tab. 9, besonders z. B. für Chlorid, Fluorid, Cyanid und Sulfat-Ionen sind indirekte Methoden, die zum Teil auf der Fällung schwerlöslicher Verbindungen dieser Anionen beruhen. Dabei werden äquivalente Mengen eines zweiten Anions oder auch eines Kations freigesetzt, die dann mittels charakteristischer Farbreaktionen zum Teil sehr empfindlich photometrisch bestimmt werden können.

Eine Zusammenstellung der photometrischen Bestimmungsmethode geben Lange und Vejdelek in ihrer Monographie [39].

Allen diesen Methoden haftet der Mangel an, daß die vorgeschalteten chemischen Reaktionen sehr zeitraubend sind.

Für das *Nitrat-Ion* wurde vor kurzem eine Schnellbestimmung beschrieben, die mit 4,5-Dihydroxicumarin über die Reduktion des Nitrat-Ions zum Nitrit-Ion zu einem Reaktionsprodukt führt, das bei 410 nm photometrisch bestimmt werden kann [94, 95]. Von Baca und Freiser [96] wurde eine extraktionsphotometrische Methode für die Bestimmung des Nitrat-Ions vorgeschlagen, die auf der Bildung eines Ionenassoziates zwischen Nitrat-Ion und Kristallviolett beruht, 0,06–0,72 ppm Nitrat werden erfaßt. Zur Mikrobestimmung des Nitrat-Ions wurde die Methode der Bildung eines Azofarbstoffes von Flamers und Bashier modifiziert [97]; nachweisbar sind 0,003 µg/cm^3.

Zur Bestimmung von NH_3 *und Ammoniumsalzen* gibt es mehrere Methoden [39], von denen die Indophenol-Reaktion die bekannteste ist. Sie ist zur Bestimmung von NH_4^+ bzw. NH_3 im Trink-, Brauch- und Abwasser vorgeschrieben [98, 99].

Für die Bestimmung von *Halogenen im Wasser* ist die o-Toluidin-Methode sehr wichtig. Hierbei wirken freies Chlor oder Brom in wässeriger Lösung auf das o-Toluidin oxidierend ein, so daß ein chinoides System entsteht, das photometrisch bestimmt werden kann. Die chinoide Verbindung hat ein Absorptionsmaximum bei $\lambda = 435$ nm. Zwei weitere Methoden sind die analogen Reaktionen mit Diethyl-p-phenylendiamin und Syringaldazin. Bei Syringaldazin, einem Hydrochinon-Derivat, wird als Oxidationsprodukt ein rotes Chinon erhalten, Absorptionsmaximum $\lambda = 530$ nm. – Entsprechende Reaktionen sind im Reaktionsschema A zusammengestellt.

Reaktionsschema A

a) o-Tolidin: (X = Cl, Br)

b) Diethyl-p-phenylendiamin:

$$H_3C \diagdown N \diagup \langle\text{Ring}\rangle N \diagup CH_3,\ H_3C \diagup\ \ CH_3 \quad + X_2 \longrightarrow \quad H_3C \diagdown \overset{\oplus}{N} = \langle\text{Ring}\rangle = \overset{\oplus}{N} \diagup CH_3,\ H_3C \diagup\ \ CH_3 \quad + 2\ \overset{\ominus}{X}$$

c) Syringaldazin:

$$\begin{array}{c} H_3CO \\ HO-\langle\text{Ring}\rangle-\overset{H}{\underset{}{C}}=N-N=\overset{}{\underset{H}{C}}-\langle\text{Ring}\rangle-OH \\ H_3CO \end{array} \quad \begin{array}{c} OCH_3 \\ \\ OCH_3 \end{array} + X_2$$

$$\downarrow$$

$$\begin{array}{c} H_3CO \\ O=\langle\text{Ring}\rangle=\overset{H}{\underset{}{C}}-N=N-\overset{}{\underset{H}{C}}=\langle\text{Ring}\rangle=O \\ H_3CO \end{array} \quad \begin{array}{c} OCH_3 \\ \\ OCH_3 \end{array} + 2\ \overset{\ominus}{X}$$

Die gleichen Reaktionen geben auch die *Halogenamine* NH_2X, NHX_2 und NX_3 ($X = Cl$, Br), die entstehen, wenn Ammoniak und Halogene im zu analysierenden Wasser vorhanden sind. Von Soulard u.a. wurden diese drei Methoden kritisch untersucht [100]. Die o-Toluidin-Methode gestattet danach, einfach, empfindlich und genau den Gesamthalogengehalt einer Lösung zu bestimmen, kann aber nicht zwischen freiem Halogen und in Form der Halogenamine gebundenem Halogen unterscheiden. Die Methode mit Diethyl-p-phenylendiamin erlaubt unter Einhaltung bestimmter Arbeitsbedingungen eine Differenzierung, ist aber insgesamt weniger empfindlich. Die Syringaldazin-Methode entspricht der o-Toluidin-Methode.

4.1.3 Photometrische Wasseranalysen

Die Verfahren zur Bestimmung von Kationen und Anionen in Wasser sind durch die Trinkwasser-Verordnung vom 31.01.1975 festgelegt [98]. Vor kurzem wurden vom Normenausschuß Wasserwesen „Richtlinien zur Aufstellung von Probenahmeprogrammen" erarbeitet [99]. Tabelle 10 gibt einen Überblick. In der zweiten Spalte ist der Anwendungsbereich in ppm angegeben. Es sei auch auf die Monographie von Freier [102] verwiesen. Einen Überblick über Wasseranalysen mit Hilfe der UV-VIS-Spektrophotometrie gab Hein [103].

Tabelle 10. Für die photometrische Bestimmung von Anionen und Kationen in Wasser empfohlene Arbeitsmethoden

	Anwendungsbereich in ppm	Reagenz	λ |nm|
B	0,01–1	Azomethin	414
Cl^- (Cl_2)	0,05–25	N,N-Diethyl-p-phenylendiamin	510 + 550
CN^-	0,002–0,02	Barbitursäure-Pyridin	578
F^-	0,02–2	Lanthan-Alizarinkomplexon	610
I^-	0,001–0,007	Redoxsystem Ce IV/As(III)	
SiO_2	0,1–10	als Silicomolybdänsäure	720
NO_3^-	0,1–10	Natriumsalicylat	420
NO_2^-	0,001–0,3	Sulfonylamid + N-(1-naphthyl-ethylendiamin)	530
PO_4^{3-}	0,002–0,6	als Phosphormolybdänblau	750
SCN^-	0,05–50	Pyridin-Benzidin	491
SO_4^{2-}	2–60	als $BaSO_4$ in Gelatine-Lösung (Messung der Lichtstreuung)	490
S^{2-}	0,01–5	Dimethyl-p-phenylendiamin	670
Al	0,02–0,7	Eriochromcyanin R	530
As	0,002–0,1	Silberdiethyldithiocarbamidat	546
NH_4^+	0,005–2	Indophenol	690
Pb	0,002–20	Dithizon	520
Cd	0,002–20	Dithizon	530
Cr	0,005–10	Diphenylcarbazid	550
Fe	0,01–4	1,10-Phenanthrolin	510
Cu	0,001–0,3	Zn-N,N-dibenzyldithiocarbamidat	436
Mn	0,01–5	Formaldoxim	480
Ni	0,02–10	Diacethyldioxim	
Se	0,001–0,25	o-Phenylendiamin	334
Ag	0,05–2	Dithizon	470
U	0,001–0,01	Arsenazo-III	665
V	0,05–40	N-Benzoyl-N-phenylhydroxylamin	546
Zn	0,004–20	Dithizon	530

Franke und Hein gaben einen allgemeinen Überblick zur Wasseranalyse mit spektroskopischen und chromatographischen Verfahren [104].

Wegen der allgemeinen Bedeutung der Wasseranalysen sei auf das Filterphotometer Nanocolor 25 als einfaches Routinegerät für die Analyse der Oberflächen- und Abwasser hingewiesen. Für die praktische Anwendung dieses Photometers stehen Testanalysensätze und Arbeitsvorschriften zur Verfügung [105]. Ähnliche Testanalysensätze, jedoch nicht nur für Wasseranalysen, werden auch für die Filter-Photometer der Firma Dr. Lange geliefert.

Innerhalb der Wasseranalysen ist in der Technik die Überwachung der Kieselsäure-Konzentration im Kesselspeisewasser besonders wichtig, um die Betriebssicherheit von Dampferzeugungsanlagen zu gewährleisten. Für diese Zwecke wurde von der Firma Polymetron das Photometer Typ 8570 entwickelt, das ein Bauelement des Silkostats ist, der eine kontinuierliche Kieselsäuremessung im Reinwasser gestattet. Die Bestimmung erfolgt über das Silicomolybdänblau, siehe Tab. 5, und hat einen Zeitbedarf von ca. 6–7 min.

4.1.4 Photometrische Bestimmung von organischen Verbindungen

Organische Verbindungen mit einem chromophoren System, absorbieren im UV-VIS-Bereich. Da zumeist davon ausgegangen werden kann, daß ihre spektroskopischen Daten bekannt sind, ist die Einzelbestimmung mit Hilfe des Bouguer-Lambert-Beerschen Gesetzes stets möglich. Allerdings muß auf das Lösungsmittel geachtet werden, da Lage und Intensität der Absorptionsmaxima sehr stark vom Lösungsmittel abhängen. Bei basischen und sauren Verbindungen ist außerdem der Einfluß des pH-Wertes zu berücksichtigen.

Erschwert wird die quantitative Einzelbestimmung einer organischen Verbindung meist dadurch, daß in dem zu analysierenden System weitere Verbindungen enthalten sein können, die das Absorptionsspektrum der zu bestimmenden Substanz überlagern. Dann muß versucht werden, das Gemisch aufzutrennen. Kennt man das Absorptionsspektrum jeder einzelnen Verbindung, so kann indessen mit Hilfe der Mehrkomponentenanalyse die Zusammensetzung des Gemisches genau bestimmt werden (vgl. Abschn. 4.2).

Oft hat eine der organischen Substanzen eines Gemisches einen relativ niedrigen Extinktionskoeffizienten, der nur eine ungenaue Bestimmung zuläßt. Dies gilt z. B. für gesättigte Ketone, Aldehyde, Carbonsäuren und deren Derivate zu ($\varepsilon < 50\,l\,mol^{-1}\,cm^{-1}$), die zudem noch im analytischen ungünstigen Bereich unterhalb 300 nm absorbieren. Dann besteht aber evtl. die Möglichkeit ein Derivat herzustellen, dessen Absorptionsspektrum sich bathochrom verschoben und in der Intensität verstärkt, von dem der anderen Komponenten unterscheidet. Ein Beispiel ist die Aldehyd-Bestimmung mit Derivaten des *Phenylhydrazins*. Hier bildet sich leicht ein Phenylhydrazon, dessen Spektrum relativ große Extinktionskoeffizienten aufweist [106, 107];

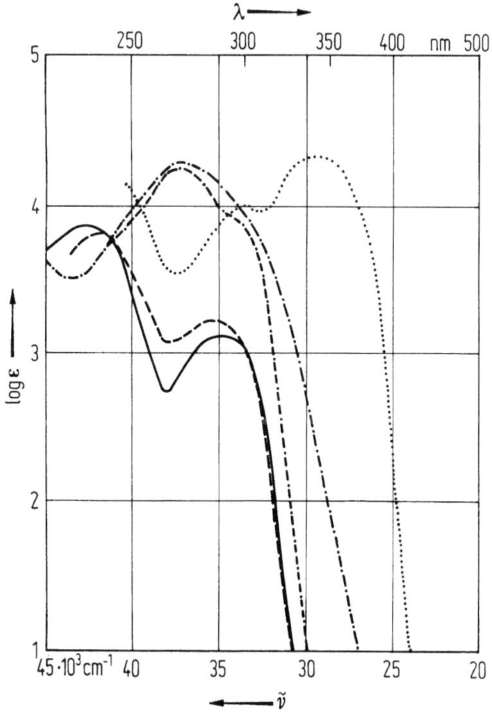

Abb. 10. Absorptionsspektren einiger Phenylhydrazone nach [111]. Anilin in Methanol (———), Phenylhydrazin in Ethylalkohol (– – – –), Phenylhydrazon des Acetaldehyds (– · – · –), Benzaldehyd-phenylhydrazon (·········), Trimethylacetophenon-phenylhydrazon (— — · —)

Tab. 11 zeigt die Absorptionsmaxima einiger Phenylhydrazone von Aldehyden und Ketonen mit den dazugehörigen Extinktionskoeffizienten [108–110].

Abbildung 10 gibt die Absorptionsspektren des Stammkörpers Phenylhydrazin sowie einiger Phenylhydrazone wieder, aus denen die drastischen Änderungen in den Absorptionseigenschaften zu erkennen sind [111]. Am Beispiel des Trimethyl-acetophenon-phenylhydrazons (Abb. 10) erkennt man außerdem den sterischen Einfluß der t-Butyl-Gruppe, der eine starke hypsochrome Verschiebung des Absorptionsspektrums zur Folge hat, wie der Vergleich mit dem Absorptionsspektrum des Benzaldehyd-phenylhydrazons (Abb. 10) zeigt.

Tabelle 11. Absorptionsmaxima der 2,4-Dinitro-phenylhydrazone von Aldehyden und Ketonen in Alkohol [111]

$$X = O_2N\text{—}\langle\bigcirc\rangle\text{—} \quad , \; R = \text{Alkyl}$$
$${}^{\backslash}NO_2$$

Substanz	$\lambda_{max}\, A_{nm}$	$\tilde{v}_{max}\, cm^{-1}$	$\varepsilon \cdot 10^{-3}$
$X-NH-N=H_2$	350	28550	15
$X-NH-N=CH_2$	348	28750	18,2
$X-NH-N=CHR$	356–360	27800–28100	} 20–30
$X-NH-N=CRR'$	360–365	27400 27800	
$X-NH-N=C{<}^{CH_2-CH_2}_{CH_2-CH_2}$	363	27550	21,5
$X-NH-N=CH-CH=CH_2$	366	27300	
$X-NH-N=CH-CH=CHR$	373–377	26550–26800	
$X-NH-N=CR-CH=CHR'$	376	26600	
$X-NH-N=CH-CR=CHR'$	377–385	26000 26550	} 25–35
$X-NH-N=CH-CH=CRR'$	377–379	26400 26550	
$X-NH-N=CR-CH=CR'R''$			
$X-NH-N=CH-CR=CR'R''$	387	25850	
$X-NH-N=CH-CH=CH-CH=CHR$			
$X-NH-N=CR-CH=CH-CH=CHR'$	} 379–395	25300 26400	} 30–40
$X-NH-N=C{<}^{CH=CHR}_{CH=CHR'}$			
$X-NH-N=CH-(CH=CH)_2-CH=CHR$	} 395–410	24400 25300	} 40–50
$X-NH-N=CR-(CH=CH)_2-CH=CHR'$			
$X-NH-N=CH-C_6H_5$	378	26450	29,2
$X-NH-N=C-C_6H_5 \;\; (|C_6H_5)$	383	26100	28,3
$X-NH-N=CR\text{—}\langle\bigcirc\rangle\text{—}R$	383	26100	27,6
$X-NH-N=CH\text{—}\langle\bigcirc\rangle\text{, } HO$	387	25850	29,5
$X-NH-N=CH-CH=CH-C_6H_5$	394	25400	38
$X-NH-N=CH\text{—}\langle\bigcirc\rangle\text{—}OH$	395	25300	28,7
$X-NH-N=C-CH=CH-C_6H_5 \;\; (|C_6H_5)$	395	25300	36,4

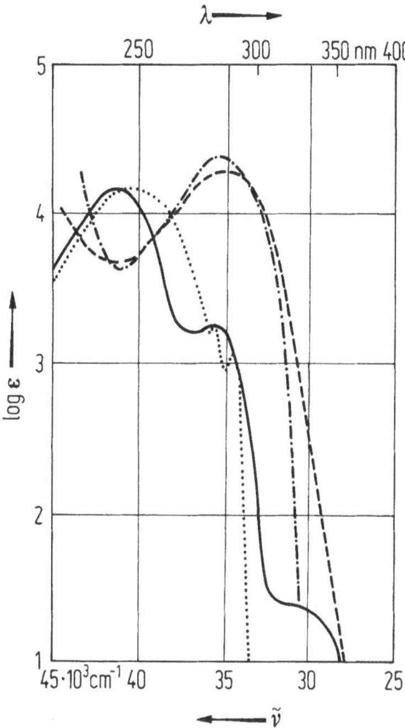

Abb. 11. Absorptionsspektren einiger Semicarbazone nach [111]. Benzaldehyd (———), Benzaldehydoxim (.........), Benzaldehydsemicarbazon (—·—), Benzaldehyd-N-phenylsemicarbazon (-----)

Eine andere Verbindung, die bei der Kupplung mit Aldehyden oder Ketonen zu einer Verlängerung des konjugierten Systems führt und damit eine starke Intensitätserhöhung bewirkt, ist das *Phenylsemicarbazid* bzw. das *2,4-Dinitrophenyl-semicarbazid.* Hierbei bilden sich dann die entsprechenden Phenylsemicarbazone:

$$O_2N-\underset{NO_2}{\underset{|}{\bigcirc}}-NH-\underset{\underset{O}{\|}}{C}-NH-N=C\underset{R_2}{\overset{R_1}{\diagdown}}$$

Mit dem unsubstituierten Semicarbazid bilden sich die entsprechend Semicarbazone (vgl. Abb. 11) [111].

Ein empfindlicher Nachweis des *Acetaldehyds* gelingt mit 3-Methyl-2-benzothiazolinon-hydrazon (MBTH), wobei ein Polymethinfarbstoff entsteht, der bei $\lambda_{max}=670\,nm$ in Aceton einen Extinktionskoeffizienten von $\varepsilon=76\cdot10^3\,l\,mol^{-1}\,cm^{-1}$ aufweist, siehe Schema S. 40 [112, 113]. Diese Reaktion ist auch von Bedeutung für die photometrische Bestimmung von *Olefinen*, wobei ein Olefin vom Typ $R-CH=CH_2$ zunächst zum Aldehyd oxidiert wird und dieser dann mit MBTH (s.o.) umgesetzt wird [113–116].

Es gibt auch zahlreiche organische Verbindungen, aus denen *Formaldehyd* als Abbauprodukt erhalten werden kann, der mit Hydrazonen umgesetzt, „indirekt" eine Bestimmung ermöglicht. Einen vollständigen Überblick über die photometrische Bestimmung von Aldehyden unter Berücksichtigung von Verbindungen, die als Vorstufen von Aldehyden anzusprechen sind, gibt die Monographie von F. Sawicky und C. R. Sawicky [117].

Diese kurzen Bemerkungen sollen zeigen, daß das Prinzip der spektralphotometrischen Bestimmung organischer Verbindungen – in Analogie zu den anorganischen Verbindungen – darin besteht, aus den Ausgangsverbindungen Substanzen herzustellen, deren Absorptionsspektren bathochrom verschoben sind und die einen hohen Extinktionskoeffizienten aufweisen. Da es hier nicht möglich ist, auf Einzelheiten einzugehen, sei auf die Monographie von Kakac und Vejdelek hingewiesen, in der die photometrische Analyse der folgenden organischen Verbindungsklassen behandelt wird [118]:

Ungesättigte Kohlenwasserstoffverbindungen,
Oxyverbindungen,
Thiole und Strukturverwandte,
Oxoverbindungen,
Carbonsäuren und ihre Derivate,
Organische Sulfate und Sulfonate,
Aminoverbindungen,
Hydroxylaminverbindungen,
Hydrazinverbindungen,
Azo- und Diazoverbindungen,
Nitro- und Nitrosoverbindungen,
Halogenverbindungen,
Organische Metall- und Nichtmetallverbindungen,
Stickstoff-freie Heterocyclen,
Saccharide und ihre Verbindungen,
Aminosäuren, Peptide und Proteine,
Steroide und strukturverwandte Verbindungen.

Besondere Bedeutung erlangte die photometrische Bestimmung organischer Verbindungen in den letzten Jahrzehnten in der Pharmazeutischen Chemie, der Klinischen Chemie, die Biochemie, der Lebensmittelchemie und bei den Problemen des Umweltschutzes. Einen erheblichen Anteil an dieser Entwicklung tragen die Laboratorien der Chemischen Industrie und der Gerätehersteller, die laufend Testanalysensätze mit exakten Arbeitsvorschriften entwickeln, z. B. [119–121].

Eine Sammlung von Vorschriften zur photometrischen Bestimmung organischer Verbindungen geben Lange und Vejdelek [39]. Zur Bestimmung organischer Verbindungen in Wasser siehe [122, 129]. Weitere Arbeitsvorschriften findet man bei Pesez und Bartos [124]. Einzeldarstellung gibt es für die Analyse von Vitaminen [125–129] und Steroiden [130].

4.1.5 Enzymatische Analyse und Enzymkinetik

In der Lebensmittelanalytik, der klinisch-chemischen Analytik und der biochemischen Analytik hat zunehmend die enzymatische Analyse als moderne und vielseitige Methode Bedeutung erlangt. Meist handelt es sich um die spektralphotometrische Verfolgung der Kinetik durch Enzyme gesteuerter Reaktionen. Dieser Methodik wurde durch Enzym-Kinetikzusätze zu den Spektralphotometern und Photometern Rechnung getragen. Eine der grundlegenden Reaktionen läßt sich wie folgt schreiben:

$$\text{Glucose-6-Phosphat} + \text{NAD} \xrightleftharpoons{\text{G-6-PDH}} \text{6-Phosphogluconolacton} + \text{NADH.}$$

Hier wird Glucose-6-Phosphat zu 6-Phosphogluconolacton oxydiert, während Nicotinamid-adenin-Dinucleotid-diphosphat (NAD oder NADP) zu Dihydronicotinamid-adenin-dinucleotid-diphosphat (NADH oder NADPH) reduziert wird. Die Geschwindigkeit der Bildung des Coenzyms NADH ist der Konzentration des Katalysators, d. h. hier des Enzyms der Glucose-6-Phosphat-Dehydrogenase (G-6-PDH) proportional. Da NADH ein Absorptionsmaximum bei $\lambda_{max} = 340$ nm aufweist, kann der Ablauf der Reaktion spektralphotometrisch verfolgt werden [119, 131], d. h. beim Ablauf der obigen Reaktion von links nach rechts nimmt die Extinktion, bei 340 nm gemessen, zu.

Analytisch verfolgbar ist die Wasserstoffaufnahme bzw. Wasserstoffabgabe des NAD bzw. NADH:

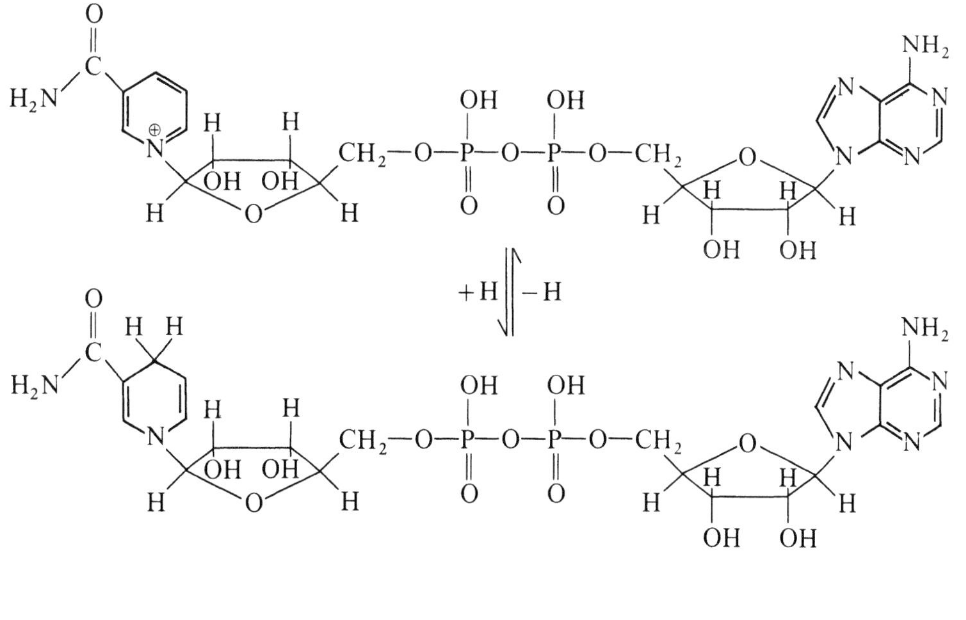

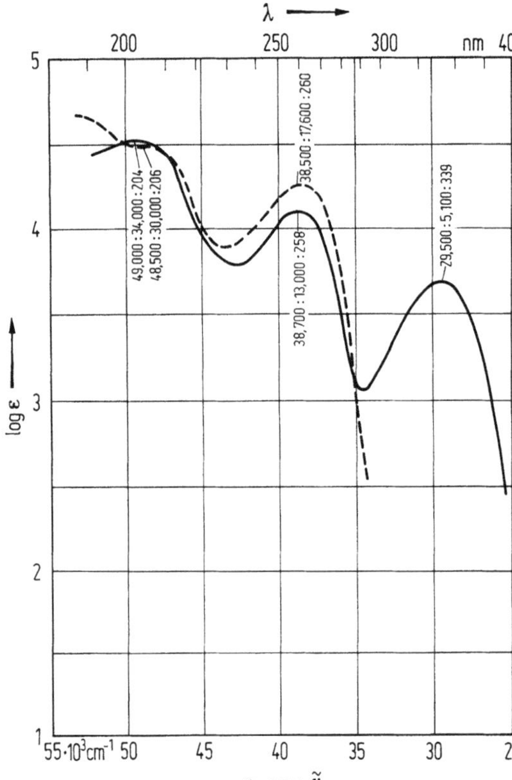

Abb. 12. Absorptionsspektrum des NAD (------), Phosphatpuffer pH = 6,8; und NADH (———), Puffer pH = 9,0

Wie Abb. 12 zeigt, ist die Absorptionsbande des NADH bei $\lambda_{max} = 340\,\text{nm}$ völlig ungestört von der Absorption des NAD, so daß für eine analytische spektralphotometrische Bestimmung des NADH ideale Voraussetzungen gegeben sind. In der Praxis handelt es sich hier um eine *Endwertmethode*, d.h., man verfolgt die Änderung der Extinktion mit der Zeit bis zur Erreichung eines Endwertes (s. Beispiel Abb. 14). Aus der Änderung ΔA kann man dann die Substanzkonzentration oder die Enzymaktivität errechnen.

Entsprechende Reaktionen, die bei 340 nm verfolgt werden können, geben z.B. die Enzyme: Glutanat-dehydrogenase (GLDH), α-Hydroxybutyrat-dehydrogenase (HBDH), Kreatinin-phosphokinase (CPK) und Lactat-dehydrogenase (LDH) u.a.

Allgemein lassen sich enzymkatalysierte Reaktionen durch Gleichungen für Reaktionen *erster, zweiter* oder *pseudo-erster* Ordnung beschreiben.

Für eine Reaktion erster Ordnung der einfachen Form (s. Abschn. 7.1)

$$S \xrightarrow{\text{Enzym}} B$$

gilt die Bildungsgeschwindigkeit von B:

$$\frac{d[B]}{dt} = k_B[S]. \tag{18}$$

Die Bildungsgeschwindigkeit von B ist stets der vorliegenden Konzentration an S proportional. Da nach dem Bouguer-Lambert-Beerschen Gesetz die Konzentration an S jeweils der

Extinktion von S direkt proportional ist, gilt wegen

$$A_s = \varepsilon_s c_s \cdot d \quad \text{und} \quad c_s = \frac{A_s}{\varepsilon_s d},$$

$$\frac{d[B]}{dt} = k_b' \cdot A_s^t \quad \text{mit} \quad k_B' = k_B (\varepsilon_s d)^{-1}. \tag{19}$$

Im Fall einer Reaktion zweiter Ordnung gilt:

$$S + B \xrightarrow{\text{Enzym}} C + D,$$

$$\frac{dx}{dt} = k_{CD} \cdot (s_0 - x_S) \cdot (b_0 - x_B). \tag{20}$$

Hier sind:

x die Umsatzveriable,
$s_0 - x_S$ die jeweilige Konzentration an S, $s_0 = $ Ausgangskonzentration S,
$b_0 - x_B$ die jeweilige Konzentration an B, $b_0 = $ Ausgangskonzentration B,
k_{CD} die Geschwindigkeitskonstante für die Bildung von $C + D$.

In diesem Fall ist die Geschwindigkeit der Bildung von C und D proportional zum Produkt $[S] \cdot [B]$.

Bei enzymatischen Reaktionen liegt oft eines der Edukte im Überschuß vor, so daß die Änderung der Konzentration dieser Komponente, z.B. S im Verlauf der Reaktion klein ist gegenüber seiner Ausgangskonzentration, so daß wir eine Reaktion pseudo-1. Ordnung erhalten:

$$\frac{dx}{dt} = k_{CD}'(b_0 - x_B) \quad \text{mit} \quad k_{CD}' = k_{CD} \cdot [S]_0. \tag{21}$$

Führen wir wieder die Extinktion ein, so erhalten wir mit

$$b = A_B^0 (\varepsilon_B \cdot d)^{-1} = A_B^0 \cdot a \quad \text{und} \quad x_B = A_B^t \cdot a; \quad a = \frac{1}{\varepsilon_B d},$$

$$\frac{dx}{dt} = k_{CD}' \cdot a (A_B^0 - A_B^t) = -k_{obs} \cdot A_B^t + \text{const} \tag{22}$$

$$\text{bzw.} \quad \frac{dx}{dt} = k_{CD}' \cdot a A_B^0 \left[1 - \frac{A_B^t}{A_B^0} \right] = k_{obs} \cdot A_B^0 \cdot \left[1 - \frac{A_B^t}{A_B^0} \right]. \tag{22a}$$

Die Reaktionsgeschwindigkeit bezogen auf den Verbrauch der Edukte S und B ist somit der jeweiligen Konzentration an B wieder direkt proportional.

Im Gegensatz zur echten Reaktion erster Ordnung geht in die Geschwindigkeitskonstante der Reaktion pseudo-1. Ordnung die vorgegebene Konzentration des Substrats S_0 mit ein, d.h. $k_{obs} = k_{CD}[S]_0 \cdot a$; die Konstante a ist in diesem Fall $(\varepsilon_B d)^{-1}$.

Da die direkte Bestimmung der in der Reaktion vorhandenen Enzymmengen nicht möglich ist, erfolgt die Bestimmung durch Messung ihrer Wirkung, d.h. bei der Enzymkinetik durch die katalytische Wirksamkeit einer direkt verfolgten oder einer nachgeschalteten Indikator-Reaktion. Die „vorhandene" Menge an Enzym wird dann durch Einheiten festgelegt, die wie folgt definiert sind:

Eine internationale Enzymeinheit (U) ist die Enzymmenge, die 1 µmol Substrat in

1 min unter optimalen standardisierten Bedingungen umsetzt:

$$1\,U = \frac{1\,\mu mol}{min}; \quad 1\,\text{Milli-Einheit (mU)} = 10^{-3}\,U.$$

Als Beispiel betrachten wir die Bestimmung der *Kreatinin-phosphokinase* (CPK). Dieses Enzym katalysiert die Reaktion

$$\text{Kreatinphosphat} + \text{ADP} \xrightleftharpoons{CPK} \text{Kreatin} + \text{ATP}. \tag{a}$$

Das beim Verlauf von links nach rechts entstehende ATP wird durch Glucose bei Gegenwart von Hexokinase (HK) in Glucose-6-Phosphat (G-6-P) und ADP (Reaktion b), und das G-6-P wird anschließend bei Gegenwart von Glucose-6-Phosphat-Dehydrogenase durch NAD in 6-Phosphogluconat und NADH umgewandelt (Reaktion c):

$$\text{ATP} + \text{Glucose} \xrightarrow{HK} \text{G-6-P} + \text{ADP}, \tag{b}$$

$$\text{G-6-P} + \text{NAD} \xrightarrow{G\text{-}6\text{-}PDH} \text{NADH} + \text{6-Phosphogluconat}. \tag{c}$$

Die entscheidende spektrophotometrische auswertbare Reaktion ist die dritte. Die Reaktionen sind streng stöchiometrisch, so daß das in Reaktionsgleichung (c) entstehende NADH dem Umsatz in Reaktionsgleichung (a), d.h. der Enzymaktivität entspricht.

Für die Durchführung der Reaktion geht man von geeignet gewählten Konzentrationen an Kreatinphosphat, ADP, Glucose und NAD aus und mißt bei dieser Reaktion

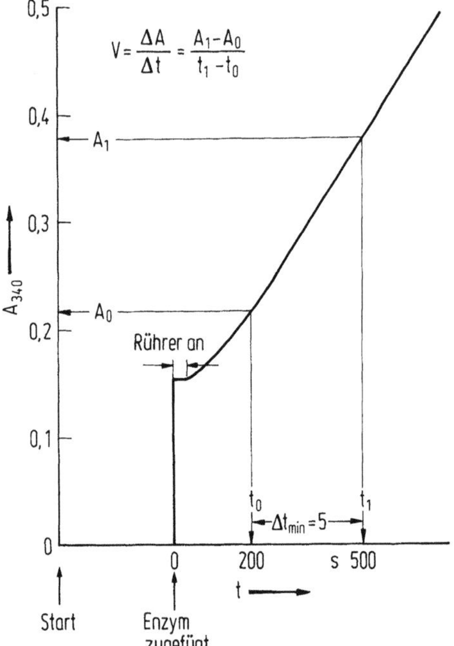

Abb. 13. Zeitlicher Verlauf einer Enzymkinetik nach [132] für die im Text beschriebenen Reaktionen (a), (b) und (c)

pseudo-1. Ordnung nach Zugabe des Enzyms CPK die Zunahme der Extinktion A bei $\lambda = 340\,\text{nm}$ als Funktion der Zeit. In Abb. 13 ist der zeitliche Ablauf der Reaktion (nach Long [132]) dargestellt. Die Temperatur betrug 303 K, die auf $\pm 0,02$ Grad konstant gehalten werden muß. Zwischen den Punkten t_0 und t_1 lagen $300\,\text{s} \doteq 5\,\text{min}$. Die Extinktionen ergaben sich zu $A_0 = 0,216$ und $A_1 = 0,376$, woraus sich die Änderung der Extinktion in der Zeiteinheit min ergibt zu:

$$\frac{\Delta A}{\Delta t} = \frac{0,376 - 0,216}{5} = \frac{0,150}{5} = 0,03\,\text{A/min}.$$

Berücksichtigt man die Konstante $a = (\varepsilon \cdot d)^{-1}$ in den Geschwindigkeitsgleichungen bzw. für die Umrechnung der Extinktion in Konzentration mit $\varepsilon_{340} = 6,22 \cdot 10^3\,\text{l mol}^{-1}\,\text{cm}^{-1}$ für NADH und $d = 1\,\text{cm}$, so ergibt sich:

$$\frac{\Delta c}{\text{min}} = \frac{\Delta A}{\varepsilon \cdot d} = \frac{0,03}{6,22 \cdot 10^3 \cdot 1} = 0,482 \cdot 10^{-6}\,\text{mol l}^{-1}\,\text{min}^{-1}.$$

Bei diesem Versuch wurden 0,1 mg Enzymsubstrat einem Probenvolumen in der Küvette von 3 ml hinzugefügt. Unter Berücksichtigung des Verdünnungsfaktors 3,1/0,1 und der Umrechnung von l auf ml ergibt sich schließlich die Enzymaktivität der CPK zu

$$0,01494\,\text{U ml}^{-1}\,\text{min}^{-1} \doteq 14,94\,\text{mU ml}^{-1}\,\text{min}^{-1}.$$

Dieses Beispiel ist unter Beachtung der spezifischen Reaktionsbedingungen auf andere Enzyme übertragbar. Entsprechende Arbeitsvorschriften sind in [119] und [133] zusammengestellt.

Eine kurze Darstellung zur Theorie des enzymatischen Tests gibt Mattenheimer [134]. Einen umfassenden Überblick über die Grundlagen der enzymatischen Analyse und der Enzymkinetik geben Cornish-Bowden [135] und Bergmeyer [136]. Eine wichtige Anwendung der Enzymkinetik liegt darin, daß die Enzyme in ihrer Aktivität durch Substrate beeinflußt werden können. Man kann diese dadurch beschreiben, daß man zwischen Enzym (E) und Substrat (S) die *Bildung eines Enzym-Substrat-Komplexes* (ES) annimmt; dieser Komplex kann dann zum Produkt (P) und Enzym weiterreagieren. Die Reaktionsgleichungen sind wie folgt zu beschreiben:

$$E + S \underset{k_{-1}}{\overset{k_1}{\rightleftharpoons}} ES, \quad v_1 = k_1\,[E] \cdot [S], \tag{23}$$

$$ES \xrightarrow{k_2} P + E, \quad v_2 = k_2\,[ES]. \tag{22a}$$

Die Bedingungen für die Bodenstein-Näherung (stationärer Zustand) sind erfüllt, wenn die Enzymkonzentration viel kleiner ist als die Summe der Konzentrationen von Substrat und Produkt [137]. In diesem Fall gilt dann für die Reaktionsgeschwindigkeiten:

$$k_1\,[E] \cdot [S] - (k_{-1} + k_2)\,[ES] = 0. \tag{24}$$

Mit $[E]_0 = [E] + [ES]$ als Bruttokonzentration des Enzyms ergibt sich dann für die

Konzentration des Enzym-Substrat-Komplexes [ES] aus Gl. (24)

$$[ES] = \frac{k_1[E]_0[S]}{k_{-1} + k_2 + k_1[S]}. \tag{25}$$

Die Bildungsgeschwindigkeit des Produkts P ergibt sich dann zu

$$v_2 = \frac{d[P]}{dt} = k_2[ES] = \frac{k_1 k_2[E]_0[S]}{k_{-1} + k_2 + k_1[S]}. \tag{26}$$

Eine analoge Beziehung ist 1913 von Michaelis und Menten [132] unter der Annahme abgeleitet worden, daß die Bildung des Enzym-Substrat-Komplexes in einem schnellen reversiblen Prozeß erfolgt, d.h.

$$k_{-1} \gg k_2$$

$$v = \frac{k_1 k_2[E]_0[S]}{k_{-1} + k_1[S]}. \tag{27}$$

Allerdings stimmt diese Annahme nicht immer, wie von Chance gezeigt wurde [139]. In der Enzymkinetik werden die Gln. (23) und (24) in der Form benutzt:

$$v = \frac{k_2[E]_0[S]}{\dfrac{k_{-1} + k_2}{k_1} + [S]} = \frac{k_2[E]_0[S]}{K_M + [S]} \tag{28}$$

bzw.

$$v = \frac{k_2[E]_0[S]}{\dfrac{k_{-1}}{k_1} + [S]} = \frac{k_2[E]_0[S]}{K_M' + [S]}. \tag{28a}$$

Mit der Michaelis-Konstanten $K_M = \dfrac{k_{-1} + k_2}{k_1}$ bzw. $K_M' = \dfrac{k_{-1}}{k_1}$, die gleich ist der Substratkonzentration, bei der die Reaktionsgeschwindigkeit auf die Hälfte ihres anfänglichen Maximalwertes abgesunken ist. Eine ausführliche Diskussion dieser Beziehungen für enzym-katalysierte Reaktionen gibt Cornish-Bowden [135].

Pautler und Jackson berichten über eine UV-spektroskopische Untersuchung eines Drei-Schritt-Prozesses, bei dem ein Komplex zwischen *Peptiden und der Proteinase* gebildet wird [140]. In einer Arbeit von Moody und Heisz wird das *Emit-Homogenenzym-Immunoassay* der Firma Syva in einer Anwendung auf die therapeutische *Drogenüberwachung* (EMIT-TDM) mit Hilfe der UV-VIS-Spektroskopie vorgestellt [141].

Häufig angewandte Methoden der enzymatischen Analyse gehen davon aus, daß unter der katalytischen Wirkung eines Enzyms bestimmte organische Verbindungen oxidiert oder reduziert werden, wobei meistens die Coenzyme NAD und NADH beteiligt sind.

So wird *Alkohol* durch NAD in Gegenwart des Enzyms Alkoholdehydrogenase (ADH) zu Acetaldehyd oxidiert:

$$C_2H_5OH + NAD^+ \overset{ADH}{\rightleftharpoons} CH_3CHO + NADH + H^+. \tag{a}$$

Das Gleichgewicht liegt bei dieser Reaktion auf der Seite von Ethanol und NAD. Durch alkalisches Milieu und durch Abfangen des Acetaldehyds kann das Gleichgewicht (a) nach rechts verschoben werden. Acetaldehyd wird in Gegenwart von Aldehyd-Dehydrogenase (Al-DH) quantitativ zu Essigsäure oxidiert:

$$CH_3CHO + NAD^+ + H_2O \xrightarrow{\text{Al-DH}} CH_3COOH + NADH + H^+. \tag{b}$$

Beide Reaktionen sind hintereinandergeschaltet, so daß im Verlauf dieser Gesamtreaktion 2 Mol NADH auf 1 Mol Ethanol entstehen. Da das Absorptionsmaximum des NADH bei $\lambda = 340$ nm liegt, kann die Reaktion quantitativ verfolgt werden, indem man den Extinktionsendwert in der Lösung bestimmt.

Die Konzentration des zu bestimmenden Stoffes ergibt sich nach:

$$c = \frac{V\,MG}{\varepsilon \cdot d \cdot v \cdot n \cdot 1000} \cdot \Delta A \text{ in } g\,l^{-1}. \tag{29}$$

Hierin bedeuten:

V	Testvolumen in ml;
v	Probevolumen in ml;
MG	Molekulargewicht der zu bestimmenden Substanz;
d	Schichtdicke der Küvette in cm;
n	Stöchiometrischer Koeffizient bezogen auf den direkt gemessenen Stoff; im Beispiel oben ist $n = 2$;
ε	Extinktionskoeffizient in $l\,mmol^{-1}\,cm^{-1}$ (Zieht man den Faktor 1000 in ε mit hinein, so ist dann ε als molarer dekadischer Extinktionskoeffizient in $l\,mol^{-1}\,cm^{-1}$ gegeben).

Als praktisches Beispiel sei die Bestimmung der β-D-*Glucose* besprochen [142, 143]. D-Glucose liegt in Lösung in den beiden anomeren Formen α- und β-D-Glucose im Verhältnis 1:2 vor. Durch Mutarotation stehen die Anomere miteinander im Gleichgewicht.

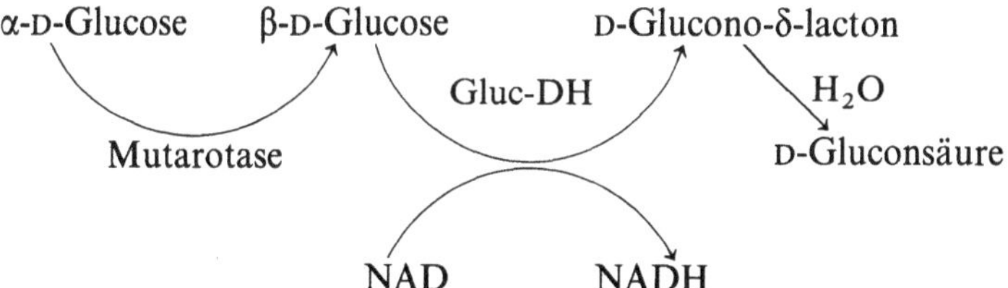

Die entscheidende Reaktion ist die Oxidation der β-D-Glucose zum D-Glucono-δ-lacton unter der katalytischen Wirkung des Enzyms Glucose-Dehydrogenase bei Beteiligung des Coenzyms NAD als H-Aceptor, d. h., der Verlauf der Gesamtreaktion läßt sich an der Zunahme der Extinktion im Absorptionsmaximum des NADH ($\lambda_{max} = 340$ nm) bis zum Endwert verfolgen.

Da Gluc-DH streng spezifisch für die β-D-Glucose ist, ist bei der Endwertbestimmung die Eigenmutarotation der Glucose der geschwindigkeitsbestimmende Schritt. Daher wird der Endwert erst nach ca. 15–20 min erreicht. Katalysiert man die Mutarotation durch Mutarotase, so kann man bereits nach 5–8 min einen konstanten Endwert erhalten. In Abb. 14 sind für fünf Ausgangskonzentrationen an D-Glucose die Extinktionsanstiege bei $\lambda = 340$ nm, wie sie sich aus der direkten Registrierung ergeben,

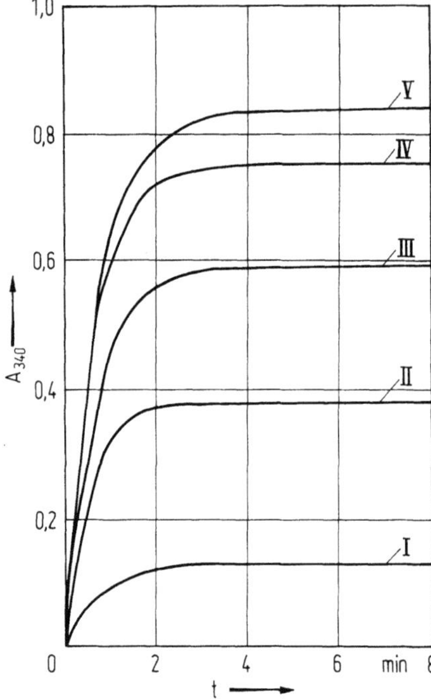

Abb. 14. β-D-Glucose-Endwertbestimmung für verschiedene vorgegebenen Konzentrationen

dargestellt; die Endwerte sind nach 5–6 min erreicht. Die Konzentration der Glucose berechnet sich nach Gl. (29) in g Glucose pro 1 Probelösung.

Die Glucosebestimmung in Körperflüssigkeiten (Blut, Serum, Plasma, Liquor, Harn) erfordert ergänzende Arbeitsvorschriften, z. B. die Beseitigung des Eiweißes [143].

Tabelle 12 gibt einen Überblick über Verbindungen, bei denen die quantitative Bestimmung über den Extinktionsendwert des beteiligten NADH erfolgt.

Tabelle 12. Übersicht zur enzymatischen Analyse mittels des UV-Tests. In der Zusammenstellung wiederkehrende Enzyme sind nur noch mit ihrer Abkürzung angegeben

Verbindung	Beteiligte Enzyme; Stufen	Analyt. Reakt.
Acetaldehyd	Aldehyd-Dehydrogenase (Al-DH); 1-stufig	NAD → $NADH$
Ameisensäure	Formiat-Dehydrogenase (FDH); 1-stufig	NAD → $NADH$
L-Äpfelsäure	L-Malat-Dehydrogenase (L-MDH); Glutamat-Oxalacetat-Transaminase (GOT) 2-stufig	NAD → $NADH$
L-Asparagin	Asparagenase; GOT; MDH; 3-stufig	NAD ← NADH
Ethanol	Alkohol-Dehydrogenase (ADH); Al-DH 2-stufig	NAD → $NADH$
Bernsteinsäure	Succinyl-CoA-Synthetase (SCS); Pyruvat-Kinase (PK); Lactat-Dehydrogenase (LDH); 3-stufig	NAD ← NADH
Brenztrauben-säure (Pyruvat)	LDH; 1-stufig, s. Bernsteinräure 3. Stufe	NAD ← NADH
Citronensäure	Citrat-Lyase (CL); MDH; LDH; 3-stufig	NAD ← NADH
Creatin, Creatinin	Creatinase, Creatin-Kinase (CK); Pyruvat-Kinase (PK); LDH; 4-stufig	NAD ← NADH
Essigsäure	Acetyl-CoA-Synthetase (ACS); Citrat-Synthase (CS); MDH; 3-stufig	NAD → $NADH$
D-Gluconsäure	Gluconat-Kinase; 6-Phosphogluconat-Dehydrogenase (6-PGDH); 2-stufig	NAD → $NADH$

Tabelle 12 (Fortsetzung)

Verbindung	Beteiligte Enzyme; Stufen	Analyt. Reakt.
Glucose Fructose	Hexokinase (HK); Glucose-6-phosphat-Dehydrogenase (G6P-DH); 2-stufig	NAD → *NADH*
L-Glutamin-säure	Glutamat-Dehydrogenase (GlDH) Iodnitro-tetrazoliumchlorid (INT + Diaphorase; 2-stufig	NAD → NADH ← → *Formazan*
Glycerin	Glycerokinase (GK); PK; LDH; 3-stufig	*NAD* ← NADH
Guanosin-5'-monophosphat	Guanosin-5'-monophosphat-Kinase (G-5-MPK); PK; L-LDH; 3-stufig	*NAD* ← NADH
Harnstoff/ Ammoniak	Urease, Gl-DH; 2-stufig	*NAD* ← NADH
Isocitronen-säure	Isocitrat-Dehydrogenase (ICDH); 1-stufig	NAD → *NADH*
Lactose/ Galactose	β-Galactosidase; β-Galactose-Dehydrogenase (Gal-DH); 2-stufig	NAD → *NADH*
Lecithin	Phospholipase C; alkalische Phosphatase (AP); Cholin-Kinase; PK; LDH; 5-stufig	*NAD* ← NADH
Maltose	α-Glucosidase (Maltase); Hexokinase (HK) G-6-P-DH; 3-stufig	NAD → *NADH*
L-Milchsäure	L-LDH; GPT; 2-stufig	NAD → *NADH*
D-Milchsäure	D-LDH; GPT; 2-stufig	NAD → *NADH*
Raffinose	α-Galactosidase; Gal-DH; 2-stufig	NAD → *NADH*
Saccharose	enzymatische Hydrolyse, dann s. Glucose	NAD → *NADH*
D-Sorbit	Sorbit-Dehydrogenase (SDH); 1-stufig	NAD → *NADH*
D-Sorbit/Xylit	SDH; Diaphorase; 2-stufig s. L-Glutaminsäure	NAD → NADH → → *Formazan*
Stärke	Amyloglucosidase (AGS); HK; G6P-DH 3-stufig	NAD → *NADH*
Triglyceride	Lipase + Esterase; GK; PK; LDH; 4-stufig	*NAD* ← NADH

Die genannten Verbindungen sind oft Inhaltsstoffe von Lebensmitteln, so daß der *enzymatischen Lebensmittelanalytik* eine besondere Bedeutung zukommt. Eine Zusammenstellung von Arbeitsvorschriften ist von Boehringer/Mannheim herausgegeben worden [142]. Eine weitere Darstellung gab Henniger [144]. Krüger und Nordmann befaßten sich mit der enzymatischen Bestimmung von einigen der genannten Verbindungen in Bier und Apfelsaft [145].

4.2 Mehrkomponentenanalyse

4.2.1 Grundgleichungen

Die Grundgleichung für die Mehrkomponentenanalyse stellt Gl. (14a), S. 19, dar.

$$A_i = \{\varepsilon_{i1} \cdot c_1 + \varepsilon_{i2} \cdot c_2 + \varepsilon_{i3} c_3 + \ldots\} \, d = d \sum_{j=1}^{n} \varepsilon_{ij} \cdot c_j. \tag{14a}$$

Hier bezieht sich der Index i auf die Wellenzahl bzw. Wellenlänge und der zweite auf die Bestandteile j (j = 1 bis n).

Da jeder individuelle Extinktionskoeffizient ε_{ij} charakteristisch von $\tilde{v}$ bzw. λ abhängt, gilt dies dann auch für die Mischung, so daß wir für das Gleichungssystem mit n Unbekannten, die entsprechende Zahl von Bestimmungsgleichungen durch Messung bei n Wellenlängen λ erhalten:

$$A_1 = d \sum_{j=1}^{n} \varepsilon_{1j} c_j, \qquad\qquad D_1 = \sum_{j=1}^{n} \varepsilon_{1j} c_j,$$

$$A_2 = d \sum_{j=1}^{n} \varepsilon_{2j} c_j \qquad\qquad D_2 = \sum_{i=j}^{n} \varepsilon_{2j} c_j \qquad\qquad (14b)$$

$$\vdots \qquad\qquad\qquad\qquad \vdots$$

$$A_n = d \sum_{j=1}^{n} \varepsilon_{nj} c_j, \qquad\qquad D_n = \sum_{j=1}^{n} \varepsilon_{nj} c_j.$$

Hierbei wurde $A_i/d = D_i$ als *optische Dichte* definiert. Gleichung (14b) ist die mathematische Grundlage der Mehrkomponentenanalyse, die ohne Eingriff in das System bei Kenntnis der Bestandteile und ihrer Extinktionskoeffizienten bei den n verschiedenen Wellenlängen eine Konzentrationsbestimmung in Lösung gestattet.

Grundsätzlich müssen bei einer Mehrkomponentenanalyse einige Voraussetzungen und Bedingungen eingehalten werden:

1. Das Bouguer-Lambert-Beersche Gesetz muß gelten, d.h., die Extinktionen müssen additiv über den in Frage kommenden Konzentrationsbereich sein, d.h. es dürfen keine Wechselwirkungen zwischen den Komponenten vorliegen.
2. Je größer die Ähnlichkeit zwischen den Spektren der einzelnen Komponenten ist, desto schwieriger und ungenauer wird die Analyse. Der Auswahl der besten Wellenlängen für die Analyse der Spektren kommt eine wichtige Rolle zu.
3. Wechselwirkungen mit dem Lösungsmittel müssen ausgeschlossen sein.
4. Steile Flanken der Spektren sollten zur Analyse nicht herangezogen werden, da hier ein Fehler in der Einstellung der Wellenlänge einen großen Fehler in der Extinktion mit sich bringt, d.h., $dA/d\lambda$ ist in diesem Falle sehr groß. $dA/d\lambda$ ist dagegen klein im Bereich von Absorptionsmaxima, Absorptionsminima und ausgeprägten Schultern.
5. Sehr große oder sehr kleine Extinktionen sollten vermieden werden, da in beiden Fällen die photometrische Genauigkeit gering ist.
6. Verunreinigungen, die im gleichen Bereich absorbieren, können zu erheblichen Fehlern bei der Messung der Extinktionen führen.
7. Die Auflösung des Spektralphotometers muß so eingestellt sein (Spaltprogramm), daß die Banden optimal aufgelöst sind. Die Aufnahme der Mischung muß unter den gleichen apparativen Bedingungen vorgenommen werden wie bei der der Komponenten.

Am unproblematischsten ist oft die Analyse eines *Zweikomponentensystems*, da man hier in vielen Fällen Wellenlängen für die Analyse auswählen kann, die die Bedingung 2 erfüllen, wobei ggfs. bei einer Wellenlänge nur eine Komponente absorbiert. In diesem Fall sind dann die photometrischen Bedingungen einer Einzelbestimmung gegeben. Von Molch, König und Than [146] sind für die spektralphotometrische Simultanbestimmung von Zweikomponentensystemen graphische Auswertungsmethoden entwickelt worden. Die Autoren begründen eine Auswertung von c_A–c_B-Diagrammen in Netz- bzw. in Leitertafeln. Diese Methode ist speziell für die Bestimmung von Komplexen entwickelt worden und berücksichtigt, daß in der Lösung auch das Reagenz enthalten ist.

Für eine *Dreikomponentenanalyse* haben Harker u.a. am Beispiel einer Mischung der drei isomeren Kresole die oben genannten Bedingungen überprüft und optimiert [147]. Sie kommen auf eine Genauigkeit von 1–5%.

Die ausführliche mathematische Formulierung eines Dreikomponentensystems lautet mit der Einführung der optischen Dichte

$$D = A \cdot d^{-1} \quad (d = \text{Schichtdicke}),$$

$$
\begin{aligned}
D_1 &= \varepsilon_{11} c_1 + \varepsilon_{12} c_2 + \varepsilon_{13} c_3, \\
D_2 &= \varepsilon_{21} c_1 + \varepsilon_{22} c_2 + \varepsilon_{23} c_3, \\
D_3 &= \varepsilon_{31} c_1 + \varepsilon_{32} c_2 + \varepsilon_{33} c_3.
\end{aligned}
\tag{27/1}
$$

Eine große Vereinfachung ist durch die Matrixschreibweise gegeben. Jede Gleichung von (27/1) schreibt sich dann in der Form:

$$D_1 = \left| \varepsilon_{11} \; \varepsilon_{12} \; \varepsilon_{13} \right| \begin{vmatrix} c_1 \\ c_2 \\ c_3 \end{vmatrix} = \sum \varepsilon_{1j} c_j \tag{28/1}$$

oder

$$D_1 = |\varepsilon_{1j}| \, |c_j| = E_1 \cdot C. \tag{28/1a}$$

Entsprechend kann man D_2 und D_3 formulieren, so daß die Kombination letztlich die Gl. (29/1) liefert:

$$\begin{vmatrix} D_1 \\ D_2 \\ D_3 \end{vmatrix} = \begin{vmatrix} \varepsilon_{11} \; \varepsilon_{12} \; \varepsilon_{13} \\ \varepsilon_{21} \; \varepsilon_{22} \; \varepsilon_{23} \\ \varepsilon_{31} \; \varepsilon_{32} \; \varepsilon_{33} \end{vmatrix} \begin{vmatrix} c_1 \\ c_2 \\ c_3 \end{vmatrix} \tag{29/1}$$

oder

$$|D_i| = |\varepsilon_{ij}| \, |c_j|$$

bzw.

$$D = E \cdot C. \tag{29/1a}$$

Wenn nur ein oder zwei unbekannte ternäre Mischungen zu analysieren sind, kann man das Gleichungssystem (29/1) mit Hilfe der Cramerschen Regel lösen.

Die erste Spalte der E-Matrix der Extinktionskoeffizienten wird ersetzt durch die Werte der gemessenen optischen Dichten D_i. Die Determinante der neuen Matrix wird dann dividiert durch die Determinante der ursprünglichen E-Matrix, um die Lösung für c_1 zu erhalten:

$$c_1 = \frac{\begin{vmatrix} D_1 \; \varepsilon_{12} \; \varepsilon_{13} \\ D_2 \; \varepsilon_{22} \; \varepsilon_{23} \\ D_3 \; \varepsilon_{32} \; \varepsilon_{33} \end{vmatrix}}{\begin{vmatrix} \varepsilon_{11} \; \varepsilon_{12} \; \varepsilon_{13} \\ \varepsilon_{21} \; \varepsilon_{22} \; \varepsilon_{23} \\ \varepsilon_{31} \; \varepsilon_{32} \; \varepsilon_{33} \end{vmatrix}}. \tag{30}$$

Die Konzentrationen der anderen Komponenten c_2 und c_3 werden entsprechend erhalten. Die j-te Spalte von E wird durch D ersetzt, und diese neue Determinante wird wieder durch die Determinante E dividiert, um c_j zu erhalten.

Wenn viele unbekannte ternäre oder höhere Mehrkomponentensysteme vorliegen, die stets die gleichen Komponenten enthalten, ein Problem, das bei der Routineanalytik häufig auftritt, ist es zweckmäßiger, die inverse Matrix von E zu bilden.

Multiplizieren wir Gl. (29/1) von links mit E^{-1}, so erhalten wir

$$E^{-1} D = E^{-1} E C = C \tag{31}$$

oder

$$c_j = \sum (\varepsilon_{ji}^{-1}) \cdot D_i, \tag{32}$$

d.h., ist die Matrix E^{-1} bekannt, dann ergibt sich jede Konzentration c_j in einem Dreikomponentensystem durch Multiplikation von drei Paar Zahlen und Addition der Produkte.

Die Bildung der inversen Matrix, auch Umkehrmatrix oder reziproke Matrix genannt, ist kompliziert und verlangt einen zeitlich recht hohen Rechenaufwand. Wenn wir in Gl. (30) die Determinante des Zählers in der ersten Spalte mit Hilfe des Laplaceschen Entwicklungssatzes schreiben, erhalten wir wieder eine lineare Gleichung der Form:

$$c_1 = \frac{\alpha_{11}}{|E|} D_1 + \frac{\alpha_{21}}{|E|} D_2 + \frac{\alpha_{31}}{|E|} D_3 \tag{33}$$

und entsprechend für c_2 und c_3:

$$c_2 = \frac{\alpha_{12}}{|E|} D_1 + \frac{\alpha_{22}}{|E|} D_2 + \frac{\alpha_{32}}{|E|} D_3,$$

$$c_3 = \frac{\alpha_{13}}{|E|} D_1 + \frac{\alpha_{23}}{|E|} D_2 + \frac{\alpha_{33}}{|E|} D_3.$$

Dabei sind α_{ij} die algebraischen Komplemente der ursprünglichen Determinante E, die in (30) im Nenner steht.

Die Koeffizienten dieser drei Gleichungen bilden nun aber wieder eine Matrix. Da diese Matrix die Umkehrung der Matrix E darstellt, bezeichnen wir sie mit E^{-1}

$$E^{-1} = \begin{vmatrix} \dfrac{\alpha_{11}}{E} & \dfrac{\alpha_{21}}{E} & \dfrac{\alpha_{31}}{E} \\[2mm] \dfrac{\alpha_{12}}{E} & \dfrac{\alpha_{22}}{E} & \dfrac{\alpha_{32}}{E} \\[2mm] \dfrac{\alpha_{13}}{E} & \dfrac{\alpha_{23}}{E} & \dfrac{\alpha_{33}}{E} \end{vmatrix}. \tag{34}$$

Aus der ursprünglichen Determinante E erhält man die algebraischen Komplemente durch Aufstellung der Unterdeterminanten, wobei auf das Vorzeichen zu achten ist. Im Falle unserer dreireihigen Determinante müssen neun algebraische Komplemente bestimmt werden, so daß man leicht einsieht, daß diese rechnerische Methode schnell unhandlich wird, wenn mehr als drei Komponenten vorliegen und deshalb nur dann einsetzbar ist, wenn ein Computer zur Verfügung steht. Häufig arbeitet man bei der Mehrkomponentenanalyse mit überbestimmten inhomogenen Gleichungssystemen. In Matrixschreibweise können wir das Problem, ausgehend von Gl. (14b), wie folgt formulieren:

$$\begin{vmatrix} D_1 \\ D_2 \\ \vdots \\ D_m \end{vmatrix} = \begin{vmatrix} \varepsilon_{11} & \varepsilon_{12} & \cdots\cdots & \varepsilon_{1n} \\ \varepsilon_{21} & \varepsilon_{22} & \cdots\cdots & \varepsilon_{2n} \\ \cdots & \cdots & \cdots\cdots & \cdots \\ \varepsilon_{m1} & & \cdots\cdots & \varepsilon_{mn} \end{vmatrix} \times \begin{vmatrix} c_1 \\ c_2 \\ \vdots \\ c_n \end{vmatrix}. \tag{35}$$

Hierin bedeuten wieder die Elemente D_i der Matrix D die bei m Wellenlängen gemessenen optischen Dichten, die Elemente ε_{ij} der Matrix E die Extinktionskoeffizienten der n Komponenten bei m Wellenlängen sowie die Elemente c_j der Matrix C die Konzentrationen der n Komponenten. Gleichung (35) können wir daher wieder wie Gl. (29/1a) schreiben. Ist m = n, d.h. entspricht die Zahl der Messungen bei verschiedenen Wellenlängen der der Komponenten, so haben wir eine quadratische Matrix E vorliegen, deren Inverse E^{-1} bei Kenntnis von E, wie oben beschrieben, gebildet werden kann, womit dann die Elemente der Matrix C erhalten werden können.

Für m < n, weniger Wellenlängen als Unbekannte, kann keine Lösung für die Matrix C erhalten werden. Im Fall m > n, mehr Wellenlängen als Unbekannte, haben wir ein überbestimmtes Gleichungssystem und erhalten eine Vielzahl von Lösungen für die C-Matrix bei Benutzung verschiedener Sätze von Gleichungen. Da sowohl die Elemente der E- als auch der D-Matrix mit

Meßfehlern behaftet sind, ist es gewöhnlich nicht möglich, den Gl. (29/1) oder (35) exakt zu genügen. Man erhält jedoch die beste Lösung für die n Unbekannten nach der *Methode der kleinsten Quadrate*. Die mathematische Durchführung dieses Problems liefert die zu (29/1a) analoge Gleichung (36):

$$D' = E' \cdot C \tag{36}$$

bzw.

$$E'^{-1} D' = E'^{-1} \cdot E' \cdot C = C \tag{36a}$$

mit den Abkürzungen $D' = D\,E^{\perp}$ und $E' = E\,E^{\perp}$.

Hierin ist die Matrix $E^{\perp}$ die zu E transponierte Matrix, die aus den Elementen ε_{ij} gebildet werden kann, wie die Gln. (37, 37a) zeigen:

$$E = \begin{vmatrix} \varepsilon_{11} & \varepsilon_{12} & \cdots & \varepsilon_{1n} \\ \varepsilon_{21} & \varepsilon_{22} & \cdots & \varepsilon_{2n} \\ \cdots & \cdots & \cdots & \cdots \\ \varepsilon_{m1} & \varepsilon_{m2} & & \varepsilon_{mn} \end{vmatrix}, \tag{37}$$

$$E^{\perp} = \begin{vmatrix} \varepsilon_{11} & \varepsilon_{21} & \cdots & \varepsilon_{m1} \\ \varepsilon_{12} & \varepsilon_{22} & \cdots & \varepsilon_{m2} \\ \vdots & \vdots & \cdots & \vdots \\ \varepsilon_{1n} & \varepsilon_{2n} & & \varepsilon_{mn} \end{vmatrix}. \tag{37a}$$

Die Matrix E' ist eine quadratische mit der Dimension $n \times n$, denn sie resultiert aus der Multiplikation der $n \times m$-Matrix E mit der $m \times n$-Matrix $E^{\perp}$, die Matrix D' ist dagegen von der Dimension $n \times 1$. Es resultieren somit nach Gl. (36a) analog zu Gl. (32) die gewünschten optimierten Lösungen für die n unbekannten Konzentrationen [148, 149].

Diese Methode wurde von Sternberg und Mitarbeitern [148] auf die Analyse der *Photoisomerisierung des Ergosterols* angewandt. Insgesamt liegen nach Bestrahlung des Ergosterols neben diesem noch Lumisterol, Tachysterol, Calciferol und Precalciferol vor, d.h., wir haben ein 5-Komponentensystem. An Testgemischen der fünf Komponenten sowie an verschiedenen ausgewählten Wellenlängenkombinationen wurde die Genauigkeit dieser Methode ausführlich diskutiert.

Von Zscheile und Mitarbeitern wurde *ein Vierkomponentensystem*, bestehend aus den RNA-Nucleotiden, Adenyl, Cytidyl, Guanyl und Uranyl, ebenfalls nach dieser Methode analysiert [150].

Die Frage, wie weit eine Überbestimmung eines inhomogenen Gleichungssystems sinnvoll ist, um ausreichend genaue Ergebnisse zu erzielen, untersuchte Herschberg [151] an einem modifizierten Verfahren eingehend und kam zu dem Ergebnis, daß bei maximal sechs Komponenten 20–40 Wellenlängen ausreichend sind. Um Meßfehler zu vermeiden, wurden von Herschberg und Mitarbeitern die Extinktionen der reinen Komponenten gleichzeitig mit denen der zu analysierenden Gemische gemessen. Sie haben die Analyse folgender Mehrkomponentensysteme beschrieben [152, 153, 154].

a) Benzol, Toluol, Ethylbenzol, o-Xylol, m-Xylol, p-Xylol (in Isooctan);
b) Benzolsulfonsäure, p-tert. Butylbenzolsulfonsäure, m-tert. Butylbenzolsulfonsäure (in H_2SO_4 83,6%);
c) Benzolsulfonsäure, o-Toluolsulfonsäure, m-Toluolsulfonsäure, p-Toluolsulfonsäure (in Wasser);
d) o-Toluolsulfonsäure, p-Toluolsulfonsäure, o-Xylol-3-sulfonsäure, p-Xylol-4-sulfonsäure (in H_2SO_4 77,8%);
e) n-Propylbenzol, iso-Propylbenzol (in CCl_4).

Die Analyse von sechs Komponenten ist also durchführbar.

Die *Dreikomponentensysteme*

Methylphenylsulfid, -sulfoxid und -sulfon,

Methylbutyl-, Methyloctyl- und Methyldodecylsulfid

wurden entsprechend untersucht [155]. Beim ersten System ergaben sich bereits bei zehn Gleichungen brauchbare Werte, da die Absorptionsspektren sich im Bereich von $36\,000-44\,000\,\mathrm{cm}^{-1}$ stark unterscheiden. Dagegen erhält man für das System der homologen Sulfide, deren Spektren im Bereich $38\,000-47\,000\,\mathrm{cm}^{-1}$ nur geringe Unterschiede aufweisen, erst für 30 Wellenlängen annehmbare Ergebnisse.

Die Beispiele zeigen, daß die Entscheidung über die Zahl der notwendigen überbestimmten Gleichungen rein empirisch getroffen worden ist. Es ist jedoch verständlich, daß mit zunehmender Zahl der Meßwerte, auch der Einfluß der zufälligen Fehler wächst, so daß hier zwei Effekte gegenläufig werden können. Dieses Problem hat Sustek an einem Fünfkomponentensystem, das durch einen Computer simuliert wurde, untersucht [156]. Insgesamt wurden max. 32 analytische Positionen (Wellenlängen) festgelegt, aus denen Gruppen zu 5, 10, 15, 20, 25 und 32 ausgewählt wurden, um den Einfluß der wachsenden Zahl analytischer Positionen auf die Genauigkeit des Ergebnisses erfassen zu können. An drei Modellsystemen wurde die Abhängigkeit der Ergebnisse von den zufälligen Meßfehlern genauer untersucht. Im 1. Modellsystem wurden die Meßwerte (Extinktionen Matrix D und Extinktionskoeffizienten Matrix E) als fehlerfrei angesehen. Im 2. System wurden Meßfehler an den analytischen Positionen vorgegeben, und im 3. Modellsystem wurden die Meßfehler statistisch auf die analytischen Positionen verteilt. Modellsystem 1 ergab, daß mit Zunahme der analytischen Positionen erwartungsgemäß die Standardabweichung entsprechend abnimmt. Am Modellsystem 3 sieht man wie sich die beiden Effekte kompensieren, doch macht sich der negative Einfluß zufälliger Fehler bemerkbar. Am Modellsystem 2 erkennt man, daß zunächst mit wachsender Zahl der analytischen Positionen die Standardabweichung abnimmt, aber dann zunehmend der Einfluß der zufälligen Fehler das Ergebnis verschlechtert. Als Ergebnis der Modelluntersuchungen kann festgehalten werden, daß unter Berücksichtigung der zufälligen Meßfehler ein drei- bis vierfach überbestimmtes System bei überlappenden Absorptionsbanden eine optimale Basis für die Mehrkomponentenanalyse darstellt.

Der Fall, daß bei einer Mehrkomponentenanalyse ein oder auch mehrere *Gleichgewichte* vorliegen, haben Leggett und McBryde behandelt, von denen auch ein entsprechendes Programm (SQUAD) erstellt wurde [157]. Die Methode kann benutzt werden, um pK_a-Werte, Hydrolysekonstanten und Mehrkomponentengleichgewichte zu bestimmen. In einer weiteren Arbeit wurde dieses Programm durch die Algorithmen der kleinsten Quadrate, siehe Gln. (36) und (36a), erweitert [158].

Als Beispiele wurden *Mischungen von Indikatorfarbstoffen* wie Bromkresol-Grün, Phenolrot und Methylorange analysiert und die zugehörigen pk_a-Werte in der Mischung bestimmt.

Die Mehrkomponentenanalyse und ihre Anwendung auf *Nucleinsäure-Bestandteile* wurde von Fahr und Schmid beschrieben [159], wobei von Interesse ist, daß es sich hierbei gleichzeitig um ein zeitlich inkonstantes System handelt.

Durch die Entwicklung der modernen UV-VIS-Spektralphotometer, die mit Mikroprozessoren und/oder Mikrocomputer ausgerüstet sind, ist die Mehrkomponentenanalyse für viele Zwecke problemlos geworden, da entsprechende Programme bei einer Reihe von Geräten zur Routine-Software gehören. In vielen Fällen ist bei den automatisierten Geräten der Anschluß eines externen Mikrocomputers möglich oder vorgesehen.

Beispiele für die Mehrkomponentenanalyse mit UV-VIS-Geräten und Mikrocomputer geben James [160] sowie Long und Greig [161]. Mit dem Problem der Fehlerfortpflanzung und der Optimierung der Mehrkomponentenanalyse befassen sich Jochum und Mitarbeitern [162] auf der Basis der *generalized standard addition method* (GSAM) [163].

Neben der dargestellten Auswertung eines überbestimmten Systems mit Hilfe der Matrizen-Rechnung unter Berücksichtigung der Algorithmen der Minimierung der Fehlerquadrate sind noch einige andere Verfahren zur Mehrkomponentenanalyse vorgeschlagen worden. Eines ist ein *Iterationsverfahren* [164] und ein zweites, für Zweikomponentensysteme ausgearbeitet, ist ein Vielpunktverfahren, das eine graphische Auswertung ermöglicht [165]. Alle Verfahren sind natürlich nicht fehlerfrei.

Eine ausführliche Betrachtung der Fehlerquellen bei Mehrkomponentenanalysen ist von Bergmann durchgeführt worden [166].

4.2.2 Beispiel für eine Mehrkomponentenanalyse

Für das Dreikomponentensystem o-, m- und p-Nitrophenol in 0,1 m NaOH wird die Auswertung nach den Gln. (30) und (36a) kurz beschrieben.

Tabelle der Meßwerte D_i und Extinktionskoeffizienten ε_{ij}
$i = 1$ bis 15; $j = 1$ bis 3; oNP: o-Nitrophenol; mNP: m-Nitrophenol; pNP: p-Nitrophenol

i	$\tilde{v}_i|cm^{-1}|$	D_i	$\varepsilon_{i,pNP}$	$\varepsilon_{i,oNP}$	$\varepsilon_{i,mNP}$
1	23000	0,695	8290	4107	917
2	24000	0,958	15635	4675	1284
3	25000	1,032	18782	4324	1486
4	26000	0,915	16580	3382	1490
5	27000	0,708	12067	2356	1335
6	28000	0,530	7975	1546	1147
7	29000	0,405	5140	1075	1018
8	30000	0,360	3253	882	1069
9	31000	0,440	1994	966	1560
10	32000	0,675	1322	1418	2523
11	33000	0,990	1028	1425	3601
12	34000	1,200	1028	3358	4211
13	35000	1,240	1091	4131	4014
14	36000	1,120	1406	4192	3454
15	37000	1,160	2204	3624	4083

Die Auswertung nach Gl. (30) liefert mit den Werten für $i = 1 - 3$ den Ausdruck:

$$c_{pNP} = \frac{\begin{vmatrix} 0,695 & 4107 & 918 \\ 0,958 & 4675 & 1284 \\ 1,032 & 4324 & 1486 \end{vmatrix}}{\begin{vmatrix} 8290 & 4107 & 917 \\ 15635 & 4675 & 1284 \\ 18782 & 4324 & 1486 \end{vmatrix}} = \frac{-6,068 \cdot 10^4}{-3,334 \cdot 10^9} = 1,817 \cdot 10^{-5}\,m.$$

Die beiden anderen Konzentrationen ergeben sich analog zu:

$$c_{mNP} = 2,395 \cdot 10^{-4}\,m \quad \text{und} \quad c_{oNP} = 8,184 \cdot 10^{-5}\,m;$$

vorgegeben waren die Konzentrationen in der Mischung zu:

$$c_{pNP} = 1,906 \cdot 10^{-5}\,m; \quad c_{mNP} = 2,18 \cdot 10^{-4}\,m; \quad c_{oNP} = 8,28 \cdot 10^{-5}\,m.$$

Die Abweichungen gegenüber den vorgegebenen Werten betragen demnach für p-Nitrophenol

$\sim 4\%$, m-Nitrophenol $\sim 10\%$ und o-Nitrophenol $\sim 1,2\%$.

Für die Auswertung nach Gl. (36) wurden zunächst die Werte für die ersten zehn (i = 1–10) in der Tabelle zusammengestellten Wellenzahlen benutzt.

Die Meßwerte in der Spalte D_i stellen die D-Matrix dar, die Extinktionskoeffizienten $\varepsilon_{1,1}$ bis $\varepsilon_{10,3}$ in den drei folgenden Spalten stellen die E-Matrix dar, diese ist von der Dimension 3×10. Daraus ergibt sich die transponierte Matrix $E^\perp$ mit der Dimension 10×3 zu:

$$E^\perp = \begin{vmatrix} 8290 & 15635 & 18782 & 16580 & 12067 & 7975 & 5140 & 3253 & 1994 & 1322 \\ 4107 & 4675 & 4324 & 3382 & 2356 & 1546 & 1075 & 882 & 966 & 1418 \\ 917 & 1284 & 1486 & 1490 & 1335 & 1147 & 1018 & 1069 & 1560 & 2523 \end{vmatrix}.$$

Aus $E \times E^\perp = E'$ ergibt sich die 3×3-Matrix:

$$E' = \begin{vmatrix} 119275692 & 297382231 & 120704315 \\ 297382231 & 81676255 & 33273767 \\ 120704315 & 33273767 & 20993889 \end{vmatrix}.$$

Die Matrix $D' = D \times E^\perp$ ergibt sich zu:

$$D' = \begin{vmatrix} 73086,28 \\ 19512,426 \\ 9503,934 \end{vmatrix}.$$

Für die Berechnung der Konzentrationen nach Gl. (36a) benötigen wir noch die inverse Matrix E'^{-1}, die sich aus E' ergibt;

$$E'^{-1} = \begin{vmatrix} 9,09223 \cdot 10^{-9} & -3,33269 \cdot 10^{-8} & 5,43994 \cdot 10^{-10} \\ -3,33263 \cdot 10^{-8} & 1,56707 \cdot 10^{-7} & -5,67603 \cdot 10^{-8} \\ 5,43994 \cdot 10^{-10} & -5,67603 \cdot 10^{-8} & 1,34466 \cdot 10^{-7} \end{vmatrix}$$

Damit ergeben sich nach Gl. (36a) die in der folgenden Tabelle, Spalte 2, zusammengestellten Werte in mol/l:

	Nach Gl. (36a) $\rightarrow$ i = 10	Vorgegeben	Abweichung	Nach Gl. (36a) $\rightarrow$ i = 15
p-Nitrophenol	$1,941 \cdot 10^{-5}$	$1,906 \cdot 10^{-5}$	1,8%	$2,001 \cdot 10^{-5}$ (4,3%)
m-Nitrophenol	$2,102 \cdot 10^{-4}$	$2,180 \cdot 10^{-4}$	4%	$2,212 \cdot 10^{-4}$ (1,5%)
o-Nitrophenol	$8,260 \cdot 10^{-5}$	$8,280 \cdot 10^{-5}$	1%	$7,554 \cdot 10^{-5}$ (9%)

Um zu prüfen, ob das Ergebnis durch zusätzliche analytische Positionen verbessert wird, wurden die Werte für die weiteren fünf Wellenzahlen (i = 11–15) hinzugenommen. Die letzte Spalte der oben stehenden Tabelle zeigt, daß nur im Falle des m-Nitrophenols eine Verbesserung des Ergebnisses erhalten wird, während für die anderen Nitrophenole eine Verschlechterung beobachtet wird. Eine Erklärung für dieses Verhalten ergibt sich bei der Betrachtung der Spektren der reinen Verbindungen in 0,1 m NaOH zur Ermittlung der Extinktionskoeffizienten ε_{ij} für die E-Matrix. Die Extinktionen liegen für das p-Nitrophenol in diesem zusätzlichen Wellenzahlbereich $33000 \, \text{cm}^{-1} \leq \tilde{v} \geq 37000 \, \text{cm}^{-1}$ unterhalb A = 0,06.

Die daraus ermittelten Extinktionskoeffizienten sind deshalb mit einem weitaus größeren Fehler behaftet als im Bereich $\tilde{v}_1 \rightarrow \tilde{v}_{10}$ (23000–32000 cm^{-1}).

Das m-Nitrophenol zeigt im Bereich 33000–37000 cm^{-1} eine intensive Absorptionsbande bei 34300 cm^{-1}. Dementsprechend sind die A-Werte aus der Registrierkurve mit ausreichender Genauigkeit ablesbar und die daraus ermittelten $\varepsilon_{i,\text{mNP}}$-Werte sind als sehr zuverlässig zu bezeichnen.

Abbildung 15 gibt die Absorptionsspektren der drei Phenole in 0,1 m NaOH im Bereich $18000 \leq \tilde{v}_i \leq 38000 \, \text{cm}^{-1}$ wieder sowie das überlagerte Spektrum aller drei Nitrophenole in dem interessierenden Wellenzahlbereich von 18000–38000 cm^{-1}. An diesem Beispiel erkennt man sehr gut, wie wichtig die Auswahl der analytischen Positionen bei einer Mehrkomponentenanalyse ist. Alle Spektren wurden nacheinander in dem Zweistrahlgerät Perkin-Elmer UV 320

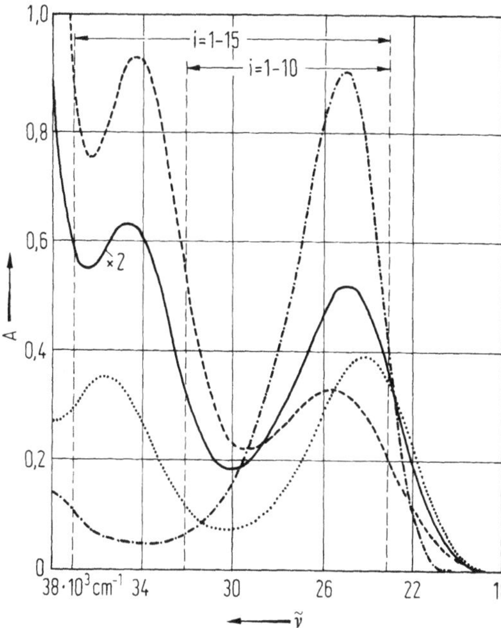

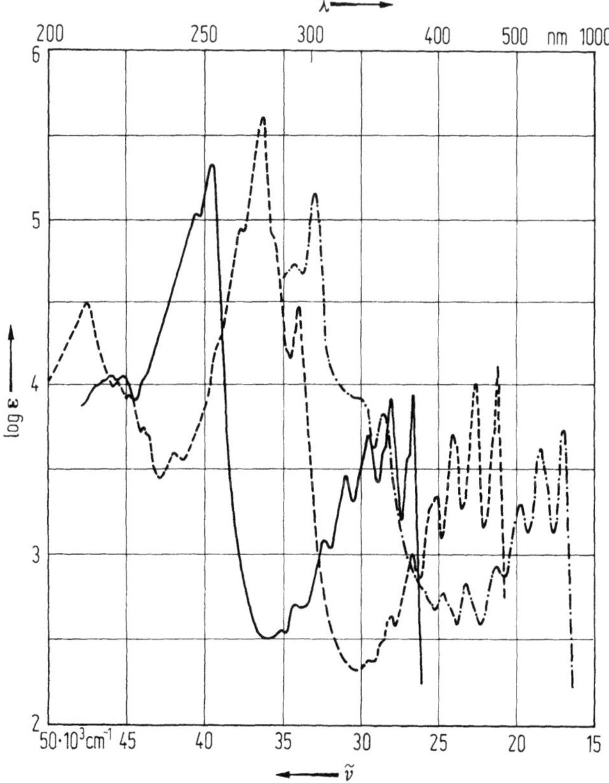

Abb. 15. Absorptionsspektren der drei isomeren Nitrophenole in H_2O, 0,1 M NaOH und einer Mischung als Beispiel einer Mehrkomponentenanalyse, s. Abschn. 4.2.2. p-NpH (—·—·—·—), m-NpH (— — — —), o-NpH (·········), Mischung (————)

gemessen, das auf Grund der erhaltenen Ergebnisse über eine sehr gute Reproduzierbarkeit der Wellenzahleinstellung verfügt. Eine weitere Sicherung der Ergebnisse kann bei Anschluß eines Druckers erreicht werden, da die Ablesung der Extinktionswerte aus der Registrierkurve relativ ungenau ist. Die Auswertung geschah mit einem für den Rechner HP 9830 geschriebenen Programm.

. Abb. 16.
Absorptionsspektren von Anthracen (————), Tetracen (— — — —), Pentacen (—·—·—·—)

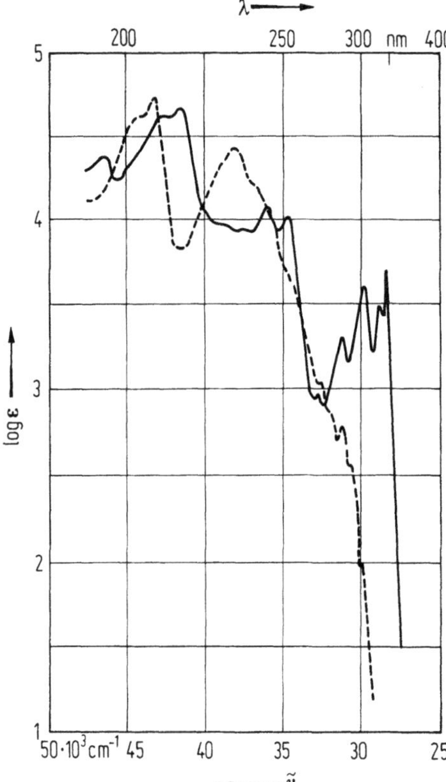

Abb. 17. Absorptionsspektren von 3,8-Phenanthrolin (————) und 1-10-Phenanthrolin (- - - - -)

4.3 Identifizierung und Strukturbestimmung

Die Anwendung der UV-VIS-Spektroskopie zur Identifizierung und Strukturbestimmung beruht darauf, daß die elektronischen Grund- und Anregungszustände der Moleküle von der Zahl der Elektronen, der Struktur und Geometrie sowie der Symmetrie abhängen. Besonders für ungesättigte organische Verbindungen sind diese Zusammenhänge eingehend quantenchemisch untersucht worden [167–171]. Neben den Struktureinflüssen sind die Einflüsse von Substituenten und das Vorhandensein von Heteroatomen zu berücksichtigen.

Zur Verdeutlichung sind in den Abb. 16 bis 18 einige typische Beispiele gegeben.

Abbildung 16 stellt die Absorptionsspektren von Anthracen, Tetracen und Pentacen dar. Hier nimmt die Zahl der π-Elektronen bei gleichbleibender planarer Geometrie und Symmetrie (D_{2h}) zu, was sich in der starken Rotverschiebung, d.h. Erniedrigung der Anregungsenergie bemerkbar macht. Abbildung 17 gibt die Absorptionsspektren von 3,8- und 1,10-Phenanthrolin wieder: In beiden Fällen haben wir die gleiche Elektronenzahl und Symmetrie (C_{2v}), nur die Geometrie ist bezüglich der Stellung der beiden N-Atome unterschiedlich. Verglichen mit dem Absorptionsspektrum des Phenanthrens in Abb. 18, das die gleiche π-Elektronenzahl und Symmetrie besitzt, ist der Einfluß der Heteroatome deutlich zu erkennen. Betrachten wir schließlich in Abb. 18 die Spektren von trans- und cis-Stilben mit denen des Phenanthrens, so erkennen wir, wie bei gleicher π-Elektronenzahl Struktur und Symmetrie das Absorptionsspektrum eindeutig bestimmen.

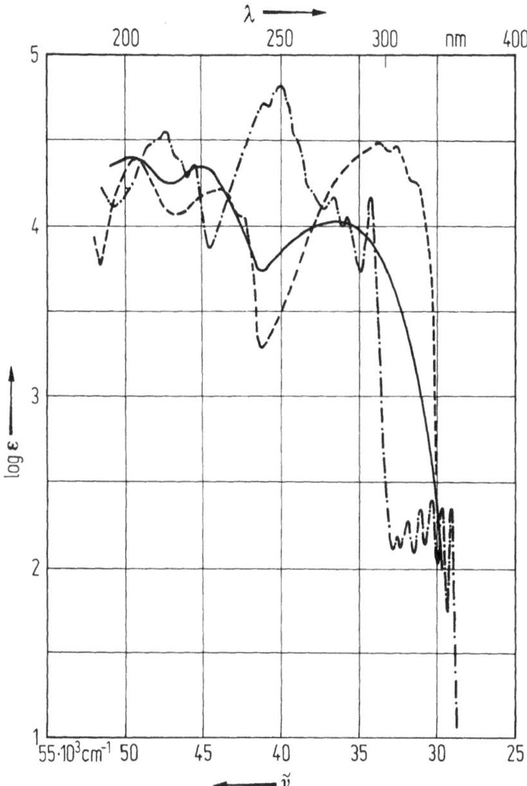

Abb. 18. Absorptionsspektren von trans-Stilben (– – – –), cis-Stilben (———) und Phenanthren (–·–·–·–)

Eine ausführliche Darstellung der Absorptionsspektren und der Einflüsse von Substituenten auf die Spektren von organischen Verbindungen geben z. B. Pestemer [111], Timmons [172], Mataga und Kubota [173], Murrell [168], Suzuki [170], Fabian und Hartmann [174] und Sawicky [175].

Trotz aller Computertechnik muß man sich noch darauf beschränken, Spektren nach ihrer Ähnlichkeit, d. h. nach gewissen übergeordneten Strukturmerkmalen zusammenzufassen. Nach diesem Prinzip sind im DMS-UV-Atlas 1200 Spektren exemplarisch und systematisch zusammengestellt [176]. Um eine systematische Klassifizierung nach spektroskopischen Merkmalen zu ermöglichen, haben Pestemer u. a. einen Verbindungsschlüssel entwickelt, der mit Hilfe einer zehnstelligen Zahl für jede Verbindung eine Kennzahl anzugeben gestattet, die eine systematische Ordnung der Spektren in einer Spektrenkartei ermöglicht [177].

Nach diesem Schlüssel wird jede Verbindung durch eine 10stellige Zahl charakterisiert. Von links nach rechts entspricht dies 10 Gruppen von chromophoren und strukturellen Merkmalen, die nach abnehmendem „spektroskopischen Gewicht" angeordnet sind. Jede der zehn Stellen enthält drei Subkriterien, die eine genauere Charakterisierung der Dezimalstelle mit den Zahlen 2, 3 und 4 nach aufsteigendem spektroskopischen Gewicht ermöglichen. Bei komplizierten Verbindungen können diese Grundzahlen folgendermaßen kombiniert werden:

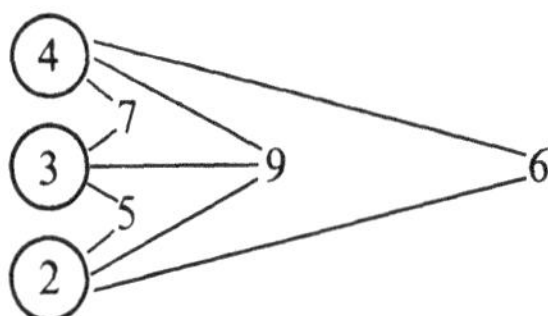

Für jede Dezimalstelle kann daher eine genauere Kennzeichnung durch die Zahlen 0, 2, 3, 4, 5, 6, 7 und 9 vorgenommen werden, wobei eine „0" stets bedeutet: *kein* spektroskopisches Merkmal in dieser Dezimalstelle. Die Zahlen 1 und 8 werden nicht benutzt, lediglich in der Dezimalstelle 3 wird die „8" für das Merkmal *freie Radikale* eingeführt. Tabelle 13 gibt einen Überblick zu diesem sogenannten BPPS-Schlüssel.

Tabelle 13. Schlüssel für spektroskopisch aktive Strukturelemente organischer Verbindungen

Dezimal-stelle	Code-Nummer	Kriterien	Beispiele
(1)	4	*Ungesättigte Ringe und C−C-Mehrfachbindungen:* Ungesättigte Heterocyclen	
	3	Aromaten	
	2	Homocyclen und Ketten mit C=C-Bindungen	
(2)	4	*Kondensierte Aromaten und ungesättigte Heterocyclen sowie Homocyclen* Angular- oder peri-kondensiert	
	3	Drei oder mehr Ringe, linear kondensiert	
	2	Zwei Ringe	
(3)	8	*Konjugation und Kumulation* Freie Radikale	
	4	Kumulation	
	3	Kreuzkonjugation oder peri-Konjugation	
	2	Konjugation mit Ladungs-resonanz	$N-CH=N$ ↔ $N=CH-N$
(4)	4	*Konjugation von:* Aromatischen Ringen (auch Heterocyclen)	
	3	Dreifachbindungen	
	2	Doppelbindungen (in nicht-aromatischen Ringen und Ketten) und dreigliedrigen Ringen (ausschließlich Heterocyclen)	
(5)	4	*Konjugation mit:* Doppelgebundenen Hetero-atomen in konjugiertem System	$-N=N-$; $-C=N-$
	3	Doppelgebundenen Hetero-atomen am Ende eines konjugierten Systems	$-C=O$; $-C=NR$; $C=S$
	2	Einfachgebundenen Hetero-atomen	$-C=C-X$; $X=NR_2$, $-OH$, $-OR$, Halogen
(6)	4	*Heterocyclen mit:* N (oder anderen drei-wertigen Atomen)	
	3	S, Se, Te	
	2	O	

Tabelle 13 (Fortsetzung)

Dezimal-stelle	Code-Nummer	Kriterien	Beispiele
		Zahl der Heteroatome im Ring:	
(7)	4	Zwei oder mehr verschiedene Heteroatome	
	3	Zwei oder mehr gleiche Heteroatome	
	2	Ein Heteroatom gemeinsam in zwei Ringen	
		Ringgröße (s. auch Tab. 14)	
(8)	4	drei, vier, sieben oder mehr Atome in einem Ring	
	3	fünf Atome in einem Ring	
	2	sechs Atome in einem Ring	
		Substituenten	
(9)	4	mehrfach gebunden und Doppelbindungen enthalten	$C=O; C=N-; -N=N; SO_2$
	3	einfachgebunden mit Doppelbindungen	$-NO_2; -N=O; -C=N$
	2	nur Einfachbindungen enthalten	$-NH_2, -NR_2; -OH; -OR,$ Halogen, $-B$, Si
		Mehrfaches Auftreten der Kriterien (1)–(9)	
(10)	4	viermal und mehr	
	3	dreimal	
	2	zweimal	

Die Subkriterien der 1. Dezimalstelle unterteilen die ungesättigten Verbindungen mit UV-VIS-aktiven Chromophoren in ungesättigte Heterocyclen (4), Aromaten (3) und Homocyclen sowie $C=C$-Ketten (2).

Die 2. Dezimalstelle charakterisiert den Typ der Kondensation von Ringsystemen. Eine „0" an dieser Stelle bedeutet, daß das Merkmal der 1. Dezimalstelle nicht in einem kondensierten System vorliegt, wodurch eine einfache Unterteilung in kondensierte und nicht-kondensierte Ringsysteme ermöglicht wird:
Beispiel:

Benzol   30.000/00.200
Naphthalin   32.000/00.600

Die Positionen 3, 4 und 5 kennzeichnen die Konjugation der Grundgerüste. Liegt keine Konjugation vor, so wird dies durch dreimal „0" gekennzeichnet (s. Beispiele Benzol u. Naphthalin). Erscheint in den ersten 5 Dezimalstellen die Zahl 20000, so kann es sich nur um *eine* unkonjugierte Doppelbindung handeln. Die Folge 40000 kennzeichnet einen isolierten heterocyclischen Ring, bei dem dann in der 6. Dezimalstelle zwischen Sauerstoff (2), Schwefel, Selen, Tellur (3) und Stickstoff (4) differenziert werden kann. Beim Gebrauch des Schlüssels hat sich gezeigt, daß die Dezimalstellen 1 und 6 für die Kennzeichnung der ungesättigten Heterocyclen zusammen benutzt werden müssen. Die Erklärung der Dezimale 6 in der Originalarbeit „gesättigte Heterocyclen" könnte leicht dazu führen, diese Stelle, die die Unterscheidung der Art des Heteroatoms ermöglicht, mit einer „0" zu belegen.

Eine Unterscheidung zwischen ungesättigten und gesättigten Heterocyclen ist dennoch leicht möglich, da im Fall eines gesättigten Heterocyclus die ersten 5 Dezimalstellen mit einer „0" belegt sind:

Pyridin   40.000/40.200

Piperidin   00.000/40.200

Die 7. Dezimalstelle charakterisiert das heterocyclische Ringsystem genauer nach der Zahl und Art der Heteroatome, während die letzten drei Dezimalstellen die Ringgröße (8), Substitution (9) und mehrfaches Auftreten eines der vorhergehenden spektroskopischen Merkmale (10) charakterisieren. Für das Merkmal (8) ist die folgende Zuordnung zweckmäßig:

Tabelle 14. Beispiele für die Bestimmung der Code-Nummern in der Dezimalstelle 8

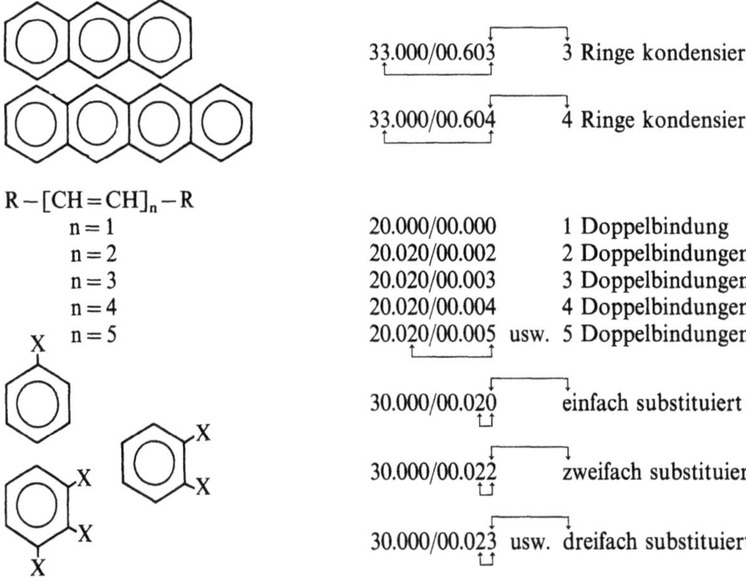

Verbindung	Kriterien	Code-Nr.
	6- + 14-gliedriger Ring	2 + 4 = 6
	6- + 10-gliedriger Ring	2 + 4 = 6
	6- + 9-gliedriger Ring	2 + 3 + 4 = 9
	6- + 5- + 10-gliedriger Ring	2 + 3 + 4 = 9
	6- + 5-gliedriger Ring	2 + 3 = 5

Die Dezimalstelle (10) kann leicht zu Diskrepanzen führen, da sie sich auf das mehrfache Auftreten eines Merkmals der Dezimalstellen (9)→(1) bezieht. Ist die Dezimalstelle (9) = Substituenten belegt, so sollte in der Dezimale (10) *immer* die mehrfache Substitution erfaßt werden. Liegt keine Substitution vor, so kann man Eindeutigkeit der Zuordnung in der 10. Dezimale dann erreichen, wenn sie sich auf die letzte mit einer Zahl belegten Dezimalstellen (1)–(4) bezieht.

Es ist leicht einzusehen, daß die Stellen (5)–(8) nicht typisch für mehrfaches Auftreten sind. Beschränkt man sich in der Dezimalstelle (10) auf die ersten 4 Dezimalstellen, so erreicht man eine genauere Klassifizierung der Grundgerüste:

	33.000/00.603	3 Ringe kondensiert
	33.000/00.604	4 Ringe kondensiert
R – [CH = CH]$_n$ – R		
n = 1	20.000/00.000	1 Doppelbindung
n = 2	20.020/00.002	2 Doppelbindungen
n = 3	20.020/00.003	3 Doppelbindungen
n = 4	20.020/00.004	4 Doppelbindungen
n = 5	20.020/00.005 usw.	5 Doppelbindungen
	30.000/00.020	einfach substituiert
	30.000/00.022	zweifach substituiert
	30.000/00.023 usw.	dreifach substituiert

Eine weitere Klassifizierung der Absorptionsspektren organischer Verbindungen ist mit Hilfe der *Kennzahl R* möglich, die den Grad der Ungesättigtheit einer organischen Verbindung angibt. Man erhält R aus der Bruttoformel, indem man die Gesamtzahl aller Bindungen, das ist die Hälfte aller Valenzen als halbe Summe der Produkte aus der Anzahl n_i der Atome der i-ten Sorte mit der jeweiligen Valenzzahl V_i

$$\frac{1}{2} \sum n_i V_i$$

bildet und die Zahl *aller* Bindungen in einem kettenförmigen Molekül, N-1 (das ist die Zahl N aller Atome, abzüglich des ersten) subtrahiert:

$$R = \frac{1}{2} \sum n_i \cdot V_i - (N\text{-}1). \tag{38}$$

Einige Beispiele mögen dies belegen:

1. n-Hexan, C_6H_{14} $\qquad R = \frac{1}{2} \cdot (6 \cdot 4 + 14 \cdot 1) - 19 = 0,$

2. Benzol, C_6H_6 $\qquad R = \frac{1}{2} \cdot (6 \cdot 4 + 6 \cdot 1) - 11 = 4,$

3. Acridin, $C_{13}H_9N$ $\qquad R = \frac{1}{2} \cdot (13 \cdot 4 + 9 \cdot 1 + 1 \cdot 3) - 22 = 10,$

4. Naphthochinon-1,4

   $C_{10}H_6O_2$ $\qquad R = \frac{1}{2} \cdot (10 \cdot 4 + 6 \cdot 1 + 2 \cdot 2) - 17 = 8.$

Ordnet man die zu derselben Zahl R gehörenden Verbindungen nach ihren Spektren, d. h. nach zugehörigen λ_{max} bzw. $\tilde{\nu}_{max}$ und ε_{max}-Werten in einer Tabelle, so kann man durch Aufsuchen der den gemessenen λ_{max}- und ε_{max}-Werten entsprechenden Tabellenwerte sehr schnell die Frage nach der Identität und Struktur einer Verbindung klären. In derartigen Tabellen lassen sich einschließlich der zugehörigen Strukturformeln auf wenig Raum sehr viele Informationen zusammenstellen. Von Pestemer sind derartige Correlationstabellen erstellt worden [178], die ein gutes Hilfsmittel für die Strukturanalytik darstellen.

Neben den erwähnten Spektrensammlungen existieren weitere Sammlungen, die zum Teil fortlaufend ergänzt werden, aber in vielen Fällen nicht systematisch angelegt sind [179–186].

Bei den anorganischen Verbindungen existieren weniger derart umfassende Darstellungen und Zusammenstellungen als bei den organischen Verbindungen. Von besonderer Bedeutung sind jedoch die Spektren der Metall-Ionen und ihrer Komplexe mit zahlreichen anorganischen oder organischen Liganden. Hierbei interessieren stets zwei Fragen:

1. Wie wird das Spektrum des organischen Liganden durch das Zentralion und
2. wie wird das Spektrum des Zentralions durch die Liganden beeinflußt.

Die erste Frage ist von entscheidender Bedeutung für die Photometrie mittels Chelatbildner, während die zweite Frage unmittelbar Struktur und Symmetrie der Komplexe berührt und somit von strukturanalytischer Relevanz ist. Die Zusammenhänge können mit Hilfe der Ligandenfeldtheorie theoretisch interpretiert werden. Eine ausführliche Darstellung dieser Theorie und die Interpretation zahlreicher Spektren geben Schläfer und Gliemann [187] sowie Lever [188]. Die Spektren dieser Komplexe sind nicht nur in Lösung, sondern auch im festen Zustand von Bedeutung, da ihre Analyse es gestattet, Aussagen über die Struktur der festen Komplexe zu machen.

Literatur

1 Lambert, H.: Photometria, sive de mesura et gradibus luminis colorum et umbrae. 1760

2 Beer, A.: Ann. Physik 2, *86*, 78 (1852)

3 Pulfrich, C.: Z. Instrumentenkunde *45*, 116, 521 (1925)

4 Löwe, F.: Optische Messungen des Chemikers und des Mediziners. Techn. Fortschrittsber., Bd. 6. Dresden, Leipzig: Steinkopff 1949

5 Kortüm, G.: Kolorimetrie, Photometrie und Spektrometrie, 4. Aufl. Berlin, Göttingen, Heidelberg: Springer 1962, Kap. 1.5, S. 21 ff.

6 Thomas, L. C.; Chamberlin, G. J.: Colorimetric Chemical Analytical Methods, 8. Aufl. Tintometer Ltd. Salisbury, England. London, New York, Toronto: Wiley 1974

7 Sutton, D., in: DMS-UV-Atlas, Vol. 5, Spektrum K1/14. Hrsg. Perkampus, H.-H.; Sandemann, I.; Timmons, C. J. London: Butterworth. Weinheim: Verlag Chemie, Vol. I–V, 1966–1971

8 Perkampus, H.-H.; Kortüm, K.: Z. Analyt. Chem. *190*, 111 (1962)

9 Ayres, G. H.; Narang, B. D.: Anal. Chim. Acta *24*, 241 (1961)

10 Sandell, E. B.; Onishi, H.: Photometric Determination of Traces of Metals, 3. Aufl. New York: Intercience 1978

11 Iwantscheff, G.: Chemical Analysis, Vol. 3, Teil I, Das Dithizon und seine Anwendung in der Mikro- und Spurenanalyse, 2. Aufl. Weinheim: Verlag Chemie 1972

12 Cheng, K. L., Bray, R. H.: Anal. Chem. *27*, 782 (1955)

13 Berger, W.; Elvers, H.: Z. Anal. Chem. *171*, 185 (1959)

14 Shibata, S.: Anal. Chim. Acta *23*, 367 (1960), *25*, 348 (1961)

15 Betteridge, D.; Fernando, Q.; Freiser, H.: Anal. Chem. *35*, 294 (1963)

16 Püschel, R.: Z. Anal. Chem. *221*, 132 (1966)

17 Umland, F.; Hoffmann, W.: Z. Anal. Chem. *168*, 268 (1959)

18 Umland, F.; Hoffmann, W.; Meckenstock, K. U.: Z. Anal. Chem. *173*, 211 (1960)

19 Umland, F.: Z. Anal. Chem. *190*, 186 (1962)

20 Stary, J.: Anal. Chim. Acta *28*, 132 (1962)

21 Marczenko, Z.; Minczewski, J.: Chem. Anal. (Warschau) *5*, 742 (1960); Rozniki Chem. *35*, 1223 (1961); Zh. Analit. Khim. *17*, 23 (1962)

22 Marczenko, Z.; Kasinara, K.: Chem. Anal (Warschau) *6*, 37 (1961)

23 Marczenko, Z.: Bull. Soc. Chim. France *1964*, 939; Anal. Chim. Acta *31*, 224 (1964)

24 Bartusek, M.; Okac, A.: Collection Czech. Chem. Commun. *26*, 52, 883, 2174 (1964)

25 Becka, J.; Okac, A.: ibid. *36*, 2467, 3263 (1971)

26 Smith, G. F.: Anal. Chem. *26*, 1534 (1954)

27 Stephen, W. I.: Talanta *16*, 939 (1969)

28 Schilt, A. A.: Analytical Applications of 1,10-Phenanthroline and Related Compounds. New York: Pergamon 1969

29 Majumbar, A. K.: N-Benzoylphenylhydroxylamine and its Analogues. Oxford: Pergamon 1972

30 Katyal, M.: Talanta *15*, 95 (1968)

31 Neoskaya, M. E.; Nazarenko, V. A.: Zh. Analit. Khim *27*, 1699 (1972)

32 Bock, R.: Z. Anal. Chem. *133*, 110 (1951)

33 Rozycki, C.: Chem. Anal. (Warschau) *11*, 447 (1966); *15*, 3 (1970)

34 Rozycki, C.: ibid. *14*, 755 (1969)

35 Rozycki, C.; Lachowicz, E.: Chem. Anal. (Warschau) *15*, 255 (1970)

36 Marczenko, Z.: Spectrophotometric Determination of Elements. New York, London, Sidney, Toronto: Wiley 1976

37 Umland, F.: Theorie und praktische Anwendung von Komplexbildnern. Frankfurt/M.: Akad. Verlagsges. 1971

38 Koch, O. G.; Koch-Dedic, G. A.: Handbuch der Spurenanalyse, 2. Aufl., Teil 1 u. 2. Berlin, Heidelberg, New York: Springer 1974

39 Lange, B.; Vejdelek, Z. J.: Photometrische Analyse. Weinheim: Verlag Chemie 1980

40 Fries, J.; Getrost, H.: Organische Reagenzien für die Spurenanalyse. Darmstadt: E. Merck 1975

41 Delepine, M.: Bull. Soc. Chim. France *1958*, 5

42 Halls, D. J.: Mikrochim. Acta *1969*, 62
43 Bode, H.: Z. Anal. Chem. *142*, 414 (1954); *143*, 182 (1954); *144*, 165 (1955)
44 Hainberger, L.; Moreira, S. F. T.; Cotsas, V.: Mikrochim. Acta *1977*, 303
45 Tsukahara, I. et al.: Anal. Chim. Acta *92*, 379 (1979)
46 Uesugi, K.; Miyawaki, M.: Mikrochim. J. *21*, 438 (1976)
47 Buri, B. K.; Burman, S.: Fresenius Z. Analyt. Chem. *286*, 253 (1977)
48 Busev, A. I.; Ivanov, V. M.: Z. Anal. Chim. *18*, 208 (1963)
49 Geary, W. J. et al.: Analyt. Chim. Acta *26*, 575 (1962)
50 Stoner, R. E.; Dasier, W.: Analyt. Chem. *32*, 1207 (1960)
51 Turkington, R. W.; Tracy, F. M.: ibid. *30*, 1699 (1958)
52 Busev, A. I.; Czan Fan: Z. Anal. Chim. *16*, 578 (1961)
53 Shibata, S.: Analyt. Chim. Acta *23*, 367 (1960)
54 Cheng, K. L.; Goydish, B. L.: Microchem. J. *7*, 166 (1963)
55 Püschel, R. et al.: Z. Analyt. Chem. *223*, 44 (1966)
56 Rinehart, R. W.: Analyt. Chem. *26*, 1820 (1954)
57 Young, J. P. et al.: Analyt. Chem. *32*, 928 (1960)
58 Budesinsky, B.; Haas, K.: Z. Analyt. Chem. *210*, 263 (1965)
59 Young, J. P. et al.: Analyt. Chem. *30*, 422 (1958)
60 Flaschka, H.; Farah, M. Y.: Z. Analyt. Chem. *152*, 401 (1956)
61 Kahrt, L. et al.: Chem. Abstr. *90*, 15790q (1979)
62 Shtokalo, M. I. et al.: Chem. Abstr. *89*, 190443e (1978)
63 Savvin, S. B.: Talanta *8*, 673 (1961)
64 Luke, C. L.: Analyt. Chem. *25*, 674 (1953)
65 McNulty, B. J.; Wollard, L. D.: Analyt. Chim. Acta *13*, 64 (1955)
66 Onishi, H.; Sandell, E. B.: ibid. *11*, 444 (1954)
67 Ramette, R. W.; Sandell, E. B.: ibid. *13*, 455 (1955)
68 White, C. E.; Rose, H. J.: Analyt. Chem. *25*, 351 (1953)
69 Polucktov, N. S. et al.: Z. Anal. Chim. *13*, 396 (1958)
70 Ducret, L.: Analyt. Chim. Acta *21*, 86 (1959)
71 Babko, A. K. et al.: Z. Anal. Chim. *21*, 196 (1966)
72 Ducret, L.: Analyt. Chim. Acta *17*, 213 (1957)
73 Pasztor, L.; Bode, J. D.: Analyt. Chem. *32*, 1530 (1960)
74 Marczenko, Z.: Mikrochim. Acta (Wien) *1977* II, 651
75 Marczenko, Z.; Kowalczyk, E.: Analyt. Chim. Acta *108*, 261 (1979)
76 Marczenko, Z.; Uscinska, J.: ibid. *123*, 271 (1981)
77 Marczenko, Z.; Jarosz, M.: Analyst *106*, 751 (1981)
78 Aoyama, M. et al.: Analyt. Chim. Acta *129*, 237 (1981)
79 Svoboda, V.; Chromy, V.: Talanta *13*, 237 (1966)
80 Thierig, D.; Umland, F.: Z. Analyt. Chem. *211*, 161 (1965)
81 Umland, F. et al.: Z. Analyt. Chem. *173*, 211 (1960)
82 Umland, F.; Janssen, A.: Z. Analyt. Chem. *249*, 186 (1970)
83 Umland, F. et al.: ibid. *215*, 401 (1966)
84 Tôei, K. et al.: Analyst *106*, 776 (1981)
85 Hora, F. B.; Webber, P. J.: Analyst *85*, 567 (1960)
86 Hartley, A. M.; Asai, R. I.: Analyt. Chem. *35*, 1207 (1963)
87 Barnes, H.: Analyst *75*, 388 (1950)
88 Nelson, J. L. et al.: Anal. Chem. *26*, 1081 (1950)
89 Morris, A. W.; Riley, J. P.: Anal. Chim. Acta *29*, 272 (1963)
90 Roth, H.: Mikrochem./Mikrochim. Acta *36/37*, 379 (1951)
91 Johnson, C. M.; Nishita, H.: Analyt. Chem. *24*, 736 (1952)
92 Gustaffson, L.: Talanta *4*, 227 (1960)
93 Sinclair, A. et al.: Talanta *18*, 972 (1971)
94 Nakamura, M.; Murata, A.: Analyst *104*, 985 (1979)
95 Nakamura, M.: ibid. *106*, 493 (1981)
96 Baca, P.; Freise, H.: Analyt. Chem. *49*, 2249 (1977)
97 Flamerz, S.; Bashir, W. A.: Analyst *106*, 243 (1981)
98 Dtsch. Einheitsverf. z. Wasser-, Abwasser- u. Schlammuntersuchung; J. Lief. Weinheim:
   Verlag Chemie 1975

99 Richtlinien zur Aufstellung von Probennahmeprogrammen, Normenausschuß Wasserwesen, Internat. Norm 150, 5667-1, Dtsch. Inst. f. Normung. Berlin: Beuth 1980

100 Soulard, M. et al.: Analusis *9*, 35 (1981)

101 Capelle, R.: Anal. Chim. Acta *24*, 555 (1961) *25*, 59 (1961)

102 Freier, R. K.: Wasseranalysen, 2. Aufl. Berlin, New York: de Gruyter 1974

103 Hein, H.: Bodenseewerk Perkin-Elmer; Angew. UV-Spektroskopie, Heft 5 (1978)

104 Franke, G.; Hein, H.: Chemie-Technik *1979*, 185, 295

105 Analysen von Oberflächen- und Abwasser mit dem Filter-Photometer Nanocolor 25. Macherey-Nagel & Co., D-5160 Düren

106 Roberts, J. D.; Green, C.: J. Am. Chem. Soc. *68*, 214 (1946)

107 Wells, C. F.: Tetrahedron *22*, 2685 (1966)

108 Brande, E. A.: J. Chem. Soc. *1945*, 498

109 Roberts, J. D.; Green, C.: J. Am. Chem. Soc. *68*, 214 (1946)

110 Bohlmann, F.: Chem. Ber. *84*, 490 (1951)

111 Pestemer, M., in: Houben-Weyl, Methoden der Organischen Chemie Bd. III, 2, 4. Aufl. Stuttgart: Thieme 1955

112 Then, R.; Radler, F.: Z. Lebensmittelunters. Forsch. *138*, 163 (1968)

113 Heintze, K.; Braun, F.: ibid. *142*, 40 (1970)

114 Sawicky, E. et al.: Mikrochem. J. *5*, 225 (1961)

115 Sawicky, E. et al.: Anal. Clin. Acta *39*, 505 (1967)

116 Sawicky, E. et al.: Anal. Chem. *33*, 93 (1961)

117 Sawicky, E., Sawicky, C. R.: Aldehydes-Photometric Analyse, Vol. 1 u. 2, 1975; Vol. 5, 1978. London, New York, San Francisco: Academic Press

118 Kakac, B.; Vejedelek, D. J.: Handbuch der photometrischen Analyse organischer Verbindungen, Bd. 1, 1974; Bd. 2, 1974; Ergänzungsband 1977. Weinheim: Verlag Chemie

119 E. Merck (Hrsg.): Klinisches Labor: Medizinisch-chemische Untersuchungsmethoden, 12. Aufl. Darmstadt: E. Merck 1974

120 C. Zeiss (Hrsg.): Photometrische Mikromethoden Klinische Chemie. Oberkochem: Carl Zeiss 1967–1971

121 Boehringer (Hrsg.): Testfibel. Boehringer Mannheim GmbH, Diagnostica, 1980

122 Leithe, W.: Die Analyse organischer Verbindungen in Trink-, Brauch- und Abwässern. Stuttgart: Wiss. Verlagsges. 1972

123 E. Merck (Hrsg.): Die Untersuchung von Wasser. Darmstadt, 1975

124 Pesez, M.; Bartos, J.: Colorimetric and Fluorimetric Analysis of organic Compounds and Drugs. New York: M. Dekker 1975

125 Gstirner, F.: Chemisch-physikalische Vitaminbestimmungsmethoden, 4. Aufl. Stuttgart: Enke 1951

126 Hashmi, M. H.: Assays of Vitamin in Pharmaceutical Preparation. London, New York, Sydney, Toronto: Wiley 1973

127 Kobloch, E.: Physikalisch-chemische Vitaminbestimmungsmethoden. Berlin: Akademie 1963

128 Knorr, F.: Vitaminbestimmungsmethoden. Garmisch-Partenkirchen: Moser 1961

129 E. Merck (Hrsg.): Vitaminanalyse. Darmstadt: E. Merck 1960

130 Bartos, J.; Pesez, M.: Colorimetric and Fluorimetric Analysis of Steroids. London: Academic Press 1977

131 Bergmeyer, H. U.: Methoden der enzymatischen Analyse. Weinheim: Verlag Chemie 1962

132 Long, E. C.: Varian Instruments Appl. Report, CPT-2223

133 Boehringer (Hrsg.): Arbeitsanleitung, Makro-Technik. Boehringer Mannheim GmbH, Diagnostica, 1981
Boehringer (Hrsg.): Arbeitsanleitungen, Mikro-Technik. Boehringer Mannheim GmbH, Diagnostica, 1981

134 Mattenheimer, H.: Die Theorie des enzymatischen Tests. Boehringer Mannheim GmbH, Diagnostica, 1976

135 Cornish-Bowden, A.: Fundamentals on Enzyme Kinetics. London: Butterworth 1979

136 Bergmeyer, H. U.; Gawehn, K. (Hrsg.): Grundlagen der enzymatischen Analyse. Weinheim, New York: Verlag Chemie 1977

137 Briggs, G. E.; Haldane, J. B. S.: Biochem. J. *19*, 338 (1925); s. auch Hammett, L. P.: Physikalische organische Chemie. Weinheim: Verlag Chemie, S. 83–84

138 Michaelis, L.; Menten, M. L.: Biochem. Z. *49*, 333 (1913)

139 Chance, B. J.: Franklin Inst. *228*, 459 (1940)

140 Bautler, E. et al.: Varian UV-VIS-Spectrophotometry, Nr. UV-5, Aug. 1980

141 Moody, G. W.; Heisz, O.: Labor-Praxis in der Medizin, *4*, Heft 4 (1980)

142 Boehringer (Hrsg.): Methoden der enzymatischen Lebensmittelanalytik. Boehringer Mannheim GmbH, Biochemica (1980)

143 Brummer, W. N.; Ebeling, N.: Merck-Kontakte 2/76, S. 3–7

144 Henniger, G.: Z. Lebensm.-Technol. u. Verfahrenstechnik *30*, 137 (1979)

145 Krüger, E.; Nordmann, A.: Labor-Praxis in der Medizin, *5*, Heft 1–2 (1981)

146 Molch, D. et al.: Z. Chem. *15*, 410 (1975) *16*, 109 (1976)

147 Harker III, G. G. et al.: J. Chem. Educ. *47*, 712 (1970)

148 Sternberg, J. C. et al.: Anal. Chem. *32*, 84 (1960)

149 Baumann, R. P.: Absorption Spectroscopy. New York, London: Wiley 1962, Kap. 9.4, S. 403 ff.

150 Zscheile, F. P. et al.: Anal. Chem. *34*, 1776 (1962)

151 Herschberg, I. S.: Fresenius Z. Anal. Chem. *205*, 180 (1964)

152 Herschberg, I. S.; Sicma, F. L. J.: Koninkl. Ned. Akad. Wetenschap., Proc. Ser. B *65*, 244, 256 (1962)

153 Cerfontain, H. et al.: Anal. Chem. *35*, 1005 (1963)

154 Arends, J. M. et al.: Anal. Chem. *36*, 1802 (1964)

155 Doerffel, K. et al.: Z. Chem. *6*, 155 (1966)

156 Sustek, J.: Analyt. Chem. *46*, 1676 (1974)

157 Leggett, D. J.; McBryde, W. A. E.: Analyt. Chem. *47*, 1065 (1975)

158 Leggett, D. J.: Analyt. Chem. *49*, 276 (1977)

159 Fahr, E.; Schmid, M.: Fresenius Z. Anal. Chem. *300*, 381 (1980)

160 James, G. F.: Techn. Paper UV-1, Hewlett Packard Co. 1980

161 Long, E. C.; Greig, D.: Varian UV-VIS Spectrophotometry Nr. UV-9, 1980

162 Jochum, C. et al.: Anal. Chem. *53*, 85 (1981)

163 Aldous, K. M. et al.: ibid. *47*, 1034 (1975)

164 Kontron-Analytik-Schrift: Photometrie – Basis Information (1980)

165 Dewer, M. J. S.; Urch, D. S.: J. Chem. Soc. 345 (1975)

166 Bergmann, G.: Mehrkomponentenanalyse, Plenarvortrag Arbeitstagung prakt. Molekülspektroskopie, Dortmund 1981

167 Jaffé, H. H.; Orchin, M.: Theory and Applications of Ultraviolet Spectroscopy. New York, London: Wiley 1962

168 Murrell, J. N.: Elektronenspektren organischer Moleküle, Bd. 250/250a, B. I. Hochschultaschenbücher. Mannheim: Bibliograph. Inst. 1967

169 Orchin, M.; Jaffé, H.-H.: Symmetry, Orbitals and Spectra, Supplement. New York, London, Sydney, Toronto: Wiley 1971

170 Suzuki, H.: Electronic Absorption Spectra and Geometry of Organic Molecules. New York, London: Academic Press 1967

171 Platt, J. R.: Systematics of the Electronic Spectra of Conjugated Molecules. New York: Wiley 1964

172 Timmons, C. J.; Stern, E. S.: Gillam and Stern's Introduction to Electronic absorption Spectroscopy in Organic Chemistry, 3. Aufl. London: Edwards Publ. 1970

173 Mataga, N.; Kubota, T.: Molecular Interactions and Electronic Spectra. New York: Dekker 1970

174 Fabian, J.; Hartmann, H.: Light Absorption of Organic Colorants. Berlin, Heidelberg, New York: Springer 1980

175 Sawicki, E.: Photometric Organic Analysis. New York, London, Sydney, Toronto: Wiley 1970

176 DMS-UV-Atlas (Hrsg. Perkampus, H.-H.; Sandemann, I.; Timmons, C. J.). London: Butterworth. Weinheim: Verlag Chemie Vol. I-V, 1966–1971

177 Pestemer, M. et al.: Angew. Chem. *77*, 541 (1965)

178 Pestemer, M.: Correlation Tables for the Structural Determination of Organic Compounds by Ultraviolet Light Absorptiometry. Weinheim: Verlag Chemie 1974

179 Organic Electronic Spectral Data. New York: Interscience 1960–69

180 Lang, L., (Ed.): Absorption Spectra in UV and Visible Region. New York: Acad. Press, Vol. 1–5, 1961–1965; Budapest: Akadémiai Kiadó, Vol. 6–13, 1965–1969

181 Neudert, W.; Röpke, H.: Atlas of Steroid Spectra. Berlin, Heidelberg, New York: Springer 1965

182 Catalog of Ultraviolet Spectral Data Manufacturing Chemist' Ass. Res. Proj. Chem. Thermodynamic Properties Center, Texas, 1964ff.

183 Handbook of Ultraviolet and Visible Absorption Spectra of Organic Compounds (Hirayama). New York: Plenum Press 1967

184 Sadtler Spectra; Sadtler Research Laboratories, Philadelphia

185 Friedel, R. A.; Orchin, M.: Ultraviolet Spectra of Aromatic Compounds. New York: Wiley 1951

186 Ultraviolett Spectraldata; Amer. Petroleum Inst. Res. Proj. 44, Carnegie Inst. and U.S. Bureau of Stand.

187 Schläfer, H. L.; Gliemann, G.: Einführung in die Ligandenfeldtheorie. Frankfurt/M.: Akad. Verlagsges. 1967

188 Lever, A. B. P.: Inorganic Electronic Spectroscopy. Amsterdam, London, New York: Elsevier 1968

5 Spezielle Methoden der UV-VIS-Spektroskopie

In den letzten Jahren wurden viele neue Methoden entwickelt, die schnell auf großes Interesse gestoßen sind, z. B.:

Die Doppelwellenlängenspektroskopie,
die Derivativspektroskopie,
die Reflexionsspektroskopie,
die Photo-Akustik-Spektroskopie,
die Wellenlängenchromatographie
und die Enzymkinetik.

Die Grundlagen der letzten Methodik wurden in Abschn. 4.1.5 ausführlicher behandelt.

In den folgenden Abschnitten werden die Grundlagen der Doppelwellenlängen-, Derivativ-, Reflexions- und Photo-Akustik-Spektroskopie sowie der Lumineszenzanregungsspektroskopie kurz dargestellt und einige Beispiele für die Anwendung gegeben.

5.1 Doppelwellenlängenspektroskopie

Die Doppelwellenlängen- oder auch Zweiwellenlängenspektroskopie hat sich als vielseitig erwiesen [1]. Sie arbeitet bei zwei Wellenlängen λ_1 und λ_2 und gestattet es somit bei λ_2 eine auf λ_1 bezogene Extinktionsdifferenz

$$\Delta A = A_{\lambda_2} - A_{\lambda_1}$$

zu ermitteln.

Analytisch ist von Bedeutung, daß bei richtiger Wahl der Wellenlänge λ_1 die Extinktionsdifferenz ΔA in einem binären Gemisch mit den Komponenten a und b nur noch der Konzentration einer Komponente proportional ist, wie sich leicht zeigen läßt.

Für ein Zweikomponentensystem mit den Konzentrationen c_a und c_b gilt für die Extinktion bei zwei Wellenlängen λ_1 und λ_2 (d = 1 cm):

$$
\begin{aligned}
A_1 &= \varepsilon_{1a} c_a + \varepsilon_{1b} c_b = A_{1,a} + A_{1,b}, \\
A_2 &= \varepsilon_{2a} c_a + \varepsilon_{2b} c_B = A_{2,a} + A_{2,b}.
\end{aligned}
\tag{39}
$$

ε_{1a} und ε_{1b} sind die molaren dekadischen Extinktionskoeffizienten der Komponenten a und b bei der Wellenlänge λ_1 entsprechend ε_{2a} und ε_{2b} bei der Wellenlänge λ_2.

Bei einer Doppelwellenlängenmessung erhält man dann die Extinktionsdifferenz:

$$A_2 - A_1 = \Delta A = (\varepsilon_{2a} - \varepsilon_{1a})\, c_a + (\varepsilon_{2b} - \varepsilon_{1b})\, c_b. \tag{40}$$

Wenn die Komponente b bei beiden Wellenlängen λ_1 und λ_2 den gleichen Extinktionskoeffizienten ε aufweist, so wird ein Klammerausdruck in Gl. (40) gleich Null:

$$\varepsilon_{2b} \cdot c_b - \varepsilon_{1b} \cdot c_b = A_{2,b} - A_{1,b} = 0. \tag{41}$$

Damit resultiert:

$$\Delta A = (\varepsilon_{2a} - \varepsilon_{1a})\, c_a. \tag{42}$$

Die Extinktionsdifferenz ΔA hängt somit nur noch von der Komponente a ab, der Einfluß der Komponente b kann eliminiert werden! Wenn die Komponente a bei der Wellenlänge λ_1 *nicht* absorbiert, ist $\varepsilon_{1a} = 0$ und Gl. (42) vereinfacht sich zu:

$$\Delta A = \varepsilon_{2a} \cdot c_a = A_{2,a}. \tag{42a}$$

Die Gln. (42) und (42a) stellen die Grundlage der sogenannten *Äquiabsorptions-* oder *Äquiextinktions*methode dar.

Die Auswahl der Wellenlängen λ_1 und λ_2 kann anhand der bekannten Absorptionsspektren der Komponenten a und b vorgenommen werden. Abbildung 19 verdeutlicht diese Arbeitsweise an den Absorptionsspektren der Komponenten a und b und ihrer Überlagerung in der Mischung. Hier liegt für die Auswertung Gl. (42a) zu Grunde.

Ein Beispiel für die Anwendung der Gl. (42a) ist in Abb. 20 wiedergegeben, das binäre System $NaNO_3$ und $NaNO_2$ in Wasser. Das NO_3^--Ion zeigt ein Absorptionsmaximum bei 302 nm ($\tilde{v} = 33\,000\ cm^{-1}$) mit $\varepsilon_{NO_3^-} = 7{,}0\ 1\ mol^{-1}\ cm^{-1}$.

An der gleichen Stelle besitzt das NO_2^--Ion einen Extinktionskoeffizienten von $\varepsilon_{NO_2^-} = 9\ 1\ mol^{-1}\ cm^{-1}$ [2]. Zusätzlich zeigt das NO_2^--Ion eine langwellige Bande mit einem Maximum bei $\lambda = 355\ nm$ ($\tilde{v} = 262\,000\ cm^{-1}$). Innerhalb dieser Bande absorbiert das NO_3^--Ion nicht, so daß sich an Hand der Abb. 20 sehr leicht die Bezugswellenzahl $\tilde{v}_1$ ermitteln läßt.

Die Extinktion $A_{1,b}$ entspricht dann genau der Extinktion $A_{2,b}$, so daß nach Gl. (42a) die bei $\tilde{v}_2$ ermittelte Extinktionsdifferenz direkt der Konzentration der NO_3^--Ionen proportional ist.

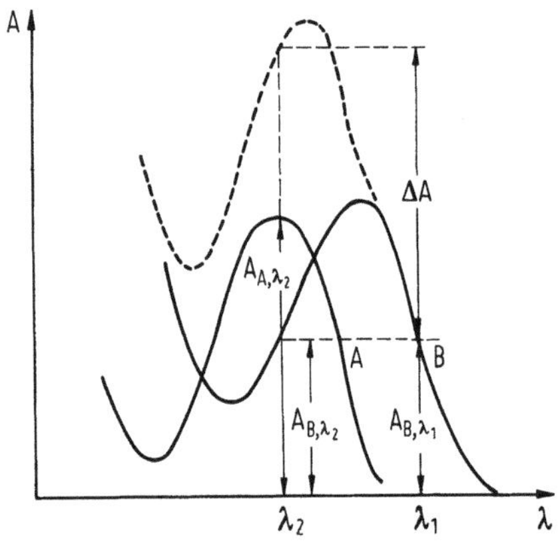

Abb. 19. Schematische Darstellung der Doppelwellenlängen-Äquiextinktionsmethode (Erläuterung s. Text)

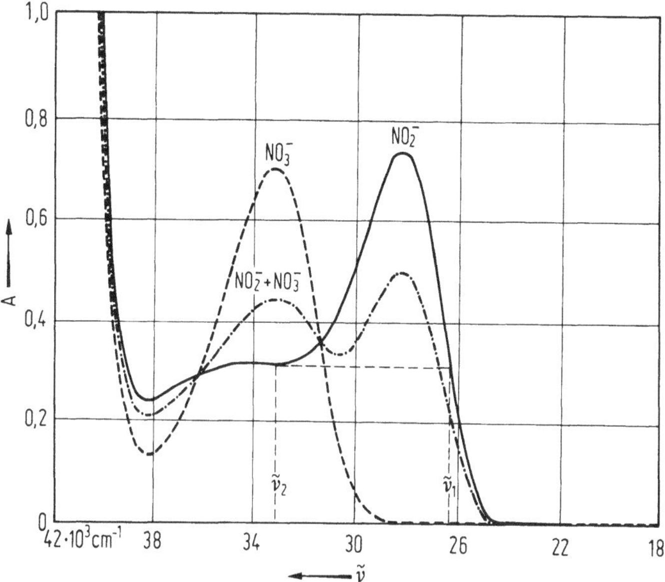

Abb. 20. Beispiel für die Auswahl der analytischen Positionen bei der Doppelwellenlängenspektroskopie; System NO_3^-/NO_2^- in H_2O; NO_2^- (———), NO_3^- (– – – –), Mischung (–·–·–·–)

In Abb. 21 sind Spektren verschiedener Mischungen NO_3^-/NO_2^-, bei denen die Konzentration des NO_2^--Ions konstant gehalten wurde, dargestellt. Die Doppelwellenlängen-Positionen λ_1 und λ_2 ($\tilde{v}_1$ und $\tilde{v}_2$) sind unmittelbar aus dieser Abbildung zu ersehen. In Abb. 22 ist der lineare Zusammenhang nach Gl. (42a) der Messungen in Abb. 21 dargestellt. Dieses Beispiel stellt das analytische Problem eines Zweikomponentensystems, nämlich der quantitativen Bestimmung von NO_3^- bei Gegenwart von NO_2^- dar.

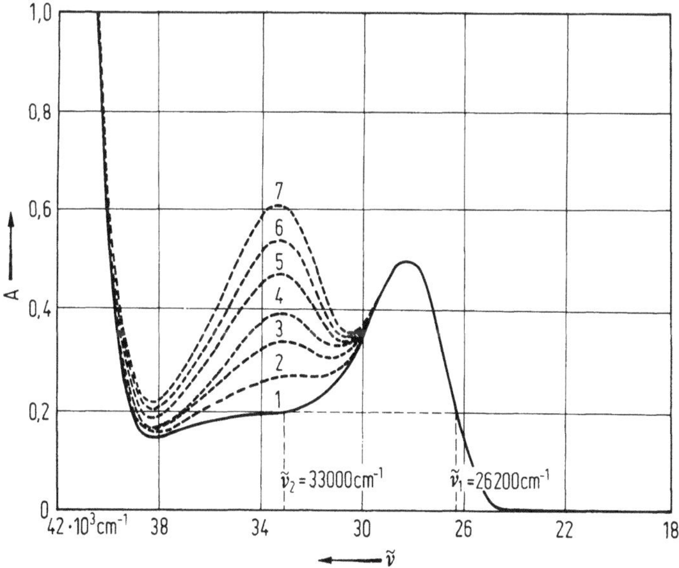

Abb. 21. Absorptionsspektren von Mischungen im System NO_3^-/NO_2^-; $c_{NO_2^-}$: konstant; $c_{NO_3^-}$: variabel (Kurven *2–7*)

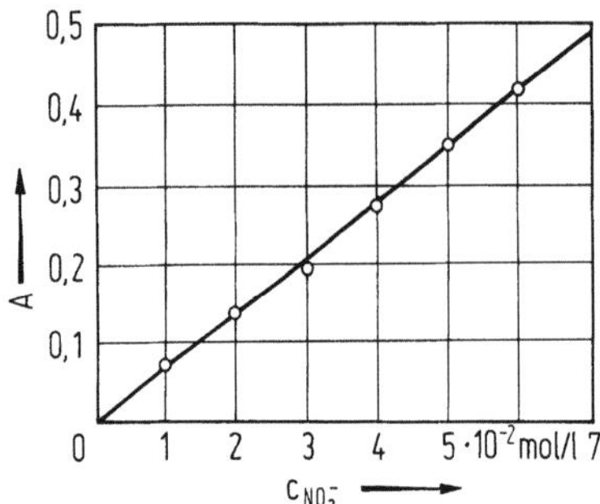

Abb. 22. Eichgerade für Abb. 21

Ein weiteres Beispiel für die Anwendung der Äquiextinktions- bzw. Äquiabsorptionsmethode ist das System *Hydrochinon* und *Phenol* [3]. Schmitt hat auch die Systeme Hydrochinon/Brenzkatechin, Hydrochinon/Resorzin, Vitamin B6/Nikotinsäureamid und Phenylalamin/Tryptophan beschrieben [3]. Voraussetzung ist, daß das Absorptionsmaximum der Komponente a sich mit der Absorptionsflanke der Begleitkomponente b überlappt, während die Komponente b selbst nicht durch die Komponente a unterlagert ist (s. Abb. 20 u. 21). In diesem Fall kann die Komponente b zwar direkt spektral-photometrisch bestimmt werden, jedoch würde die Messung der Komponente a zu einem großen positiven Fehler führen, da eine Teilabsorption von b mit erfaßt wird. Mit Hilfe der Doppelwellenlängenspektroskopie kann nach der Äquiextinktionsmethode dieser störende Einfluß der Komponente b eliminiert werden. Es wird bei dieser Methode mit nur einer Küvette gemessen, d.h., es wird keine Referenzlösung benötigt. Der große Vorteil liegt dann darin, daß insbesondere Störungen des Untergrundes durch Trübungen und zeitliche Veränderungen ausgeschaltet werden können, was bei der üblichen Absorptionsspektroskopie nur sehr mühevoll möglich ist.

Liegt eine Trübung vor, d.h. in Lösung streuende Teilchen, so messen wir neben der wahren Extinktion A_w noch eine Scheinextinktion A_s, d.h., wir beobachten einen starken Untergrund, wie es in Abb. 23 vereinfacht dargestellt ist.

Man sieht sofort, daß sich in Analogie zu (40) ergibt:

$$\Delta A = (A_{s,\lambda_2} + A_{w,\lambda_2}) - A_{\lambda_1} = A_{w,\lambda_2},\tag{40a}$$

da wiederum entsprechend Abb. 23 $A_{s,\lambda_2} - A_{\lambda_1} = 0$.

Gleichung (40a) bedeutet, daß die Scheinabsorption bei der Wellenlänge λ_2 durch die Messung bei der Wellenlänge λ_1 erfaßt wird und A somit der wahren Extinktion bei der Wellenlänge λ_2 entspricht.

An den Abb. 19 bis 23 kann man die Bedeutung dieser Methodik für die Analytik unmittelbar erkennen. In der Tat wurde die Doppelwellenlängen-Spektroskopie von Chance [4, 5] zunächst entwickelt, um *trübe Lösungen* biologischer und physiologischer Systeme quantitativ bestimmen zu können. Die allgemeine Anwendungsmöglichkeit auf chemisch-analytische Probleme hat Shibata [1] dargelegt. Da Meß- und Referenzzelle identisch sind, können kleinste Extinktionswerte in einem Vollausschlagsbereich von $0,001 \leq A \leq 0,010$ zuverlässig bestimmt werden. Die quantitative Bestimmung bzw. der Nachweis von Stoffen kann bis in den ppb-Bereich ausgedehnt werden, was für die Umweltanalytik von besonderem Wert ist (Nachweisgrenze für Quecksilber mit Dithizon in wäßriger Lösung bei 1,8 ppb [6]).

Bei der quantitativen photometrischen Bestimmung mit *Komplexbildnern* kann man

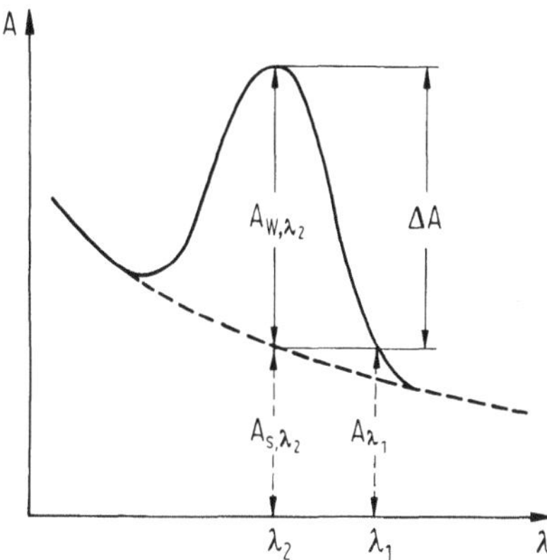

Abb. 23. Doppelwellenlängenspektroskopie bei streuendem Untergrund

die Eigenabsorption des Komplexbildners ausnutzen, indem man die Referenzwellenlänge λ_1 auf das Maximum des Absorptionsspektrums des Komplexbildners und λ_2 auf das Maximum des Absorptionsspektrums des Komplexes setzt. Infolge der Komplexbildung nimmt die Extinktion des Komplexbildners bei der Wellenlänge λ_1 ab, d. h. wir erhalten eine negative Extinktion, während die Extinktion des Komplexes bei der Wellenlänge λ_2 zunimmt. Beide Effekte sind der Konzentration im gleichen Sinne proportional, so daß sich die Extinktionsdifferenz ΔA hier ergibt zu

$$\Delta A = A_{\lambda_2} - (-A_{\lambda_1}) = A_{\lambda_2} + A_{\lambda_1}. \tag{43}$$

Damit wird die Extinktion des Komplexes scheinbar erhöht, was mit einer Erhöhung der Nachweisempfindlichkeit verbunden ist. Am Beispiel einer Cobaltbestimmung mit 4-[(3,5-Dichlor-2-pyridyl)azo]-m-phenylendiamin wurde dieses Verfahren von Shibita u.a. beschrieben [7, 8].

Chemische Reaktionen in trüben Lösungen lassen sich mit der Methode sehr gut verfolgen. Hierbei wählt man als Referenzwellenlänge λ_1, die des isosbestischen Punktes, der bei trüben Lösungen jedoch in der Nähe der Meßwellenlänge λ_2 liegen sollte, da die Streuung in derartigen Lösungen bekanntlich von der Wellenlänge abhängig ist. Die Wellenlängenabhängigkeit der Streuabsorption gestattet es daher auch nur in einfachen Fällen, das Absorptionsspektrum einer trüben Lösung aufzunehmen. Bei Bezug auf die festgehaltene Referenzwellenlänge λ_1 mit der Streuextinktion A_{s,λ_1} erhält man beim Durchfahren von λ_2 nur ein relatives Absorptionsspektrum.

Wenn die oben genannten Voraussetzungen nicht erfüllt sind, d.h. bei jeder Kombination von zwei Wellenlängen λ_1 und λ_2 unterscheiden sich die Extinktionskoeffizienten ε_{1b} und ε_{2b}, kann man mit Hilfe einer einfachen Signalumwandlung dennoch wieder erreichen, daß die Extinktionsdifferenz von der Konzentration der Komponente b unabhängig wird. Ein Beispiel dafür ist in Abb. 24 dargestellt. Die bei der Äquiextinktionsmethode vorausgesetzte Gleichheit der Extinktionen A_{λ_1} und A_{λ_2} kann man auch hier leicht durch eine apparative Manipulation erreichen, die bei den meisten UV-VIS-Spektralphotometern, die mit Mikroprozessor bzw. Mikrocomputer ausgerüstet sind, ohne Schwierigkeiten möglich ist.

Bei der Wellenlänge λ_1 gilt $\qquad\qquad \varepsilon_{1b} \cdot c_b = A_{1b},$
bei der Wellenlänge λ_2 dagegen $\qquad \varepsilon_{2b} \cdot c_b = A_{2b}.$

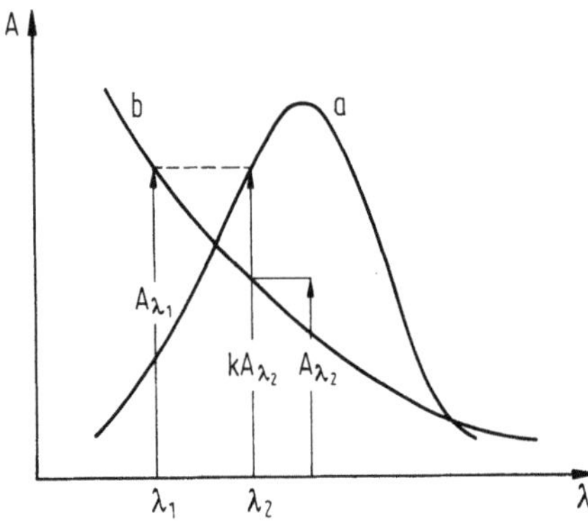

Abb. 24. Überlagerung von Absorptionsspektren und Signalverstärkungsmethode

Wie man aus Abb. 24 sofort ersieht, ist $A_{1b} \neq A_{2b}$.

Multipliziert man A_{2b} mit einem Faktor k, so daß gilt:

$$\varepsilon_{1b} c_b = k \cdot \varepsilon_{2b} c_b, \tag{44}$$

so ist im Prinzip die Voraussetzung der Äquiextinktionsmethode wieder erfüllt.

Für die gemessene Extinktionsdifferenz gilt jetzt:

$$A_{\lambda_2} - A_{\lambda_1} = k\,(\varepsilon_{2b} c_b + \varepsilon_{2a} c_a) - (\varepsilon_{1b} c_b + \varepsilon_{1a} c_a), \tag{45}$$

$$A_{\lambda_2} - A_{\lambda_1} = (k\varepsilon_{2b} - \varepsilon_{1b})\, c_b + (k\varepsilon_{2a} - \varepsilon_{1a})\, c_a. \tag{45a}$$

Mit der Bedingung (44) wird dann

$$A_{\lambda_2} - A_{\lambda_1} = \Delta A = (k\varepsilon_{2a} - \varepsilon_{1a})\, c_a. \tag{46}$$

In Gl. (46) ist die Differenzabsorption A wieder unabhängig von der Konzentration der Komponente b, so daß sich die Komponente a in der Mischung quantitativ bestimmen läßt.

Der Faktor k in Gl. (44) bedeutet praktisch eine Verstärkung des Signals bei der Wellenlänge λ_2, so daß man dieses Verfahren als *Signalverstärkungsmethode* bezeichnet. Sie wurde von Honkawa [9] auch für Dreikomponentensysteme ausgearbeitet.

Bei der in Abb. 20–22. Äquiextinktionsmethode kann jedes normale Einstrahlphotometer benutzt werden, indem man die Extinktionen A_{λ_2} und A_{λ_1} nacheinander mißt und A_{λ_1} als Referenzwert von A_{λ_2} abzieht [3].

Typische Doppelwellenlängenspektrometer sind naturgemäß mit zwei Monochromatoren ausgerüstet, wie das Schema des Strahlenganges in Abb. 25 erkennen läßt. Es handelt sich um eine vereinfachte Wiedergabe des Strahlenganges des Doppelwellenlängenspektrophotometers, Modell 557, der Firma Hitachi-Perkin-Elmer. Dieses Gerät kann auch als konventionelles Zweistrahl-Spektralphotometer mit Meß- und Vergleichsküvette betrieben werden.

Hierzu wird der Verschluß am λ_1-Monochromator geschlossen und der Verschluß nach dem Umlenkspiegel S_8 geöffnet. Der Sektorspiegel sorgt dann dafür, daß der monochromatische Strahlengang aus dem λ_2-Monochromator nacheinander Meß- und Vergleichsküvette durchsetzt. Als Doppelwellenlängengerät gehen die von der Lampe (Deuterium- (UV) oder Wolframiod-Lampe (VIS)) kommenden beiden Strahlengänge bei geöffnetem Verschluß am

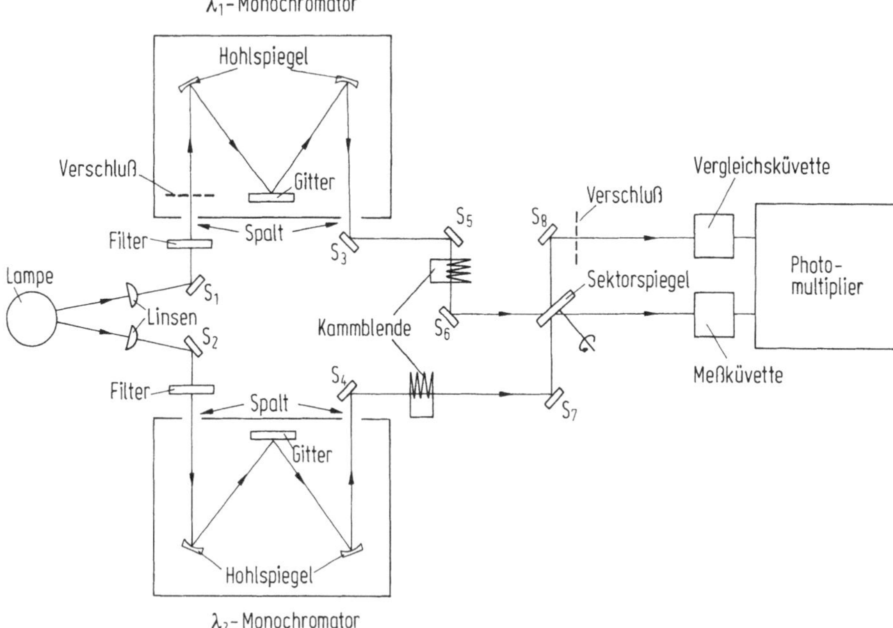

Abb. 25. Optisches System eines Doppel(Dual)-Wellenlängen-Spektrophotometers; Hitachi-Perkin-Elmer, Mod. 557

λ_1-Monochromator durch beide Monochromatoren.

Ist der Verschluß nach S_8 geschlossen, so kann Licht aus dem λ_2-Monochromator über den Sektorspiegel nur noch auf die Meßküvette fallen, während der Strahlengang aus dem λ_1-Monochromator nach einer 180°-Drehung des Sektorspiegels ebenfalls auf die Meßküvette fällt. Beide Strahlengänge treffen somit zeitlich versetzt mit der Rotationsfrequenz des Sektorspiegels auf den Photomultiplier und erzeugen dort die zu verarbeitenden Signale, die in der Folge λ_1-Signal, Null-Signal, λ_2-Signal, Null-Signal, λ_1-Signal ... über einen mit Referenzsignalen synchronisierten Zerhacker auf die für die einzelnen Signale vorgesehenen Meßkanäle gegeben werden. Der Vorgang wird durch Mikroprozessoren gesteuert. Die moderne elektronische Meßtechnik ermöglicht eine Verminderung des Rauschens um den Faktor $2 \cdot 10^{-4}$.

5.2 Derivativspektroskopie

Unter Derivativspektroskopie versteht man die Darstellung der 1. und 2. Ableitung sowie höherer Ableitungen der Extinktion nach der Wellenlänge als Funktion der Wellenlänge, d.h.:

$$dA/d\lambda, \quad d^2A/d\lambda^2, \quad d^3A/d\lambda^3 \ldots \text{ als } f(\lambda).$$

Die Methode wurde von 1953 bis 1955 von Hammond u.a. [10], Morrison [11] sowie Giese und French [12] eingeführt. Die Methodik findet zunehmend Interesse.

Geht man bei der Bildung der Ableitungen vom Bouguer-Lambert-Beerschen Gesetz nach Gl. (4) aus, so ergeben sich die Ableitungen zu

0. Ableitung:

$$A = \varepsilon \cdot c \cdot d, \tag{4}$$

1. Ableitung:

$$\frac{dA}{d\lambda} = c \cdot d \cdot \frac{d\varepsilon}{d\lambda}, \tag{47}$$

2. Ableitung:

$$\frac{d^2A}{d\lambda^2} = c \cdot d \cdot \frac{d^2\varepsilon}{d\lambda^n}, \tag{47a}$$

n. Ableitung:

$$\frac{d^nA}{d\lambda^n} = c \cdot d \cdot \frac{d^n\varepsilon}{d\lambda^n}. \tag{47b}$$

Wie man unmittelbar aus den Gln. (47) bis (47b) ersieht, sind die Ableitungen $d^nA/d\lambda^n$ stets der Konzentration direkt proportional, worauf die analytische Anwendungsmöglichkeit beruht.

Bildet man dagegen die Ableitungen, indem man das Bouguer-Lambert-Beersche Gesetz in der entlogarithmierten Form, mit ε_n als dem natürlichen molaren Extinktionskoeffizienten

$$I = I_0 e^{-\varepsilon_n \cdot c \cdot d} \tag{48}$$

ansetzt, so erhält man
1. Ableitung:

$$\frac{1}{I_0}\left(\frac{dI}{d\lambda}\right) = -c \cdot d \cdot \frac{d\varepsilon_n}{d\lambda} \cdot e^{-\varepsilon_n c \cdot d} \tag{48a}$$

bzw. mit (48):

$$\frac{1}{I}\left(\frac{dI}{d\lambda}\right) = \frac{d\ln I}{d\lambda} = -c \cdot d \cdot \frac{d\varepsilon_n}{d\lambda}, \tag{48b}$$

2. Ableitung:

$$\frac{1}{I_0}\left(\frac{d^2I}{d\lambda^2}\right) = c^2 d^2 \left(\frac{d\varepsilon_n}{d\lambda}\right)^2 e^{-\varepsilon_n c \cdot d} - c \cdot d \left(\frac{d^2\varepsilon_n}{d\lambda^2}\right) e^{-\varepsilon_n c \cdot d} \tag{49}$$

bzw.

$$\frac{1}{I}\left(\frac{d^2I}{d\lambda^3}\right) = -c \cdot d \left(\frac{d^2\varepsilon_n}{d\lambda^2}\right) + c^2 d^2 \left(\frac{d\varepsilon_n}{d\lambda}\right)^2, \tag{49a}$$

3. Ableitung:

$$\frac{1}{I_0}\left(\frac{d^3I}{d\lambda^3}\right) = \left[-c \cdot d \left(\frac{d^3\varepsilon_n}{d\lambda^3}\right) + 3c^2 d^2 \left(\frac{d\varepsilon_n}{d\lambda}\right) \cdot \left(\frac{d^2\varepsilon_n}{d\lambda^2}\right) - c^3 d^3 \left(\frac{d\varepsilon_n}{d\lambda}\right)^3 \right] e^{-\varepsilon_n c \cdot d}$$

bzw.

$$\frac{1}{I}\left(\frac{d^3I}{d\lambda^3}\right) = -c \cdot d \left(\frac{d^3\varepsilon_n}{d\lambda^3}\right) + 3c^2 d^2 \left(\frac{d\varepsilon_n}{d\lambda}\right) \cdot \left(\frac{d^2\varepsilon_n}{d\lambda^2}\right) - c^3 d^3 \left(\frac{d\varepsilon_n}{d\lambda}\right)^3. \tag{50}$$

Entsprechend sind die höheren Ableitungen zu bilden.

Gegenüber den Ableitungen der Extinktion A nach der Wellenlänge (Gln. (47)) sind die Ableitungen der Lichtintensität I nach der Wellenlänge λ zwar komplizierter, lassen jedoch wichtige Zusammenhänge deutlicher erkennen. Während die 1. Ableitung in beiden Fällen der Konzentration direkt proportional ist, trifft dies für die 2. und 3. Ableitung nicht mehr direkt zu, wie aus den Gln. (49) und (50) unmittelbar zu ersehen ist.

Bei der 2. Ableitung (Gl. 49) muß die 1. Ableitung von ε gleich Null sein, $d\varepsilon_n/d\lambda = 0$, damit lineare Proportionalität zur Konzentration besteht. Dies gilt i. allg. in einem Banden-Maximum, für das außerdem noch gilt, daß die 2. Ableitung einen Extremwert annimmt, so daß dann $d^2I/d\lambda^2$ besonders groß wird, was wiederum mit einer besonders hohen Meßempfindlichkeit verbunden ist.

Auch für die 1. Ableitung läßt sich sofort sagen, daß diese immer im Wendepunkt Maximalwerte annimmt, da $dA/d\lambda$ bzw. $d\varepsilon_n/d\lambda$ hier am größten sind. An Hand der vollständigen Ableitungen (48) bis (50) kann man daher die günstigsten analytischen Positionen diskutieren.

Die einfachste Methode, Derivativspektren 1. und 2. Ordnung zu erhalten, besteht in einer elektronischen Differentiation, die heute am häufigsten angewandt wird und zugleich eine kostengünstige Realisierung darstellt.

Wählt man bei einem Dualwellenlängenspektrometer (s. Abschn. 5.1) λ_1 und λ_2 sehr nahe beieinander, so erhält man hier mit $\Delta A/\Delta\lambda$ unmittelbar die 1. Ableitung [1]. Die 2. Ableitung muß allerdings wiederum elektronisch gewonnen werden.

Eine weitere Möglichkeit, Ableitungsspektren zu erhalten, bietet die von Bonfiglioli, Brovetto u. a. ausgearbeitete Methode der *Selbstmodulation* [13] sowie die Methode der *Wellenlängenmodulation* [14]. In den meisten Fällen erzeugt man die Ableitungsspektren durch die zuerst genannte elektronische Differentation. Bei modernen UV-VIS-Spektralphotometern, die mit Mikrocomputer ausgerüstet sind, gehört das Programm zur Bildung der 1. und 2. Ableitung zur Standardausrüstung.

Obwohl man oft mit den Ableitungsspektren 1. und 2. Ordnung auskommt, kann es von Interesse sein, auch höhere Ableitungsspektren zu erzeugen. Von Talsky und Mitarbeitern wurde das ausführlich untersucht [15-19]. Er hat einen Überblick über die elektronischen Methoden zur Differentiation höherer Ordnung gegeben. Für Ableitung $n > 3$ sind nur analoge und digitale Rechner geeignet [15], wobei der analogen on-line-Verarbeitung besonders im Hinblick auf die Rechenzeiten der Vorzug zu geben ist. Für die praktische Anwendung hat Talsky Analogdifferentiatoren konzipiert, die es gestatten, Ableitungsspektren bis zur 6. bzw. 9. Ordnung darzustellen. Obwohl bei jeder Differentiation Information verlorengeht, kann dennoch in vielen Fällen die „DSHO" wertvolle Informationen liefern.

Die typischen Eigenschaften eines Ableitungsspektrums 1. und 2. Ordnung sind am Beispiel der Abb. 26 zu erkennen. Die 1. Ableitung stellt die Steigung in jedem Punkt der Absorptionsbande dar. $dA/d\lambda$ in Abb. 26 besitzt seinen Maximalwert am Wendepunkt der Absorptionsbande von kleinen Wellenlängen kommend, seinen Minimalwert am Wendepunkt auf der langwellig abfallenden Flanke der Absorptionsbande. $dA/d\lambda$ wird gleich Null im Absorptionsmaximum selbst. Da somit $dA/d\lambda$ sowohl größer oder kleiner als Null sein kann, setzt man die Hälfte des Vollausschlages der Extinktionsskala, in Abb. 26 auf $A = 0{,}5$. Für das Absorptionsmaximum λ_{max} wird dann $dA/d\lambda = 0$. Bei breiten Maxima bedeutet dies, daß aus dem Schnittpunkt der Kurve $dA/d\lambda = f(\lambda)$ mit der Nullachse, λ_{max} sehr genau ermittelt werden kann. Bei der 2. Ableitung in Abb. 26 werden nach den Regeln der Kurvendiskussion die Werte $d^2A/d\lambda^2$ für die Wendepunkte der Absorptionsspektren gleich Null, und an der Stelle λ_{max} erhält man einen Minimalwert, womit die Lage des Absorptionsmaximums wiederum sehr genau angegeben werden kann.

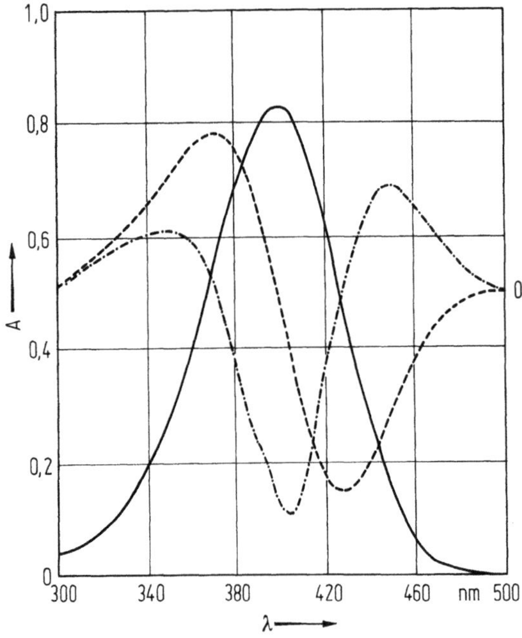

Abb. 26. Derivativspektren 1. Ordnung (------), 2. Ordnung (-·-·-·-) und Absorptionsspektrum 0. Ordnung (———)

Man kann also feststellen: Bei den Ableitungsspektren 1. Ordnung entsprechen die Nulldurchgänge, bei den Ableitungsspektren 2. Ordnung die Minima den jeweilen Absorptionsmaxima.

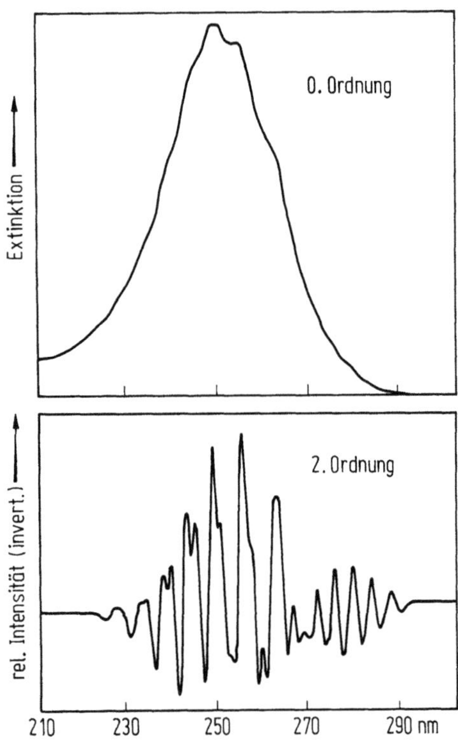

Abb. 27. Absorptionsspektrum und Derivativspektrum 2. Ordnung (invertiert) des Pyridins in n-Heptan. Invertiert bedeutet, die negativen Werte der Extinktion in der 2. Ableitung sind in Richtung der positiven Extinktionswerte des Absorptionsspektrums aufgezeichnet worden. Damit entsprechen die Minima der 2. Ableitung den Absorptionsmaxima

Da dA/dλ bzw. d²A/dλ² außerordentlich empfindlich auf jede Änderung der Steigung im Absorptionsspektrum ansprechen, ist diese Methode sehr gut dazu geeignet, Schultern und sich überlappende Absorptionsbanden zu analysieren [12, 16].

Besonders zur Analyse der Struktur von Absorptionsbanden besitzt deshalb die Methode auch für den Molekülspektroskopiker erhebliche Bedeutung. Um dies zu verdeutlichen, sind in Abb. 27 die Spektren 0. und 2. Ordnung des *Pyridins in n-Heptan* dargestellt [20]. Während im Spektrum 0. Ordnung (normales Absorptionsspektrum) die Struktur der Absorptionsbande des Pyridins nur schwach angedeutet ist, gestattet das Spektrum 2. Ordnung eine eindeutige Analyse der Schwingungsstruktur dieser Absorptionsbande.

Eine wichtige Anwendung findet die Ableitungsspektroskopie in der Analytik, sowohl zum Spurennachweis als auch zur quantitativen Bestimmung. Einen Überblick über die vielfältigen Anwendungsmöglichkeiten gibt Schmitt [21]. Von O'Haver und Green [2] wurden die Fehler bei der Anwendung dieser Methode auf die quantitative Analyse von Mischungen ausführlich diskutiert.

In Abb. 28 ist ein Beispiel für die Konzentrationsabhängigkeit der Spektren 0., 1. und 2. Ordnung dargestellt [23]. Die linke Seite der Abbildung zeigt die Spektren der 0., 1.

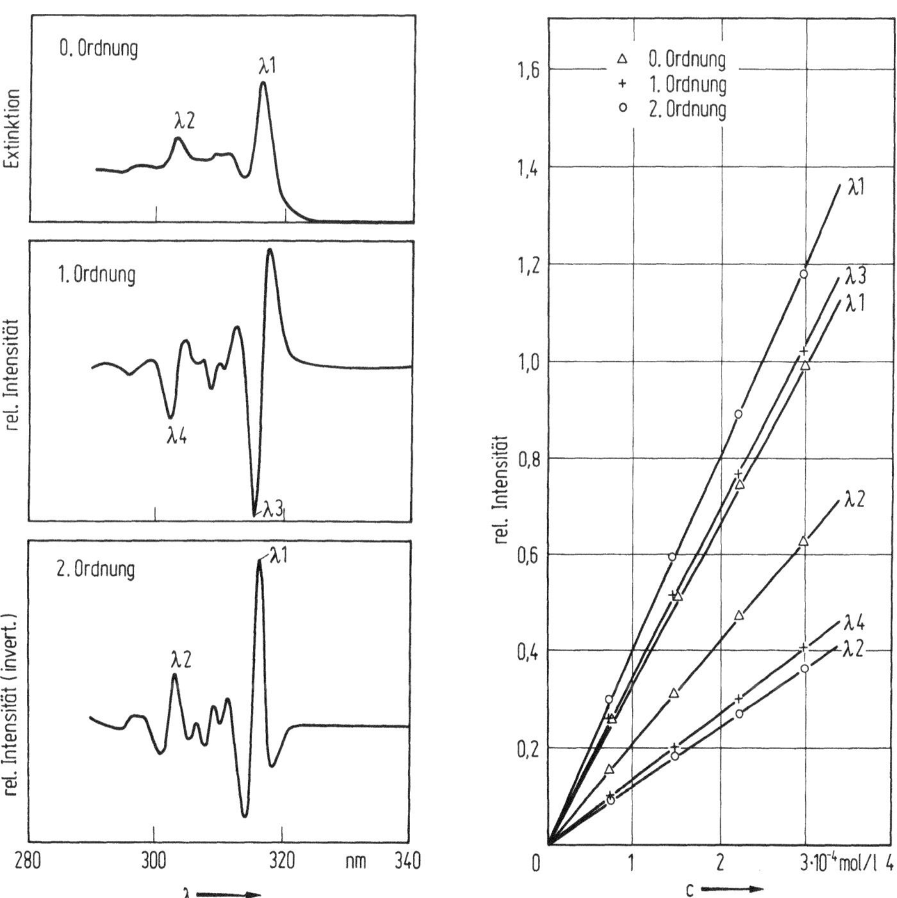

Abb. 28. Darstellung der Konzentrationsabhängigkeit in den Spektren 0., 1. und 2. Ordnung für Isochinolin in n-Heptan

und 2. Ordnung einer Lösung von *Isochinolin in n-Heptan.* Auf der rechten Seite sind die relativen Intensitäten dieser Spektren an den mit λ_1 bis λ_4 bezeichneten Wellenlängen bei verschiedenen Isochinolin-Konzentrationen aufgetragen.

Die Konzentrationsbestimmung aus dem Spektrum 1. Ordnung bietet Vorteile bei der *Untersuchung von Gemischen,* wenn z. B. in einem bestimmten Wellenzahlbereich eine der Komponenten des Gemisches ein Spektrum mit ausgeprägter Schwingungsfeinstruktur $A_a(\lambda)$ aufweist, während die übrigen Komponenten in diesem Wellenzahlbereich $\Delta\tilde{\nu}$ nur einen (praktisch) konstanten Extinktionsbeitrag $A_b(\lambda) = \text{const}$ liefern.

Die Gesamtextinktion $A_{ges}(\lambda)$ ist in diesem Falle gegeben zu

$$A_{ges}(\lambda) = A_a(\lambda) + A_b(\lambda) + \ldots = A_a(\lambda) + \text{const}, \tag{51}$$

$$dA_{ges}/d\lambda = dA_a(\lambda)/d\lambda + dA_b(\lambda)/d\lambda = A_a'(\lambda) + 0. \tag{51a}$$

Im Spektrum 1. Ordnung verschwindet der konstante Betrag $A_b(\lambda)$, so daß sich mit Hilfe einer Eichgeraden aus dem Spektrum 1. Ordnung direkt die Konzentration der Komponente a bestimmen läßt. Aus Gl. (51) kann man unmittelbar ersehen, daß sich der Informationsverlust, der mit der Differentiation verbunden ist, positiv auswirkt, da störender Untergrund eliminiert wird [17].

Die Konzentrationsbestimmung mit Hilfe der Spektren 1. und 2. Ordnung findet auch *in trüben Lösungen* (konstanter Untergrund s. o.), insbesondere in biologischen Systemen, erfolgreich Anwendung [12, 14, 18, 24, 25].

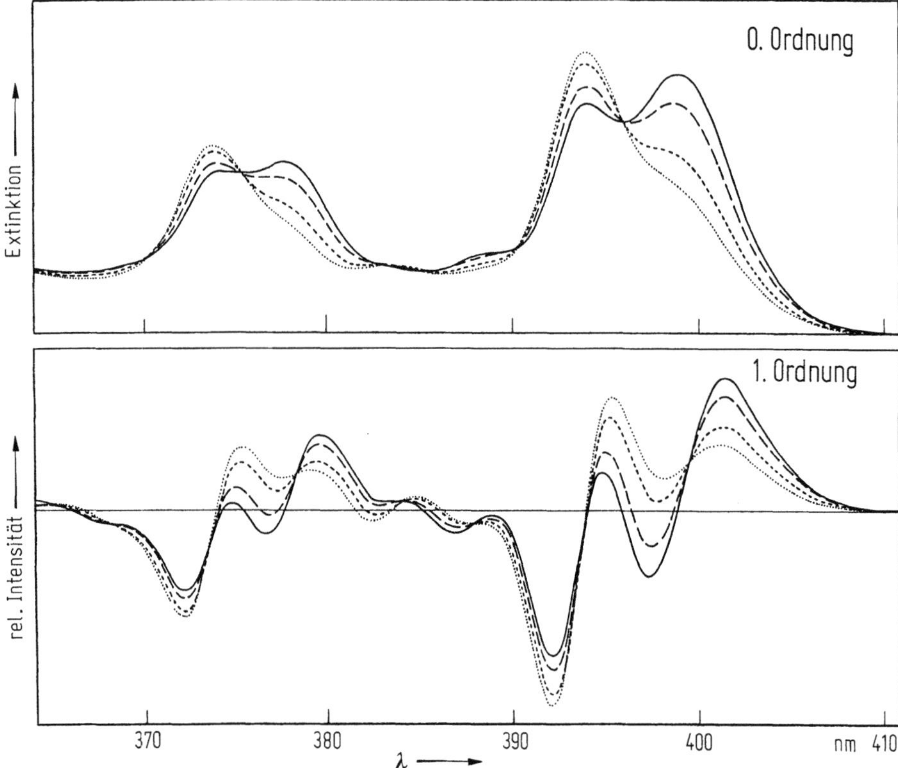

Abb. 29. 1,2,7,8-Dibenzacridin/4-Bromphenol in Toluol bei verschiedenen Temperaturen; Absorptionsspektren und Spektren 1. Ordnung; ——— 275 K, ——— 282 K, - - - - - 294 K, ·········
303 K

Als Beispiel für die Analyse einer trüben Lösung mit Hilfe der Derivativspektroskopie sei das System Wasser/Phenol angeführt. In trüben Lösungen, wie sie z.B. bei *Industrieabwässern* vorliegen, ist der Untergrund durch Streuabsorption stark angehoben, so daß eine quantitative Bestimmung des Phenols mit einem großen Fehler behaftet ist. Da dieser Untergrund aber einen kontinuierlichen Anstieg nach kleineren Wellenlängen hin aufweist, kann er durch $dA_s/d\lambda$ bzw. $d^2A_s/d\lambda^2$ fast völlig eliminiert werden (s. Gln. (51, 51a)), wie von Shibata u.a. gezeigt werden konnte [26, 27].

Wie hier dargestellt, wird auch an anderen Systemen, insbesondere auch bei Mehrkomponentenanalysen und Assoziationsgleichgewichten [20, 23] vorgegangen. Binäre Mischungen von Substanzen, deren Absorptionsspektren sich nur sehr wenig oder kaum unterscheiden, können anhand ihrer Derivativspektren nicht nur qualitativ, sondern auch quantitativ bestimmt werden, wie am System 2,4-Dichlorphenol und 2,4,6-Trichlorphenol gezeigt wurde [27].

Ein weiteres Beispiel für ein System, in dem sich zwei Komponenten nur wenig in ihren Absorptionsspektren unterscheiden, sind z.B. *H-Brückenassoziationsgleichgewichte* im UV-VIS-Spektralbereich. Der H-Brückenkomplex des 1,2,7,8-Dibenzacridins mit p-Bromphenol in n-Heptan ist in seinen Absorptionsspektrum $250\,cm^{-1}$ bathochrom verschoben gegenüber dem Spektrum der reinen Base in n-Heptan. Die Schwingungsstruktur bleibt im Komplex erhalten [23]. Betrachtet man in einem derartigen System die 1. Ableitungsspektren, wie in Abb. 29 schematisch dargestellt, so erkennt man, daß sehr leicht zwei Wellenlängen λ_1 und λ_2 zu finden sind, bei denen die freie Base nicht durch den Komplex (λ_1) und der Komplex nicht durch die freie Base (λ_2) unterlagert sind, was bei den Spektren 0. Ordnung stets zutrifft [23]. Infolgedessen kann in einem Gleichgewichtsgemisch die Konzentration der nicht komplexierten Base an der analytischen Position λ_1 aus einer entsprechenden Eichgeraden ohne Schwierigkeiten ermittelt werden.

Zahlreiche Beispiele zeigen, daß sich ein großer Anwendungsbereich in der Umweltanalytik, der Lebensmittelchemie, der klinischen Chemie, der physiologischen Chemie und der Biochemie anbietet [15, 17, 18, 21, 28, 29, 30, 31].

5.3 Reflexionsspektroskopie

Das Bouguer-Lambert-Beersche Gesetz setzt Proben voraus, bei denen keine Verluste der Lichtintensität durch Streu- und Reflexionsvorgänge auftreten. Bei molekulardispersen Systemen sind die Streuverluste durch die Teilchen so gering, daß sie weit unterhalb der photometrischen Genauigkeit liegen, während die Reflexionsverluste, die an jeder Phasengrenze auftreten, durch die Meßmethodik mit einer Vergleichsküvette praktisch eliminiert werden. Anders ist die Situation bei stark streuenden oder lichtundurchlässigen Probekörpern, da hier das auftreffende Licht diffus reflektiert wird. Das Reflexionsvermögen hängt nun aber auch von dem Absorptionsvermögen des Körpers ab. Auf dieser Tatsache beruht schließlich das Erkennen eines farbigen Körpers, da die jeweilige Komplementärfarbe an der Oberfläche und im Inneren des Körpers absorbiert wird, d.h., der Remissionsgrad hängt von der Wellenlänge des einfallenden Lichtes ab.

Da die diffuse Reflexion durch Einfach- und Mehrfachstreuung an der Oberfläche und im Inneren eines Festkörpers hervorgerufen wird, kann das Remissionsvermögen eines Körpers in erster Näherung als eine Funktion des Absorptionskoeffizienten (β in cm^{-1}) und Streukoeffizienten (s in cm^{-1}) dargestellt werden. Diese *Zweikonstanten-Theorie* führte zu der theoretischen Behandlung dieses Problems durch Kubelka und Munk [32]. Eine Darstellung der Grundlagen und Anwendungen verdanken wir Kortüm [33].

Bei der Reflexionsspektroskopie tritt an die Stelle des Bouguer-Lambert-Beerschen Gesetzes die Kubelka-Munk-Funktion $F(R_\infty)$, die einen Zusammenhang zwischen *diffusem Reflexionsvermögen* R_∞, dem Absorptionskoeffizienten $K = 2\beta$ (cm^{-1}) und dem Streukoeffizienten $S = 2s$ (cm^{-1}) der Probe herstellt:

$$F(R_\infty) = \frac{(1 - R_\infty)^2}{2\,R_\infty} = \frac{K}{S}. \tag{52}$$

R_∞ bedeutet im Rahmen der Theorie, daß die Probendicke gegen $d = \infty$ geht und gleichzeitig die Reflexion des Untergrundes $R_g = 0$ wird. Der Faktor Zwei im Absorptions- und Streukoeffizienten, K und S, wie diese im Rahmen der Kubelka-Munk-Theorie definiert sind, rührt daher, daß der Strahlungsfluß des eingestrahlten und gestreuten Lichts jeweils in beiden Richtungen der Probe berücksichtigt werden muß [34].

Der Streukoeffizient S und Absorptionskoeffizient K ergeben sich für eine endliche Schichtdicke d zu:

$$S = \frac{2,303}{d} \cdot \frac{R_\infty}{2 - R_\infty^2} \cdot \log \frac{R_\infty(1 - R_0 \cdot R_\infty)}{R_\infty - R_0}, \tag{53}$$

$$K = \frac{2,303}{2d} \cdot \frac{1 - R_\infty}{1 + R_\infty} \cdot \log \frac{R_\infty(1 - R_0 \cdot R_\infty)}{R_\infty - R_0}. \tag{54}$$

In diesen Gleichungen bedeutet R_0 das diffuse Reflexionsvermögen einer Probe vor einem ideal schwarzen, nicht reflektierenden Untergrund, bei dem wie für $d = \infty$ die Reflexion des Untergrundes R_g gleich Null ist. Aus den Gln. (53) und (54) erhält man unmittelbar wieder die Kubelka-Munk-Funktion, Gl. (52).

Den Zusammenhang zwischen dem diffusiven Reflexionsvermögen für die verschiedenen Fälle

R_g: Reflexion des Untergrundes für $d = 0$,
R: Reflexion der Probe   für $d > 0$,
R_∞: Reflexion der Probe   für $d = \infty$,
R_0: Reflexion bei einem ideal schwarzen, nicht reflektierenden Untergrund,

gibt Gl. (55):

$$R_0 = \frac{R_\infty(R_g - R)}{R_g - R_\infty(1 - R_g R_\infty + R_g R)}. \tag{55}$$

Mit $d = \infty$ wird dann wegen $R_g = 0$ und $R = R_\infty$, $R_0 = R_\infty$.

Das Verhältnis $R_0/R\,(R_g)$ wird in der Praxis häufig zur Charakterisierung einer diffus reflektierenden Schicht benutzt, das je nach Reflexionsvermögen R_g des Untergrundes verschiedene Werte annehmen kann.

Bei $R_g = 1$, einem *ideal* weißen Untergrund, bezeichnet man $R_0/R\,(R_g = 1)$ als ideales *Kontrastverhältnis,* das praktisch nicht gemessen werden kann, weil $R_g = 1$ nicht realisiert werden kann. Man benutzt daher i. allg. das Verhältnis $R_0/R\,(R_g = 0{,}98)$, wobei als weißer Untergrund frisch aufgerauchtes MgO oder TiO_2 verwendet wird.

Da auch die für die Anwendung der Reflexionsspektroskopie wichtige Größe R_∞ mit den üblichen Geräten nicht absolut gemessen werden kann, wird auch die diffuse Reflexion R_∞ stets auf einen Weißstandard als Vergleichsstandard bezogen, d. h. als relative Größe R'_∞ erhalten:

$$R'_\infty = \frac{R_{Probe}}{R_{Standard}} \, . \tag{56}$$

Wäre das absolute Reflexionsvermögen ϱ des Weißstandards $R_{St.} = \varrho = 1$, so wären das absolute und relative Reflexionsvermögen der Probe einander gleich. Es ist aber kein Weißstandard bekannt, der diese Eigenschaft über den gesamten interessierenden Spektralbereich (UV-VIS-NIR) aufweist.

Zur Ermittlung von R_{Probe} muß daher das absolute Reflexionsvermögen R_∞ des Standards bekannt sein.

Wegen seiner leichten Herstellung unter definierten Bedingungen hat sich *aufgerauchtes MgO* in der Praxis bisher am besten bewährt. Aus diesem Grunde sind zahlreiche Messungen zur Bestimmung des absoluten Reflexionsvermögens ϱ von MgO in Abhängigkeit von der Wellenlänge durchgeführt worden. Im sichtbaren Spektralbereich liegen die ϱ-Werte bei 0,983 ($\lambda = 420\,\text{nm}$) und 0,986 ($\lambda = 680\,\text{nm}$) mit einem Maximalwert von 0,988 ($\lambda = 620\,\text{nm}$) [35]. Von Kortüm und Mitarbeitern wurde für häufig benutzte Weißstandards, die für spezielle physikalisch-chemische Anwendungen von Interesse sind, das absolute Reflexionsvermögen bestimmt [36]. Neben MgO wurden in UV-VIS und nahem IR vermessen:

Li_2CO_3; NaF; NaCl; $MgSO_4$; $BaSO_4$; Aerosil; Al_2O_3, SiO_2 und Glucose.

Die Ergebnisse zeigen, daß das absolute Reflexionsvermögen der Stoffe zum UV hin stark abnimmt [33]. Das gilt auch für das nahe IR. Eine Ausnahme ist das Aerosil, das auch oberhalb $30000\,\text{cm}^{-1}$ noch Werte zwischen $0{,}90 \leq \varrho \leq 0{,}99$ aufweist.

Eine der Methoden, um absolute Reflexionsgrade ϱ zu bestimmen beruht auf der Anwendung der Gl. (55). Führt man in diese Gleichung Relativwerte ein, die auf den gleichen Weißstandard bezogen sind, also

$$R' = \frac{R}{\varrho}, \quad R'_g = \frac{R_g}{\varrho}, \quad R'_0 = \frac{R_0}{\varrho} \quad \text{und} \quad R'_\infty = \frac{R_\infty}{\varrho},$$

so erhält man aus Gl. (55) einen Ausdruck, der nach ϱ aufgelöst werden kann, so daß das absolute Reflexionsvermögen des Standards aus Relativmessungen zugänglich ist [37]. Die gebräuchlichste Methode beruht auf der Anwendung der Theorie der Taylor-Kugel, die Kortüm [33] ausführlich beschrieben hat. Dort wird auch auf andere Methoden eingegangen.

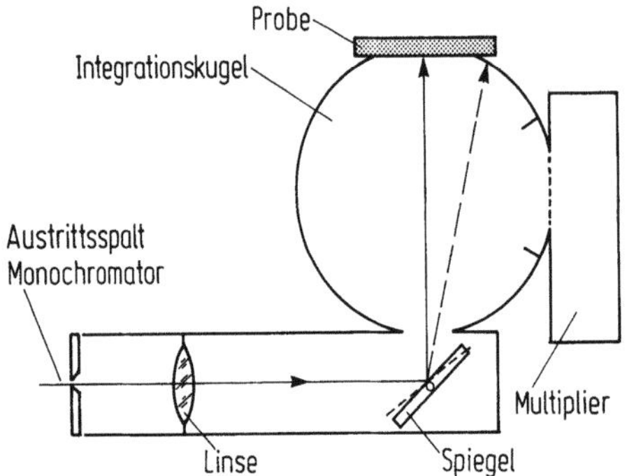

Abb. 30. Integrationskugelzusatz für ein Einstrahl-Spektralphotometer, z. B. Zeiss, PMQ III

Gleichung (56), mit der das relative diffuse Reflexionsvermögen einer Probe definiert ist, hat formal Ähnlichkeit mit der Definition der Durchlässigkeit bei normalen Absorptionsmessungen. Während man dort die geschwächte Intensität I nach Probendurchtritt auf die ungeschwächte Intensität I_0 nach Durchtritt durch eine Vergleichsküvette bezieht, bezieht man bei der Reflexionsspektroskopie immer auf das diffuse Reflexionsvermögen eines Weißstandards, woraus sich im Prinzip der Aufbau von Reflexionszusätzen zu den meisten Spektralphotometern und die Meßmethodik selbst ergeben.

Wesentlicher Bestandteil eines sogenannten Remissionszusatzes ist eine *Photometerkugel*, die inwendig mit MgO oder $BaSO_4$ beschichtet ist, und der die Aufgabe zukommt, das diffus reflektierte Licht von Probe und Standard zu integrieren, weshalb ein derartiger Zusatz auch als Integrationskugelzusatz für diffuse Reflexion bezeichnet wird.

In Abb. 30 ist ein Integrationskugelzusatz für die Messung im Einstrahlbetrieb schematisch wiedergegeben. Das aus dem Austrittsspalt des Monochromators austretende Licht wird über Linse und Umlenkspiegel auf der Probe abgebildet. Das von der Probe diffus reflektierte Licht wird in der Kugel gesammelt und gelangt auf den Multiplier. Das gemessene Signal ist dem diffusen Reflexionsvermögen der Probe proportional.

Verdreht man bei einer zweiten Messung den Spiegel um einen kleinen Betrag (gestrichelt), so fällt das Licht auf eine Stelle der Innenwand der Integrationskugel, die zugleich als Weißstandard dient, so daß das diffus reflektierte Licht das Signal des Standards liefert. Bildet man das Verhältnis der beiden Signale, so erhält man unmittelbar das relative diffuse Reflexionsvermögen R'_∞ der Probe bei der eingestellten Wellenlänge λ. Eine derartige Meßgeometrie wird $_0R_d$ genannt:

unterer linker Index: *Null*-Grad-Einstrahlung,
unterer rechter Index: Reflexion *diffus* gemessen.

Oft ist es jedoch besser, mit einem verschiebbaren Probenhalter zu arbeiten, der es ermöglicht, Probe und Standard nacheinander in die gleiche Position zu bringen (der Spiegel wird dann nicht verändert).

Die in Abb. 30 skizzierte Meßanordnung kann man auch umkehren, d. h. diffus mit weißem Licht bestrahlen und das von der Probe reflektierte Licht auf dem Eintrittsspalt des Monochromators abbilden, dem entspräche die Meßgeometrie $_dR_0$. Man erreicht dies sehr einfach dadurch, daß in Abb. 30 an Stelle des Multipliers eine kontinuierliche Lichtquelle angebracht wird. Durch Abschirmblenden muß dabei sichergestellt werden, daß kein direktes Licht der Lichtquelle auf Probe und Standard

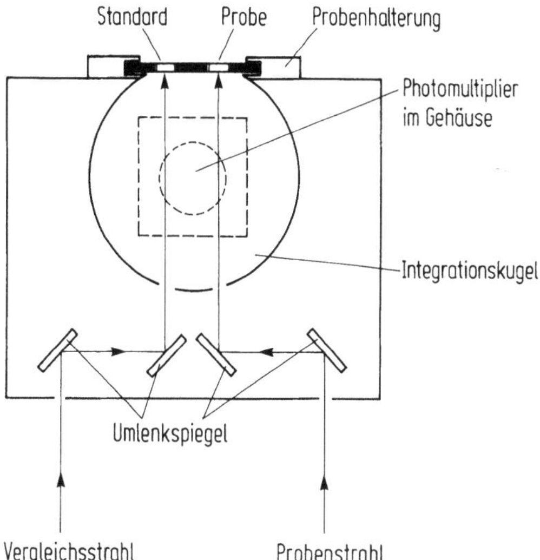

Abb. 31. Integrationskugelzusatz für ein Zweistrahl-Spektralphotometer, z. B. Perkin-Elmer, Mod. 555

fällt. Bei Einstrahlphotometern in Systembauweise, wie z. B. dem PMQ III der Firma Zeiss, ist der vertauschbare Aufbau ohne Schwierigkeiten möglich. Auch bei Spektralphotometern, die zu einem Fluoreszenzspektralphotometer umrüstbar oder ergänzbar sind, sollte die Meßgeometrie $_d R_0$ realisierbar sein, da die Messung eines Reflexionsspektrums dann der Aufnahme eines Fluoreszenzspektrums entspricht.

Abbildung 31 zeigt schematisch den Strahlengang für ein Zweistrahlphotometer mit Integrationskugelzusatz (vereinfachte Wiedergabe des Strahlenganges im Zusatz zu den Spektralphotometern der 55X-Serie der Firma Perkin-Elmer). Das Zusatzgerät ist mit einem Festprobenhalter und einem Küvettenhalter ausgestattet. Der Festprobenhalter kann Proben aufnehmen von den Mindestabmessungen 12 mm × 22 mm bis zu maximal 40 mm × 40 mm und 6 mm Stärke. Auch bei diesem Zusatz liegt die Meßgeometrie $_0 R_d$ vor.

Der Multiplier befindet sich (gestrichelt eingezeichnet) senkrecht oberhalb der gerichteten Strahlengänge auf der Kugeloberfläche. Mit diesem Zusatz und evtl. Ergänzungen können auch Messungen nach der Transmissionsmethode an trüben Lösungen und mit transparenten Festkörpern vorgenommen werden.

Die Kubelka-Munk-Funktion, G. (52), gilt nur für diffuse Reflexion. Sobald Anteile einer regulären Reflexion vorliegen, können erhebliche Abweichungen auftreten. Man kann diesen Anteil ausscheiden, indem man die sogenannte *Verdünnungsmethode* anwendet: Man verdünnt den zu untersuchenden pulverförmigen Stoff mit einem indifferenten, nicht absorbierenden festen Standard (MgO, $NaCl$, $BaSO_4$, SiO_2, TiO_2 u. a.) in so großem Überschuß, daß der reguläre Anteil der Remission bei der relativen Messung gegen den gleichen reinen Standard innerhalb der Meßgenauigkeit der Methode herausfällt [38]. Die feine Verteilung erreicht man durch Zerreiben der Probe oder durch Zermahlen in einer Kugelmühle. Man erhält hierbei entweder eine einfache homogene Mischung der Kristallite oder die Probe wird molekulardispers an der Oberfläche des Standards adsorbiert, was in der Regel der Fall ist, wenn man organisch feste Stoffe mit anorganischen Standards vermahlt. In derartigen Fällen mißt man daher das Reflexionsspektrum des adsorbierten Stoffes. Diese Fälle sind für die Praxis von besonderem Interesse, und es konnte gezeigt werden, daß der Absorptionskoeffizient K in Gl. (52) der Konzentration des Adsorbats proportional ist [39]. Das bedeutet aber, daß der Streukoeffizient für Verdünnungsreihen mit dem gleichen Standard konstant ist und somit die Kubelka-Munk-Funktion nur noch vom Absorptionskoeffi-

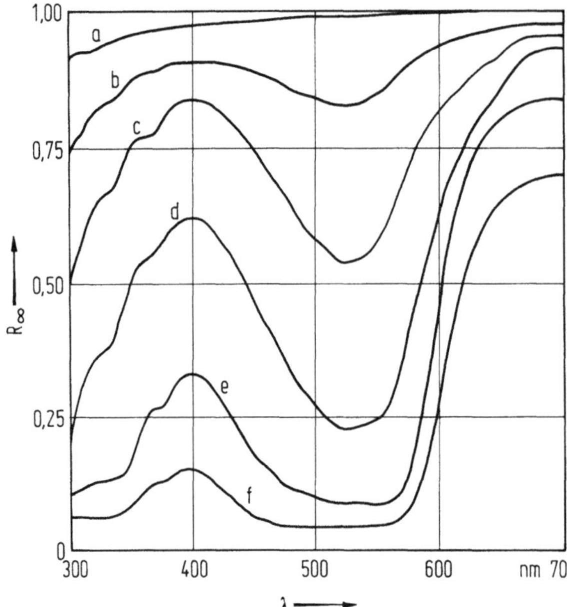

Abb. 32. Reflexionsspektren einer Verdünnungsreihe mit MgO für einen organischen Pigmentfarbstoff (Hostapermrot E3B). *a* MgO, *b* Pigment/mgO = 1 : 1000, *c* 1:100, *d* 1:10, *e* 1:1, *f* Vollton-Pigment

zienten abhängt, der dann als Produkt von molaren dekadischen Extinktionskoeffizienten ε und Konzentration c angegeben werden kann. Aus Gl. (52) wird somit:

$$F(R_\infty) \cong \frac{\varepsilon \cdot c}{S}$$

bzw.

$$\log F(R_\infty)_\lambda = \log \varepsilon + C, \tag{57}$$

$$C = \log \frac{c}{s} = \log c + \text{const.}$$

Dieser Zusammenhang konnte an vielen Systemen bestätigt werden und gestattete die vielfältigen Anwendungsmöglichkeiten der Reflexionsspektroskopie. Gleichung (57) entspricht dem Lambert-Beerschen Gesetz bei Messungen im Durchlicht. Bei beiden Gesetzen handelt es sich um Grenzgebiete für hohe Verdünnungen. Da die Kubelka-Munk-Funktion von der Wellenzahl abhängt, gibt die Darstellung von $\log F(R_\infty)$ als Funktion der Wellenzahl das Absorptionsspektrum in Form einer *typischen Farbkurve* wieder, die durch Parallelverschiebung der Ordinate mit dem wahren, im Durchlicht gemessenen Absorptionsspektrum zusammenfällt. Dieser einfache Zusammenhang zwischen typischer Farbkurve im Reflexionsspektrum und dem tatsächlichen Spektrum ist nur dann gegeben, wenn der Streukoeffizient von der Wellenlänge unabhängig ist und der Standard keine Eigenabsorption aufweist.

In Abb. 32 sind als typisches Beispiel die Reflexionsspektren eines *organischen Pigmentfarbstoffes* nach der Verdünnungsmethode wiedergegeben. Bei diesem organischen Pigmentfarbstoff liegt ein hoher Absorptionskoeffizient vor. Dies hat zur Folge, daß im Reflexionsspektrum des reinen (unverdünnten) Pigmentes keine spektrale

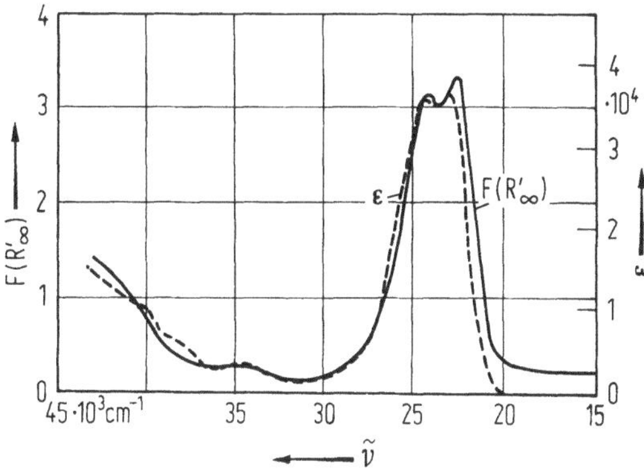

Abb. 33. Reflexionsspektrum (——) von Trichlormethan absorbiert am SiO_2/Al_2O_3 und Absorptionsspektrum in H_2SO_4 (---)

Information zu erkennen ist. Erst bei Verdünnen des Pigmentes mit MgO tritt die charakteristische Absorptionskurve deutlich hervor (vgl. Abb. 32). Dies Beispiel für einen Feststoff mit einem hohen Absorptionskoeffizienten zeigt zugleich, daß es mit Hilfe der Reflexionsspektroskopie oft nicht möglich ist, das Absorptionsvermögen von reinen Farbstoffen zu bestimmen.

Trägt man nach Gl. (57) $\log F(R'_\infty)$ gegen den Logarithmus der Konzentration (Verdünnung) bzw. $F(R'_\infty)$ gegen die Konzentration auf, so erhält man einen linearen Zusammenhang (s. Beispiele in [33]).

Unter den Anwendungsmöglichkeiten der Reflexionsspektroskopie sind diejenigen von besonderem Interesse, die sich sonst nur schwierig oder überhaupt nicht lösen lassen. Hierher gehören die Spektren unlöslicher Stoffe bzw. solcher Stoffe, die sich beim Lösen verändern, Spektren adsorbierter Stoffe, kinetische Messungen, Spektren von Kristallpulvern, dynamische Reflexionsspektroskopie, analytisch-photometrische Messungen sowie Farbmessung und Farbanpassung [33]. Die Anwendung auf analytische Aufgaben, insbes. Umweltprobleme haben Frei und McNeil beschrieben [40].

Ein interessantes Beispiel ist in Abb. 33 nach Untersuchungen von Kortüm und Friz gegeben [41]. Die Abbildung gibt das Reflexionsspektrum des Triphenyl-chlorme-thans adsorbiert an einem SiO_2-Al_2O_3-Crack-Katalysator wieder. Der Vergleich mit dem Absorptionsspektrum des Triphenyl-chlormethans in konzentriertem H_2SO_4 zeigt, daß die Adsorption dieser Verbindung an einer sauren Oxidoberfläche zum Triphenylmethyl-Kation führt. Analoges gilt für Benzylchlorid und Diphenylmethyl-chlorid. An basischen Oxidoberflächen, wie MgO, führt die Absorption ebenfalls zum Triphenylmethyl-Kation, das dann an der Oberfläche weiterreagiert. Das Beispiel zeigt eindrucksvoll die Möglichkeit, die Reflexionsspektroskopie bei der Untersuchung der heterogenen Katalyse einzusetzen.

Eine analytische Anwendung hat sich bei der quantitativen Photometrie von Dünnschicht-Chromatogrammen aufgetan. Hier sind in den letzten Jahren Geräte entwickelt worden, die eine routinemäßige Analyse gestatten. Eine Übersicht gibt Hezel [42, 43]. Für die Jahre 1966–1977 hat die Firma Carl Zeiss ein ausführliches Literaturverzeichnis herausgegeben [44].

5.4 Photo-Akustik-Spektroskopie

5.4.1 Grundlagen der PAS

Der Photoakustische Effekt (PAE) und die sich daraus ableitende Photo-Akustik-Spektroskopie (PAS) wurden bereits 1880/81 von *Alexander Graham Bell* an Festkörpern entdeckt [45]. Etwa zur gleichen Zeit beobachteten *Tyndall* und *Röntgen* den Effekt an Gasen [46, 47]. Nach Bell ist ein Absorptionsprozeß der primäre Schritt für die Erzeugung des PA-Effektes. Beobachtet wird ein akustisches Signal, d.h. eine Schallwelle. Wir haben es mit der Umwandlung von absorbierter Lichtenergie in mechanische Energie zu tun.

Die Erklärung hierfür bietet das Termschema in Abb. 34. Primär handelt es sich bei der Wechselwirkung eines Moleküls mit elektromagnetischer Strahlung um eine Absorption, die in 10^{-15}–10^{-14} s zu Anregung in die Zustände S_1, S_2 ... S_n einschließlich der überlagerten Schwingungszustände führt. Von den höheren Singulett-Zuständen S_2, ... S_n folgt innerhalb von 10^{-13}–10^{-12} s eine strahlungslose Desaktivierung nach S_1, wobei die vorher in S_2, ... S_n gespeicherte Anregungsenergie durch Schwingungsrelaxationsvorgänge als Wärme abgegeben wird *(internal conversion)*. Nach 10^{-9}–10^{-8} s wird auch der S_1-Zustand desaktiviert, was auf zwei Wegen geschehen kann:

1. durch Fluoreszenz und
2. strahlungslos durch Umwandlung der Anregungsenergie $S_0 \rightarrow S_1$ in Wärme (internal conversion).

Wenn man nun Licht einer bestimmten Modulationsfrequenz in ein derart abgeschlossenes System einstrahlt, so wird unter der Voraussetzung, daß die Modulationsfrequenz klein ist gegen die Geschwindigkeit der Desaktivierungsprozesse, die Wärmeproduktion durch die strahlungslosen Prozesse periodisch der Modulationsfrequenz folgen.

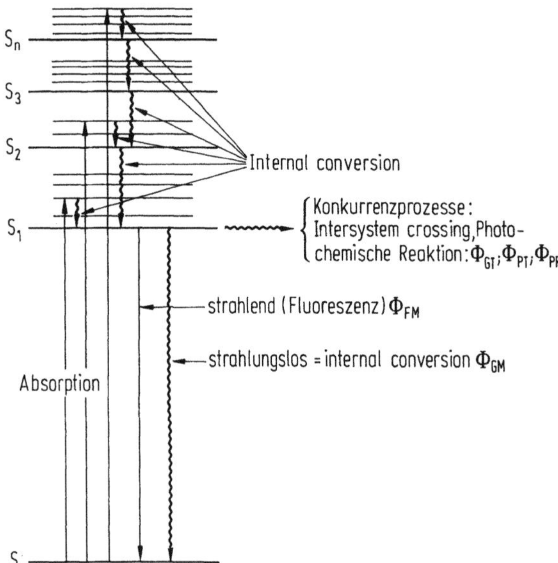

Abb. 34. Singulett-Termschema der Primärprozesse nach der Elektronenanregung (Erläuterung s. Text)

Bei einem Gas würde sich in einem abgeschlossenen System (V = const) der Druck des Gases periodisch ändern. Die erzeugte Druckwelle entspricht aber einer Schallwelle! Bringt man an einer der Wände der Zelle ein Mikrophon an, so kann man dieses akustische Signal direkt registrieren.

Bei kondensierten Proben – Flüssigkeiten, Lösungen und Festkörpern – liegen kompliziertere Verhältnisse vor, vgl. Abb. 35. In einer Seitenwand der Festkörperzelle ist eine Bohrung zum Anschluß des Mikrophons. Wesentlich bleibt, daß sich über der Probe eine *Gasschicht* befindet. Über einen Umlenkspiegel wird mit der Frequenz f moduliertes Licht durch ein Quarzfenster eingestrahlt und von der Probe absorbiert. Danach folgen die beschriebenen Desaktivierungsvorgänge, in deren Verlauf sehr rasch die Wärme freigesetzt wird. Der lokalen Erwärmung im Inneren der Probe folgt eine Wärmediffusion zur Oberfläche der Probe hin. An der Phasengrenze Probe/Gas geht die *Wärmewelle* in das Gas über und wird zu einer Druckwelle, d. h. Schallwelle. Sie kann mit dem Mikrophon registriert werden. Eine derartige Anordnung bezeichnet man als *gasgekoppelte Photo-Akustik-Zelle.*

Da sich die Proben auf Unterlagen befinden, müssen die thermischen Eigenschaften von Unterlage und Probe sowie angekoppeltem Gas berücksichtigt werden.
Die theoretischen Überlegungen [48, 49] zeigen, daß die Wärmewelle nur eine dünne Gasgrenzschicht Probe/Gas anregt, die sich somit periodisch mit der Modulationsfrequenz $\omega = 2\pi f$ in ihrer Dicke ändert. Sie kann als beweglicher Kolben aufgefaßt werden, der die Druckwelle adiabatisch auf das restliche Gasvolumen überträgt.

Der Zusammenhang mit der Absorption des Lichtes wird in der PAS durch den Absorptionskoeffizienten β hergestellt:

$$A_{\tilde{v}} = \ln \frac{I_0}{I}\bigg|_{\tilde{v}} = 2{,}303 \cdot \varepsilon \cdot c \cdot d, \quad \beta = \frac{A_{\tilde{v}}}{d} = 2{,}303 \cdot \varepsilon \cdot c. \tag{58}$$

Der Absorptionskoeffizient besitzt die Dimension „cm^{-1}". Falls das gemessene PA-Signal (S^{PA}) dem Absorptionskoeffizienten β direkt proportional ist, kann man erwarten, daß die Auftragung von S^{PA} in Abhängigkeit von der Wellenlänge (Wellenzahl) ein *Photo-Akustik-Spektrum* ergibt, das dem bekannten Absorptionsspektrum entsprechen sollte.

In Wirklichkeit treten jedoch erhebliche Abweichungen auf, die aus Abb. 34 ersichtlich sind. Die Desaktivierung der höheren Anregungszustände $S_2, S_3 \ldots S_n$ erfolgt infolge der *Internal Conversion* i. allg. durch Umwandlung in Wärme auf den

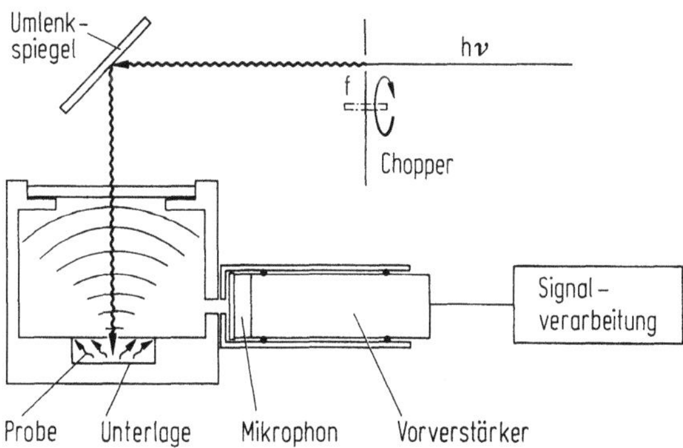

Abb. 35. Photo-Akustik-Festkörperzelle, schematisch

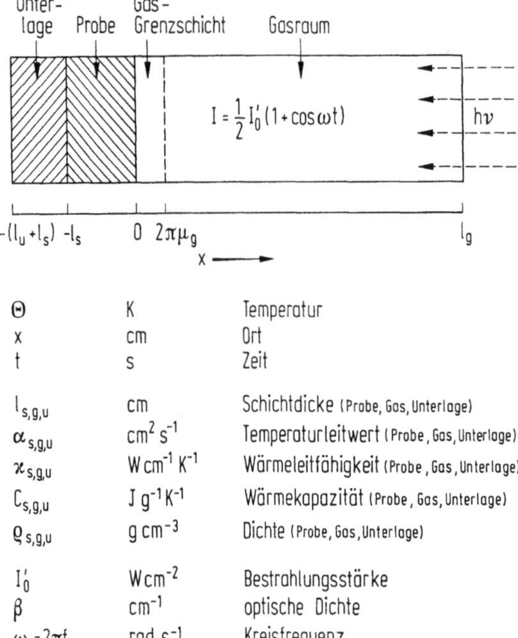

Θ	K	Temperatur
x	cm	Ort
t	s	Zeit
$l_{s,g,u}$	cm	Schichtdicke (Probe, Gas, Unterlage)
$\alpha_{s,g,u}$	$cm^2\,s^{-1}$	Temperaturleitwert (Probe, Gas, Unterlage)
$\varkappa_{s,g,u}$	$W\,cm^{-1}\,K^{-1}$	Wärmeleitfähigkeit (Probe, Gas, Unterlage)
$C_{s,g,u}$	$J\,g^{-1}\,K^{-1}$	Wärmekapazität (Probe, Gas, Unterlage)
$\varrho_{s,g,u}$	$g\,cm^{-3}$	Dichte (Probe, Gas, Unterlage)
I_0'	$W\,cm^{-2}$	Bestrahlungsstärke
β	cm^{-1}	optische Dichte
$\omega = 2\pi f$	$rad\,s^{-1}$	Kreisfrequenz

Abb. 36. Schematische Darstellung des Modells der Rosencwaig-Gersho-Theorie und Definition der Parameter

Zustand S_1, der eine vergleichsweise lange Lebensdauer gegenüber den Zuständen $S_2, S_3 \ldots S_n$ aufweist.

Von hier aus können mehrere Desaktivierungsmechanismen einsetzen, für die entsprechende Quantenausbeuten zu berücksichtigen sind:

1. strahlende Desaktivierung = Fluoreszenz Φ_{FM}
2. Intersystem Crossing zum Triplettzustand mit Φ_{ISC}
    a) strahlender Desaktivierung = Phosphoreszenz Φ_{PT}
    b) strahlungsloser Desaktivierung Φ_{GT}
3. photochemische Reaktion und Φ_{PR}
4. strahlungslose Desaktivierung $S_1 \rightarrow S_0$ Φ_{GM}

Die Prozesse, die für die PAS erwünscht sind, sind die Prozesse 2b) und 4. Alle anderen Desaktivierungsmechanismen sind Konkurrenzprozesse zur PAS und tragen nicht zum PA-Signal bei.

Bei Raumtemperatur kann man i.allg. davon ausgehen, daß die Prozesse 2. nicht auftreten, d.h. Φ_{ISC}, Φ_{PT} und $\Phi_{GT} = 0$. Untersucht man außerdem Systeme, bei denen unter den gegebenen Bedingungen keine photochemischen Reaktionen auftreten, so erhält man

$$\Phi_{GM} = 1 - \Phi_{FM}. \tag{59}$$

Da wir die Fluoreszenz sehr häufig nicht vernachlässigen können, stellt sie den wichtigsten Konkurrenzprozeß zum PA-Effekt dar. Andererseits bietet Gl.(59) aber auch die Möglichkeit einer absoluten Bestimmung von Fluoreszenz-Quantenausbeuten.

Für die Erzeugung eines PA-Signals in kondensierten Phasen haben Rosencwaig und Gersho eine Theorie entwickelt. Es wurde das in Abb. 36 skizzierte eindimensionale Modell zugrunde gelegt [48].

In einer zylindrischen PA-Zelle befindet sich eine optisch und thermisch homogene Probe der Schichtdicke l_s auf einer Unterlage der Dicke l_u. Diese wird mit sinusförmig moduliertem Licht bestrahlt.

Die in der Probe absorbierte Energie wird strahlungslos vollständig desaktiviert. Lichteinfall und Wärmeleitung in der Probe verlaufen nur senkrecht zur Probenoberfläche. Für die Absorption der elektromagnetischen Strahlung in der Probe gilt das Bouguer-Lambert-Beersche Gesetz. Unter Berücksichtigung der dadurch bedingten Wärmeverteilung ergeben sich die Wärmediffusionsgleichungen der Probe, Probenunterlage und Gasphase.

Obwohl mit Hilfe der vollständigen Lösung der R-G-Theorie [48, 49] bei Kenntnis aller optischen und thermischen Daten sowie der Bestrahlungsleistung eine theoretische Berechnung des PA-Signals möglich ist, hat sich für die Praxis der R-G-Theorie die Betrachtung von *Grenzfällen* als zweckmäßig erwiesen.

Hierfür definieren wir zunächst die optische Eindringtiefe l_β und die thermische Diffusionslänge μ:

$$l_\beta = \frac{1}{\beta} \quad \text{in cm und} \quad \mu_s = \sqrt{\frac{2\alpha_s}{\omega}} \quad \text{in cm.} \qquad (60a, b)$$

l_β ist der Kehrwert des Absorptionskoeffizienten. An der Stelle $l = l_\beta$ ist gemäß $I = I_0 e^{-\beta l_\beta}$ die Intensität I_0 auf den Wert $I = 0,37\, I_0$ abgefallen.

Die thermische Diffusionslänge μ_s hängt vom Temperaturleitwert und, was sehr wichtig ist, von der Modulationsfrequenz ab.

Unter Berücksichtigung der Schichtdicke der Probe l_s kann man unterscheiden:

1. optisch transparent $\qquad l_\beta > l_s$,
2. optisch undurchlässig $\qquad l_\beta < l_s$.

In beiden Fällen kann man ferner unterscheiden:

thermisch dünne Proben $\quad \mu_s > l_s$,
thermisch dicke Proben $\quad \mu_s < l_s$.

Von den möglichen Kombinationen verbleiben für die praktische Anwendung nur:

1. optisch transparent $\qquad l_\beta > l_s$ mit thermisch dick,
2. optisch opak $\qquad l_\beta < l_s$ mit thermisch dick,

wobei im Fall 2 noch unterschieden werden muß zwischen

2a) thermisch dick mit $\quad \mu_s > l_\beta$,
2b) thermisch dick mit $\quad \mu_s < l_\beta$.

Die Fälle 1 und 2b) liefern die gleiche Lösung für das PA-Signal

$$Q^{PA} = -i\, \frac{\mu_g I_0}{2} \frac{\mu_s}{\varkappa_s} (\beta\mu_s) \cdot B \qquad (61)$$

mit

$$B = \frac{\gamma P_0}{2\sqrt{2}\, T_0 V},$$

P_0: äußerer Druck, γ: $(C_p/C_v)_{Gas}$, T_0: äußere Temperatur, V_0: Volumen der PA-Zelle.

Der Fall 2a) liefert den Ausdruck:

$$Q = (1-i) \cdot \frac{\mu_g I_0}{2} \frac{\mu_s}{\varkappa_s} \cdot B. \tag{62}$$

Der Vergleich von (62) und (61) zeigt, daß in diesem Fall das photoakustische Signal von den optischen Eigenschaften der Probe unabhängig ist; es liegt eine *Signalsättigung* vor. Diese Fälle für thermisch dicke Proben kann man für beliebige optische Dichten zusammenfassen [50, 51]:

$$Q = \frac{\beta(r-1) I_0 \mu_g}{\varkappa_s(g+1)(\beta^2 - \sigma^2)} B. \tag{63}$$

Die Größen g, r und σ sind wie folgt definiert [48, 49]:

$$g = \frac{\varkappa_g \alpha_s}{\varkappa_s \alpha_g}, \quad \sigma = (1+i)\sqrt{\frac{\omega}{2\alpha_s}}, \quad r = (1-i)\frac{\beta}{2}\sqrt{\frac{2\alpha_s}{\omega}}.$$

Bei allen Gln. (61) bis (63) ist das Signal Q in *Druckeinheiten* (Pa) gegeben. Für die Anwendung muß Q in Volt umgerechnet werden, d. h., die Mikrophonempfindlichkeit S^M in mV/Pa muß bekannt sein:

$$S^{PA} = Q^{PA} \cdot S^M \quad \text{in mV.}$$

Alle Lösungen (61) bis (63) enthalten einen Realteil, der die Amplitude des PA-Signals (Intensität) wiedergibt, und einen Imaginärteil, der die Information über den Phasenwinkel ψ enthält. Wenn nur die Amplitude des PA-Signals berücksichtigt werden soll, so ergibt sich aus Gl. (63) und den Definitionen für g, r und σ folgender Zusammenhang zwischen dem intensitätskorrigierten PA-Signal und dem Absorptionskoeffizienten:

$$S^{PA} = \frac{\beta \left[\dfrac{\beta \mu_s}{F} - 1 \right]}{\beta^2 - \dfrac{2}{\mu_s^2}} F. \tag{64}$$

Der Faktor „F" enthält neben den in g, r und σ enthaltenen Parametern die Mikrophonempfindlichkeit (s. o.) und den konstanten Parameter B, siehe Gl. (61), sowie die Bestrahlungsintensität I_0.

F ist während der Aufnahme eines PA-Spektrums konstant. Wenn die thermische Diffusionslänge μ_s und der Absorptionskoeffizient β bei einer Wellenlänge bekannt sind, kann der Faktor F in Gl. (64) aus dem entsprechenden PA-Signal bestimmt werden. Dann kann man Gl. (64) dazu benutzen, den korrigierten PA-Signalen (willkürliche Einheiten) Absorptionskoeffizienten (cm^{-1}) zuzuordnen [52]. Dies führt, bedingt durch den Sättigungseffekt zu einer *nichtlinearen Skalierung* der Ordinate im Bereich größerer Absorptionskoeffizienten. Nur unter der Voraussetzung $\mu_s < 1/\beta = l_\beta$

besteht ein linearer Zusammenhang zwischen dem PA-Signal und dem Absorptionskoeffizienten (s. Gl. (61)). Gleichung (64) vereinfacht sich dann zu

$$S^{PA} = \frac{\beta \mu_s^2}{2} F. \tag{65}$$

Dies entspricht den Grenzfällen Gl. (61), wenn die dort auftretenden Konstanten oder konstantgehaltenen Parameter in F einbezogen werden.

McDonald und Wetsel erweiterten das von der R-G-Theorie benutzte Konzept des „thermischen Kolbens" [53]: Neben der durch die R-G-Theorie beschriebenen Wärmeleitung tragen akustische Wellen, die durch thermoelastische Effekte in der Probe ausgebildet werden, zum Signal bei (*Composite Piston* (CP)-Modell).

Eine Erweiterung der R-G-Theorie für stark lichtstreuende, thermisch dicke Proben wurde von Burggraf und Leyden [54] vorgeschlagen. Pelzl und Bein haben, ausgehend von der Kontinuumsmechanik, eine allgemeine Gleichung zur Beschreibung der akustischen Signalerzeugung für Festkörper abgeleitet, mit deren Hilfe die verschiedenen, hier skizzierten theoretischen Vorstellungen untersucht wurden [55].

Bei Fall 2a) hatten wir an Hand von Gl. (62) darauf hingewiesen, daß eine Signalsättigung vorliegt, d.h. daß das PA-Signal vom Absorptionskoeffizienten β des untersuchten Stoffes unabhängig ist. Das PA-Signal ist dann nur noch von der eingestrahlten Intensität I_0 abhängig. Da I_0 der Lichtquelle eine spektrale Intensitätsverteilung aufweist, würde das PA-Signal in Abhängigkeit von der Wellenlänge dann dem Spektrum der Lichtquelle entsprechen.

Ein Körper, der über einen weiten Spektralbereich das gesamte eindringende Licht vollständig absorbiert, d.h. also einen sehr großen β-Wert in diesem Bereich besitzt, kann als idealer schwarzer Körper angesehen werden. In der PAS kann man einen derartigen Körper durch einen *Kohlestandard* annähern, den man am einfachsten durch Berußen einer Glas- oder Quarzplatte herstellen kann. Das PA-Spektrum dieses Standards würde dann der Kombination Lampe + Monochromator entsprechen.

Den Sättigungseffekt bei einem *Schwarzstandard* kann man dazu ausnutzen, ein Referenzsignal bei PA-Messungen zu erzeugen, so daß z.B. das Signal einer beliebigen Probe bei jeweils der gleichen Wellenlänge auf die Bestrahlungsintensität I_0 bezogen werden kann. Diese Eigenschaft ist daher außerordentlich wichtig bei der Konstruktion eines Zweistrahl-PA-Spektralphotometers.

Für alle anderen Stoffe, die mit der PAS untersucht werden, stellt dagegen der Sättigungseffekt eine unerwünschte Erscheinung dar, die bei stark absorbierenden Systemen sehr häufig ist.

Aus den Bedingungen für den Grenzfall 2a) in Gl. (62) ersieht man, daß die thermische Diffusionslänge μ_s größer ist als die optische Eindringtiefe l_β, $\mu_s > l_\beta$. Sehr kleine Werte von l_β sind aber immer dann zu erwarten, wenn β sehr große Werte annimmt. Bei einem molaren dekadischen Extinktionskoeffizienten von $\varepsilon = 10^4 \, \mathrm{l \, mol^{-1} \, cm^{-1}}$ und einer mittleren Konzentration von $\sim 6 \, \mathrm{mol \, l^{-1}}$ im Festkörper würden wir mit einem Absorptionskoeffizienten $\beta = 6 \cdot 10^4 \, \mathrm{cm^{-1}}$ zu rechnen haben. Dem entspricht eine optische Weglänge von $l_\beta = 0{,}16 \, \mu\mathrm{m}$. Die thermische Diffusionslänge liegt bei einer Modulationsfrequenz von $100 \, \mathrm{Hz}$ aber im Bereich zwischen $1 \cdot 10^{-4} \, \mathrm{m}$ und $5 \cdot 10^{-5} \, \mathrm{m}$ ($100 - 50 \, \mu\mathrm{m}$) [56], d.h., die Bedingung für Signalsättigung $\mu_s > l_\beta$ ist gegeben.

Da Extinktionskoeffizienten von $10^4 \leq \varepsilon \leq 5 \cdot 10^4 \, \mathrm{mol}^{-1} \, \mathrm{cm}^{-1}$ bei vielen anorganischen, besonders aber organischen Verbindungen sehr häufig sind, muß bei Untersuchungen an Festkörpern stets mit diesem Effekt gerechnet werden. Allerdings bietet die PAS selbst eine Möglichkeit, den Sättigungseffekt zu eliminieren [57]. Nach Gl.(60b) ist die thermische Diffusionslänge der Wurzel aus der Modulationsfrequenz ω umgekehrt proportional ($\omega = 2\pi f$). Erhöht man die Modulationsfrequenz ω, so nimmt die thermische Diffusionslänge μ_s ab. Durch Variation von ω kann man daher erreichen, daß schließlich $\mu_s < l_\beta$ wird, d.h., wir kommen vom Fall 2a) zum Grenzfall 2b), wo nach Gl.(61) das PA-Signal wieder linear vom Absorptionskoeffizienten β abhängt.

Abbildung 37 zeigt das Schema eines Zweistrahl-PA-Spektralphotometers mit Computersteuerung. Der optische Teil mit Lichtquelle (Xenon-Höchstdruck-Lampe XBO 450 W/1, Firma Osram) und Monochromator entspricht der Anordnung bei der konventionellen Absorptionsspektroskopie. An die Stelle des Photomultipliers treten jeweils für Referenz-(PA_R) und Meßzelle (PA_s) fest angekoppelte Mikrophone, z.B. Kondensatormikrophone.

Der Aufbau eines Zweistrahl-PA-Spektralphotometers ohne Rechner ist bereits früher beschrieben worden [58]. An Stelle des ADC tritt dann ein Ratiometer, dessen Ausgang direkt an einen Kompensationsschreiber angeschlossen ist.

Die benutzte gasgekoppelte PA-Meßzelle stellt einen Helmholtz-Resonator dar und besitzt deshalb bei einer bestimmten Resonanzfrequenz ihre höchste Empfindlichkeit [59]. Um die Vorteile der PA-Spektroskopie ausnutzen zu können, sollte diese Resonanzfrequenz möglichst hoch liegen, damit Messungen mit variabler Chopperfrequenz in einem weiten Bereich möglich sind. Man erreicht dies durch einen kurzen Abstand der Mikrophonmembran zum Gasvolumen. Das Gesamtvolumen der Meßzelle soll möglichst kleingehalten werden (1–$2 \, \mathrm{cm}^3$). Zellen mit diesen Abmessungen zeigen Resonanzfrequenzen im Bereich von 2000–4000 Hz, so daß ein weiter Bereich von $\sim 2 \, \mathrm{Hz}$ ab für die PA-Untersuchungen zur Verfügung steht.

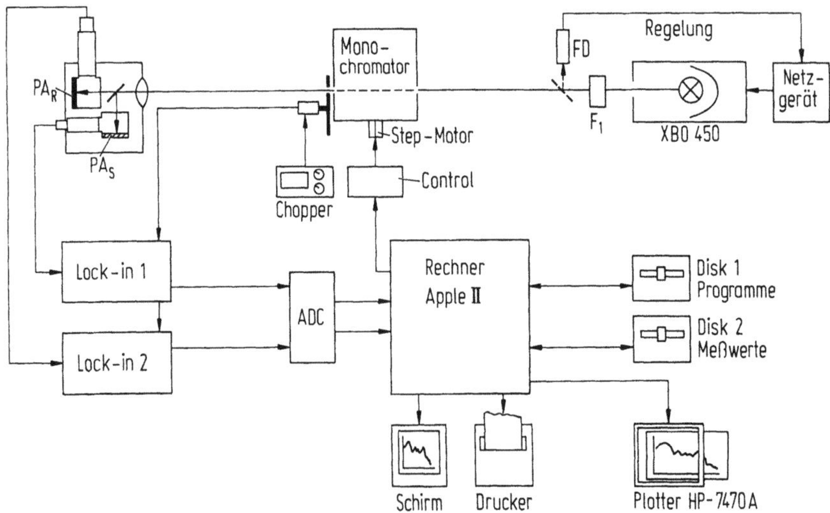

Abb. 37. Aufbauschema eines Photo-Akustik-Zweistrahl-Spektralphotometers mit Computersteuerung

5.4.2 Anwendungen der PAS

Eine umfangreiche Darstellung der vielseitigen PAS-Anwendungsmöglichkeiten in der Physik, Technischen Physik, Chemie, Physikalischen Chemie und Analytischen Chemie sowie der Biologie, Biochemie und der Medizin gibt Rosencwaig [60]. Grundlagen und Anwendungen der PAS an Gasen, Flüssigkeiten und Festkörpern werden auch in dem Buch „Optoacoustic Spectroscopy and Detection" dargestellt [61]. Die Beispiele zeigen, daß die PAS eine vielseitig einsetzbare Methode darstellt, lassen aber, besonders in den älteren Arbeiten, eine Kritik an der Leistungsfähigkeit dieser Methode speziell im Vergleich zu anderen spektroskopischen Methoden im UV-VIS und IR vermissen. Anwendungen der PAS sollten sich daher auf Fragestellungen beziehen, bei denen konventionelle spektroskopische Methoden nicht eingesetzt werden können, oder aber die PAS eine echte Ergänzung darstellt, z.B. bei der Kombination der PAS mit der Lumineszenzspektroskopie und der diffusen Reflexions-spektroskopie.

Die R-G-Theorie ist abgeleitet für eine homogene und isotrope kondensierte Phase. Infolgedessen kann man, wenn man die Gültigkeit dieser Theorie voraussetzt, nur dann eine Bestätigung der theoretischen Beziehungen erwarten, wenn homogene und isotrope Festkörper bei der Untersuchung vorliegen. Ein ideales System für PA-Untersuchungen stellen daher z.B. amorphe Gläser dar, etwa Filtergläser. Auf Grund ihrer unterschiedlichen Transmissionswerte im nahen UV, Sichtbaren und nahen IR bieten sie außerdem die Möglichkeit, den Übergang von optisch transparenten zu optisch opaken Proben zu studieren.

In Abb. 38 ist das PA-Spektrum eines *dünnen Filterglases* BG 12 der Firma Schott bei einer Modulationsfrequenz von $105\,s^{-1}$ wiedergegeben [52]. Die Durchlässigkeit dieses Filterglases wurde bei $\lambda = 500\,nm$ (Stützpunkt: in der Kurve mit Kreis eingezeichnet) spektralphotometrisch bestimmt. Der Absorptionskoeffizient beträgt hier $\beta = 16\,cm^{-1}$. Bestimmt man bei der gleichen Wellenlänge das PA-Signal, so kann man aus Gl. (64) den konstanten Faktor F berechnen und bei Kenntnis des Temperaturleitwertes α_s die gemessenen PA-Signale bei jeder Wellenlänge für die vorgegebene Modulationsfrequenz in die entsprechenden β-Werte umrechnen, die dann als Ordinate gegen die Wellenlänge aufgetragen werden können. Als Temperatur-

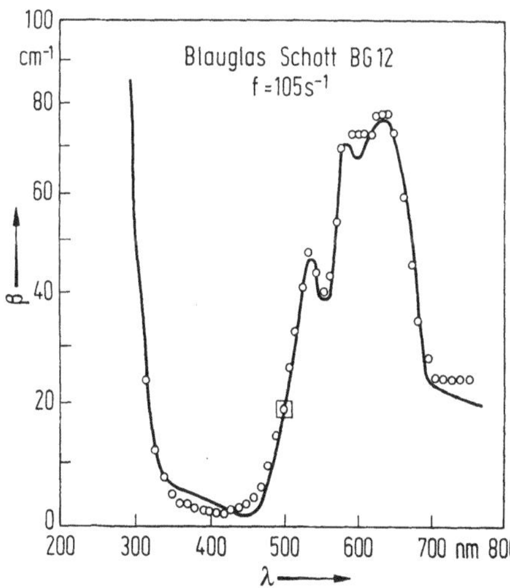

Abb. 38. Photo-Akustik-Spektrum des Filterglases BG12

leitwert wurde der des Neutralglases NG 1 benutzt ($\alpha_s = 5{,}07 \cdot 10^{-3}\,\text{cm}^2\,\text{s}^{-1}$) [62].

Bei einem Filter der Schichtdicke $> 3\,\text{mm}$ sind praktisch spektralphotometrische Messungen nur für $\beta < 20\,\text{cm}^{-1}$ möglich. Die vollständige Durchlässigkeitskurve dieses Filters für $d = 1\,\text{mm}$ ist vom Hersteller tabelliert [63]. Daraus berechnete β-Werte für die vermessene Schichtdicke sind als Kreuze eingetragen. Das Beispiel zeigt, daß das derart nach Gl. (64) umgerechnete PA-Spektrum in allen Einzelheiten mit dem aus Transmissionsmessungen berechneten Spektrum (β-Werten) übereinstimmt.

Ein Filterglas mit β-Werten $> 50\,\text{cm}^{-1}$ kann man bereits als opak bezeichnen, so daß in diesem Fall die PAS der konventionellen Spektroskopie überlegen ist. Weitere Untersuchungen wurden an den Filtergläsern NG 1 und RG 1000 durchgeführt [52].

Bei der Untersuchung von Proben, die in der Richtung des eingestrahlten Lichtes nicht homogen sind, zeigen die PA-Spektren eine deutliche Abhängigkeit von der Modulationsfrequenz [64, 65]. Ein Beispiel gibt Abb. 39 wieder. Es handelt sich um ein Glas, in das von einer Seite her kolloidales Silber eindiffundiert wurde, so daß von der Oberfläche nach innen eine inhomogene Verteilung von kolloidalem Silber im Glas vorliegt (Konzentrationsprofil) [52]. Die bei den Modulationsfrequenzen 15, 105 und $7400\,\text{s}^{-1}$ dargestellten PA-Spektren zeigen eine deutliche Abhängigkeit von der Modulationsfrequenz. Die Eigenabsorption des Glases findet im Bereich $\lambda < 300\,\text{nm}$ über die gesamte Schichtdicke der Probe statt. Nach Gl. (60b) hängt aber die thermische Diffusionslänge μ_s von der Modulationsfrequenz ab. Bei den drei Messungen nimmt deshalb die thermische Diffusionslänge μ_s mit wachsender Frequenz ab. Die Folge ist, daß die Eigenabsorption des Glases in den PA-Spektren relativ zur Absorption an den Farbzentren unterdrückt wird, wie besonders deutlich bei $7400\,\text{s}^{-1}$ zu erkennen ist. Dies läßt den Schluß zu, daß sich die Farbzentren dicht unterhalb der Probenoberfläche befinden.

In Übereinstimmung mit dieser Folgerung wird die Absorptionsbande des *kolloidalen Silbers* bei $\lambda = 400\,\text{nm}$ von der PA-Spektroskopie nicht wahrgenommen, wenn das Glas von der Rückseite her vermessen wird. Die konventionelle Absorptionsmessung würde hier völlig versagen, da bei der Transmissionsmessung immer über die gesamte Schichtdicke integriert wird [52].

Definiert man diesen Effekt der unterschiedlichen PA-Spektren bei der Messung von Vorder- und Rückseite als eine *Seitenspezifität* dieser Methode, so erkennt man, daß

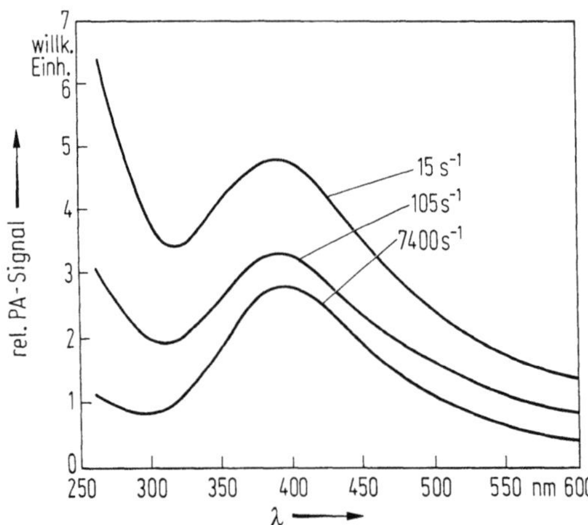

Abb. 39. Photo-Akustik-Spektrum eines Glases mit eindiffundiertem kolloidalen Silber bei verschiedenen Modulationsfrequenzen

bei solchen Problemstellungen die PAS der konventionellen Absorptionsspektroskopie durchaus überlegen ist, zumindest aber wertvolle *zusätzliche* Informationen liefern kann.

Da bei der PAS das Absorptionsvermögen der Proben zunächst unwichtig schien, wurden PA-Untersuchungen an festen *pulverförmigen Proben* sehr häufig durchgeführt [60]. Dabei stellte sich heraus, daß ein PA-Spektrum meist mit sehr guter Signalintensität zu erhalten ist, daß aber die theoretische Interpretation erheblich erschwert ist, da die Voraussetzungen der R-G-Theorie hier nicht mehr gegeben sind. Da besonders bei organischen Pigmentpulvern auch sehr hohe Absorptionskoeffizienten auftreten können, muß bei diesen Untersuchungen immer mit dem Effekt der Signalsättigung gerechnet werden. Derartige Proben verhalten sich ähnlich wie bei der Reflexionsspektroskopie, wo stark absorbierende Proben wegen der starken regulären Reflexion keine diffusen Reflexionsspektren liefern; formal liegt eine Signalsättigung über einen weiten Spektralbereich vor.

Man kann auch hier die Verdünnungstechnik heranziehen, um brauchbare PA-Spektren zu erhalten [54, 66, 67, 68].

Der Vergleich von Reflexions- und PA-Spektren zeigt zunächst, daß die PAS bei *niedrigen* Modulationsfrequenzen offensichtlich keinen Vorteil gegenüber der lange bekannten Reflexionsspektroskopie bietet. Der Vorteil der PAS ist aber sofort zu erkennen, wenn man bei einer höheren Modulationsfrequenz $\omega = 2\pi f$ arbeitet [67]. In Abb. 40 sind die PA- und Reflexionsspektren eines Chinacridon-Pigmentes (Colour-Index Violett Nr. 19) in einer Verdünnungsreihe mit TiO_2 dargestellt. Die PA-Spektren wurden bei einer Modulationsfrequenz von $5050\,s^{-1}$ gemessen [67]. Während aus dem Reflexionsspektrum des Volltons in Abb. 40 keinerlei Information über das Absorptionsspektrum zu erkennen ist, zeigt das PA-Spektrum des Volltons die vollständige Bandenstruktur im Bereich von 400–600 m.

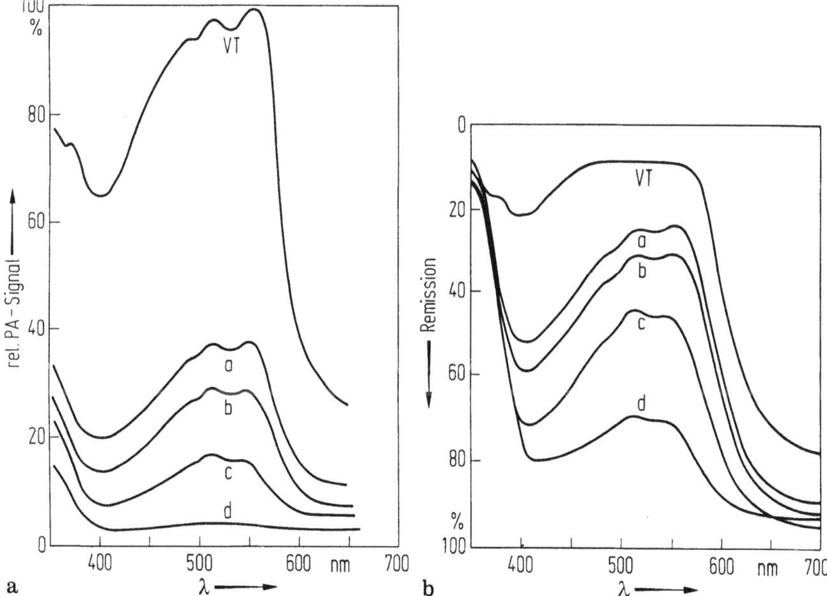

Abb. 40a, b. Photo-Akustik-Spektren eines Chinacridonspigmentes; Modulationsfrequenz 5050 Hz; Remissionsspektrum zum Vergleich; Verdünnungsreihe mit TiO_2: VT, *a* 1:40, *b* 1:100, *c* 1:1000, *d* 1:10000

Ob bei Pulvern die PAS der üblichen Reflexionsspektroskopie überlegen ist oder Vorteile zeigt, fragten bereits Tilgner und Lüscher [68]. Burggraf und Leyden [54] sowie Brücher u.a. [67] griffen ebenfalls dieses Problem auf und verknüpften die Ansätze der PAS mit der Kubelka-Munk-Funktion, d.h. mit dem Streu- und Absorptionskoeffizienten. Auf Grund dieser PA-Messungen eröffnet sich die Möglichkeit, PA-Untersuchungen an pulverförmigen Proben auch quantitativ auswerten zu können (s.a. Meichenin und Auzel [69]). Ein weiterer Vorteil der PAS liegt darin, daß man neben der Amplitude des PA-Signals auch dessen Phasenlage, d.h. den Phasenwinkel messen kann [67]. Obwohl die hier skizzierten Systeme die Bedingungen der R-G-Theorie nicht erfüllen, zeigen sie dennoch die aus dieser Theorie abzuleitende Erwartung, daß ein Phasenwinkelspektrum in viel geringerem Maße durch die Signalsättigung beeinflußt wird [70].

Ähnlich wie bei der diffusen Reflexionsspektroskopie bietet die Verdünnungstechnik mit einem Weißstandard wie TiO_2, MgO, Al_2O_3 u.a. auch die Möglichkeit, adsorbierte Spezies auf diesen zum Teil sauren oder basischen Oxidoberflächen mit Hilfe der PAS zu untersuchen [71–74].

PA-Untersuchungen an anorganischen *Isolatoren* und *Halbleitern* sind schon klassische Beispiele für die Anwendung der PAS [60].

Im Falle der Isolatoren geben die PA-Spektren direkte Informationen über die optischen Absorptionsbanden in den Materialien. Der Vorteil der PA-Spektroskopie kommt immer dann zum Tragen, wenn optische Transmissionsmessungen versagen, was bei kompakten und pulverförmigen Materialien sehr häufig der Fall ist [75–79].

Eine interessante Anwendung der PAS liegt in der *zerstörungsfreien* Ermittlung von *Tiefenprofilen* [80]. Zum qualitativen Verständnis dieser Methodik dient Abb. 41. Nehmen wir vereinfacht an, daß drei unterschiedliche absorbierende Schichten (z.B. drei unterschiedliche Farbstoffe) jeweils relativ scharf gegeneinander abgegrenzt

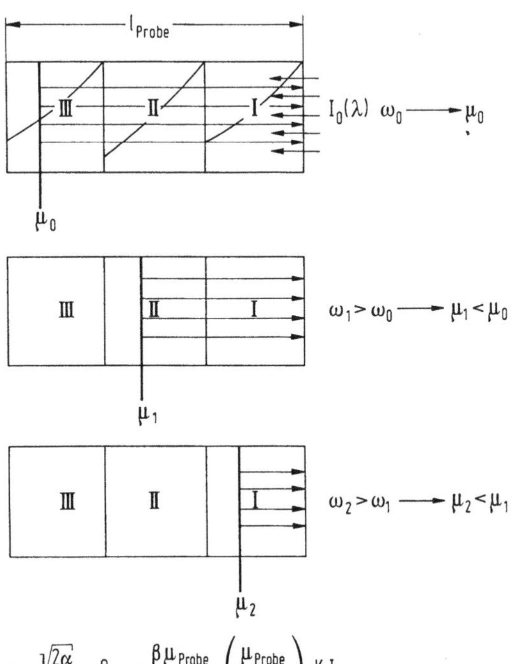

$$\mu = \sqrt{\frac{2\alpha}{\omega}} \quad ; \quad Q_{PA} \sim \frac{\beta \mu_{Probe}}{2 a_g} \left(\frac{\mu_{Probe}}{x_{Probe}} \right) K I_0$$

Abb. 41. Schema der Tiefenprofilbestimmung mittels der Photo-Akustik-Spektroskopie

übereinander angeordnet sind, und daß die Matrix, in der sie gelöst sind, die gleiche ist, dann wird der Wärmetransport durch die thermischen Eigenschaften der Matrix bestimmt. Damit ist dann auch nach Gl. (60b) die thermische Diffusionslänge μ_s bestimmt, die noch von der Modulationsfrequenz $\omega = 2\pi f$ abhängt. Bei einer niedrigen Modulationsfrequenz ist daher μ_s sehr groß. In Abb. 41 sei dies μ_0. Das eingestrahlte Licht wird in allen drei Schichten absorbiert und erzeugt durch Transformation in Wärme letztlich das PA-Signal, d.h. das PA-Spektrum. In diesem Fall würde das gemessene Spektrum aus der Überlagerung aller drei PA-Spektren bestehen.

Wird die Modulationsfrequenz auf ω_1 erhöht, so wird nur noch die im Bereich von μ_1 zur Oberfläche der Probe hin erzeugte Wärmewelle wirksam und liefert das PA-Spektrum.

Der Anteil der absorbierenden Schicht III in Abb. 41 wird nicht mehr wahrgenommen. Das PA-Spektrum entspricht jetzt im wesentlichen der Überlagerung der Spektren aus den Schichten II und I. Bei einer noch höheren Modulationsfrequenz ω_2 wird dann wegen $\mu_2 < \mu_1$ nur noch der Anteil am PA-Signal bemerkt, der in der Schicht I erzeugt wird.

Kombinieren wir die Messungen bei ω_0, ω_1 und ω_2, so erhalten wir ein Abbild der Anordnung dieser drei Schichten von innen nach außen, d.h. ein sogenanntes *Tiefenprofil*. Im Prinzip haben wir von dieser Technik schon in Abb. 39 Gebrauch gemacht.

Beispiele für diese Art der Anwendung sind die Untersuchungen an intakten *Pflanzenblättern* [78, 80] und Blütenblättern [81], bei denen die oberste Schicht meistens eine Wachsschutzschicht ist, die nur im nahen UV absorbiert. Typische Dreischichtsysteme sind z. B. *Color-Umkehrpapiere* und Filme. Über Untersuchungen an Agfa-Color-Umkehrpapier berichteten Görtz u. a. [82]. Analoge Untersuchungen wurden an Umkehrfilmen ausgeführt [83].

Auch bei diesen Untersuchungen ist die Messung des Phasenwinkels von Bedeutung. Beim Übergang von einer Schicht zur anderen ändern sich die optischen und/oder thermischen Eigenschaften der Probe, was entsprechend der Theorie zu einer sprunghaften Änderung des Phasenwinkels führt [82].

PA-Untersuchungen an *Lösungen* sind besonders gut geeignet, um die theoretischen Vorstellungen zur PAS zu überprüfen. Hierfür wurden bevorzugt wäßrige Farbstofflösungen herangezogen [84, 85, 86]. In solchen Proben lassen sich die optischen Eigenschaften bequem durch entsprechende Verdünnung einstellen. Wenn die thermischen Eigenschaften des Lösungsmittels bekannt sind, kann das PA-Signal berechnet werden.

Legt man den Temperaturleitwert des *reinen Wassers* zugrunde, so ergibt sich bei einer Modulationsfrequenz von $10\,s^{-1}$ aus Gl. (60b) $\mu_s = 7 \cdot 10^{-3}$ cm. Wäßrige Farbstofflösungen können deshalb bei den üblichen Schichtdicken als thermisch dick angesehen werden. Interessante Ergebnisse von PA-Untersuchungen an wäßrigen und alkoholischen *Farbstofflösungen* sind von Schneider und Coufal [87–90] mitgeteilt worden. An der pH-Abhängigkeit des Absorptionsspektrums des Bromthymolblaus untersuchten sie die Frage, ob analog zum isosbestischen Punkt bei den Absorptionsspektren auf Grund des Dissoziationsgleichgewichtes auch in den PA-Spektren ein sogenannter isosoptoakustischer Punkt zu beobachten sein wird. Dies ist wegen des grundsätzlichen Unterschiedes zwischen der PA- und Absorptionsspektroskopie von vornherein nicht zu erwarten. Im Fall der pH-Abhängigkeit des Bromthymolblaus findet man jedoch eine ausgezeichnete Übereinstimmung zwischen der Lage des isosbestischen Punktes bei $\lambda = 500$ nm und dem isosoptoakustischen Punkt [88]. Dieses Ergebnis ist dann verständlich, wenn man annimmt, daß die beiden im protolytischen Gleichgewicht vorliegenden Species (protoniertes und unprotoniertes Bromthymblau) die gleiche große Quantenausbeute für die strahlungslose Desaktivierung besitzen.

Fälle, bei denen die absorbierte Photonenenergie vollständig in Wärme umgewandelt wird, sind Idealfälle für die PAS. Andererseits kann man für den Fall, daß zwei Species in einer Lösung vorliegen, die sich in ihren Fluoreszenzquantenausbeuten sehr stark unterscheiden, erwarten, daß ein isosoptoakustischer Punkt nicht zu beobachten sein sollte. Ein derartiges Modellsystem stellt z. B. eine *Mischung von Rhodamin 6G und Malachitgrün* dar

$$(\Phi_{FM}(\text{Rhodamin } 6G) = 0,8; \ \Phi_{FM}(\text{Malachitgrün}) \leq 0,1).$$

Abbildung 42 gibt die PA-Spektren derartiger Mischungen nach den Messungen von Schneider und Coufal [87, 88] wieder. Die reinen Lösungen von Rhodamin 6G (Kurve a) und Malachitgrün (Kurve e) zeigen sehr unterschiedliche PA-Spektren. Während das PA-Spektrum des Malachitgrüns dem Absorptionsspektrum angenähert entspricht, zeigt eine äquimolare Lösung des Rhodamin 6G den typischen Sättigungseffekt und insgesamt eine kleinere Signalintensität, was auf den hier dominierenden strahlenden Desaktivierungsprozeß zurückzuführen ist.

Da das Malachitgrün bei $\lambda = 500$ nm (s. Abb. 44) nicht absorbiert, kann man bei den Mischungen im Bereich des Absorptionsmaximums des Rhodamin 6G eine deutliche Signalverstärkung beobachten, die einen Maximalwert bei einem Mischungsverhältnis von 1:1 erkennen läßt (Kurve c). Während die optischen Messungen an diesen Systemen mehrere isosbestische Punkte erkennen lassen, ist ein isosoptoakustischer Punkt in Abb. 42 nicht zu erkennen.

Dieses Verhalten erklärt sich aus der in diesem System auftretenden *Energieübertragung* zwischen Rhodamin 6G als Donor und Malachitgrün als Acceptor.

Eine praktische Anwendung der Energieübertragung ist dadurch gegeben, daß eine gezielte Hinzufügung einer *nicht* fluoreszierenden Substanz es somit ermöglicht,

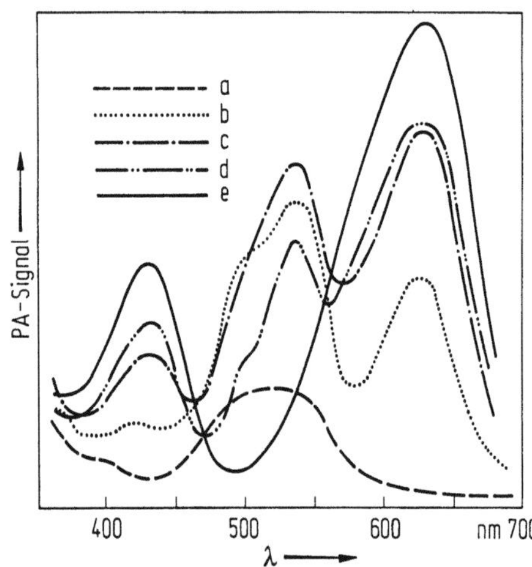

Abb. 42. Photo-Akustik-Spektren von Lösungen Rhodamin/Malachitgrün. *a* 5:0 Rhodamin 6G, allein; *b* 4:1 Rhodamin 6G/Malachitgrün; *c* 2,5:2,5 Rhodamin 6G/Malachitgrün; *d* 1:4 Rhodamin 6G/Malachitgrün; *e* 0:5 Malachitgrün, allein

Moleküle mit kleiner photoakustischer Signalausbeute (großer Fluoreszenz-Quantenausbeute) nachzuweisen.

Die *Schwierigkeiten und Fehlerquellen* bei PA-Untersuchungen mit gasgekoppelten Meßzellen an flüssigen Lösungen kann man zum Teil ausschließen, wenn man *feste Lösungen* in Polymermatrizen herstellt [68]. Obwohl im Prinzip molekulardisperse Lösungen vorliegen, kann man die Messungen wie bei festen Proben auswerten. Wie von Görtz und Perkampus gezeigt wurde [91], sind derartige Systeme ideale Modellsysteme zur Überprüfung der R-G-Theorie. Immer, wenn die festen Polymerfilme oder Folien thermisch dick sind, kann man die Fälle 1 und 2b) nach Gl.(61) als gegeben ansehen, m.a.W. unter diesen Voraussetzungen ist die R-G-Theorie erfüllt [91].

Der weitere Vorteil dieser festen Lösungen liegt darin, daß man bei konstanten thermischen Eigenschaften der Polymermatrix den Absorptionskoeffizienten β, bzw. direkt die Extinktion A in weiten Grenzen variieren kann, so daß man den gesamten Bereich vom optisch transparenten bis optisch opaken Proben bequem überstreichen kann. Dies gilt natürlich für die Lösungen im gleichen Maße. Für den Farbstoff *Phenolrot in PVP* (Polyvinyl-Pyrrolidon) sind in Abb. 43 PA-Messungen in Abhängigkeit vom Absorptionskoeffizienten β für drei verschiedene Modulationsfrequenzen dargestellt. Man sieht, daß bei allen drei Modulationsfrequenzen im Bereich kleiner optischer Dichten ein linearer Verlauf nach Gl.(61) zu beobachten ist, der für höhere β-Werte in die Sättigung, siehe Gl.(62), übergeht. In Übereinstimmung mit der R-G-Theorie setzt die Signalsättigung für die hohen Modulationsfrequenzen bei größeren optischen Dichten ein als bei $f = 105\,s^{-1}$.

In den bisherigen Beispielen wurde verschiedentlich davon ausgegangen, daß das PA-Signal für eine bestimmte Modulationsfrequenz nach den Gln.(61) und (62) bzw. nach der vollständigen R-G-Theorie [48, 49] berechnet werden kann. Dies setzt aber immer voraus, daß die thermischen Daten und die Absorptionskoeffizienten der Proben bekannt sind.

Wenn z.B. die thermischen Daten nicht bekannt sind, kann man sich anhand der Gln.(61) und (62) leicht überlegen, daß für gegebene β-Werte bei fester Modulationsfre-

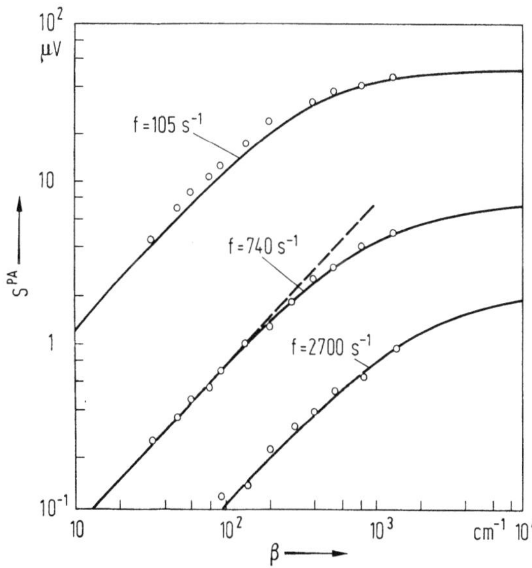

Abb. 43. Photo-Akustik-Signale für Phenolrot in Polyvinylpyrrolidon in Abhängigkeit vom Absorptionskoeffizienten bei drei verschiedenen Modulationsfrequenzen. Durchgezogene Kurve berechnet nach der R-G-Theorie

quenz aus den gemessenen PA-Signalen die thermischen Daten der Probe, in diesem Fall die der Polymermatrix bzw. des Lösungsmittels, ermittelt werden können. Voraussetzung ist, daß die Proben thermisch dick sind [91].

Eingangs hatten wir darauf hingewiesen, daß die *Fluoreszenz* ein Konkurrenzprozeß zum PA-Effekt ist. Dabei wurden andere Prozesse, die bei speziellen Systemen noch zu berücksichtigen sind, zunächst ausgeschlossen.

Dann gilt nach Gl. (59):

$$\Phi_{GM} = 1 - \Phi_{FM}. \tag{59}$$

Diese Gleichung stellt eine einfache Beziehung zwischen der Quantenausbeute des strahlungslosen Prozesses Φ_{GM} und der Fluoreszenz Φ_{FM} dar. Bei Kenntnis von Φ_{GM} ist somit Φ_{FM} unmittelbar zugänglich.

Mit S^{GM}, dem Photoakustiksignal für eine nicht fluoreszierende Probe, und S^{FM}, dem entsprechenden Signal einer fluoreszierenden Probe unter den gleichen Bedingungen, ergibt sich für die Fluoreszenzquantenausbeute:

$$\Phi_{FM} = \frac{\tilde{v}_n}{\tilde{v}_f}\left(1 - \frac{S^{FM}}{S^{GM}}\right). \quad (\tilde{v}_n\text{: Anregungswellenzahl}; \tilde{v}_f\text{: Fluoreszenzschwerpunkt.}) \tag{69}$$

Mit Hilfe von Gl. (69) wurden die Quantenausbeuten der Fluoreszenz bestimmt [93–98].

Wie erwähnt, besitzt eine PA-Meßzelle bei ihrer Resonanzfrequenz die höchste Empfindlichkeit [59]. Wählt man daher die Resonanzfrequenz als Arbeitsfrequenz, so spricht man von einer *Resonanz-PAS*. Sie wurde von Hess [99] sorgfältig bearbeitet.

Ein weiterer Faktor, der die Größe eines PA-Signals bei einer gasgekoppelten Meßzelle bestimmt, ist die *Temperatur*. Im Faktor B, siehe Gl. (61), steht die Temperatur im Nenner. Folglich nimmt die Intensität eines PA-Signals stark zu, wenn die Temperatur der Probe erniedrigt wird. Aus diesem Grunde wurden mehrfach *Tieftemperatur-PA-Meßzellen* konstruiert, die bis auf die Temperatur des flüssigen Stickstoffs bzw. des flüssigen Heliums gekühlt werden können [100]–[102].

Eine PA-Meßzelle für den Bereich *hoher Temperaturen* (300–1050 K) hat Bechthold entwickelt [103].

Als photoakustischer Detektor hat sich auch der *piezo-elektrische Detektor* bewährt. Seine Theorie und Anwendungen sind kürzlich von Breuer beschrieben worden [104]. Von Tam und Patel ist diese Arbeitstechnik ergänzt worden [105].

Von Hey und Gollnick wurde vor kurzem eine Anwendung des photoakustischen Effektes in Form einer *Relaxationsmethode* beschrieben [106].

5.5 Lumineszenzanregungsspektroskopie

Bei der Lumineszenzanregungsspektroskopie werden nach der Anregung eines Moleküls *strahlende* Desaktivierungsvorgänge, also Fluoreszenz bzw. Phosphoreszenz ausgenutzt: gemessen werden Fluoreszenz- bzw. Phosphoreszenzanregungsspektren (FA- bzw. PhA-Spektrum). Bei dieser Methodik stellt man die Wellenzahl bzw. Wellenlänge des Fluoreszenzmaximums $\tilde{v}_F$, λ_F ein und variiert die Wellenzahl bzw. Wellenlänge über das Absorptionsspektrum der Probe. Die von der Anregungswellenlänge abhängige Fluoreszenzintensität spiegelt das Absorptionsspektrum der jeweiligen Verbindung wider. Es muß dabei die spektrale Energieverteilung der Kombination Lampe + Monochromator berücksichtigt werden. Die Tatsache, daß wir erneut die

Konkurrenz zwischen strahlenden und strahlungslosen Prozessen berücksichtigen müssen, bedeutet, daß die Fluoreszenzintensität nicht immer einfach der absorbierten Lichtintensität nach dem Bouguer-Lambert-Beerschen Gesetz proportional ist. Der allgemeine Ausdruck für die Fluoreszenzintensität einer isotrop verteilten Menge emittierender Spezies k in einer Lösung niedriger Viscosität ist gegeben zu [107]:

$$F_k(\lambda_i, \lambda_j) = K \cdot q_k(\lambda_i, \lambda_j) \frac{2{,}303\ \varepsilon_k(\lambda_i) \cdot c_k}{S_k(\lambda_i)} \cdot I_0(\lambda_i) \{1 - \exp[-S_k(\lambda_i)\,d]\}. \tag{70}$$

Hierin bedeuten:

$F_k(\lambda_i, \lambda_j)$ Fluoreszenzintensität in Einstein/s nach Anregung bei der Wellenlänge λ_i bei einer Bandbreite $\Delta\lambda_i$,

$q_k(\lambda_i, \lambda_j)$ die spektrale Quantenausbeute der Komponente k,

$\varepsilon_k(\lambda_i)$ molarer dekadischer Extinktionskoeffizient der Komponente k $(\text{m}^2\,\text{mol}^{-1})$,

c_k Konzentration der Komponente k $(\text{mol}\,\text{m}^{-3})$,

$S_k(\lambda_i) = 2{,}303 \sum\limits_{k=1}^{r} \varepsilon_k(\lambda_i)\,c_k$ mit $\varepsilon_k(\lambda_i)$, dem molaren Extinktionskoeffizienten, bei der Wellenlänge λ_i und c_k, der molaren Konzentration der k'ten Komponente,

$I_0(\lambda_i)$ eingestrahlte Lichtintensität in Einstein/s bei der Wellenlänge λ_i,

d Schichtdicke,

λ_i Wellenlänge der Einstrahlung,

λ_j Beobachtungswellenlänge (λ_F).

Die Größe K ist eine Apparatekonstante, die bei der gegebenen Formulierung (70) in Wellenlängen bei Gittermonochromatoren und fester Spaltbreite unabhängig von der Wellenlänge ist. Bei Formulierung von (70) in Wellenzahlen ändert sich K mit λ^{-2}.

Entwickelt man die Exponentialfunktion in (70) in einer Reihe, so kann diese für verdünnte Lösungen, da c_k sehr klein ist, nach dem zweiten Glied abgebrochen werden:

$$F_i(\lambda_i, \lambda_j) = I_0(\lambda_i) \cdot 2{,}303\ q_k(\lambda_i, \lambda_j) \cdot \varepsilon_k(\lambda_i) \cdot c_k \cdot d \cdot K. \tag{71}$$

In dieser Beziehung (71) ist die Fluoreszenzintensität dem Extinktionskoeffizienten $\varepsilon_k(\lambda_i)$ direkt proportional, so daß der Zusammenhang mit dem Absorptionsspektrum sofort ersichtlich ist.

In Gl. (71) ist die Fluoreszenzintensität außerdem der Konzentration c_k proportional und stellt so die Grundlage für die quantitative Fluorimetrie dar [108, 109, 110]. Die Werte des Produkts $2{,}303 \cdot \varepsilon_k \cdot c_k \cdot d$ müssen jedoch kleiner als 0,1 sein [107]. Ist dagegen der Exponent sehr groß (z.B. bei hohen Konzentrationen und großen Extinktionskoeffizienten), so geht der Ausdruck $\exp\{-S_k(\lambda_i) \cdot d\}$ gegen Null, das gesamte Licht wird bereits bei kleiner Eindringtiefe vollständig absorbiert. Fluoreszenzlicht entsteht jetzt nur in einer schmalen Schicht der Lösung. Unter diesen Bedingungen kann kein Anregungsspektrum gemessen werden, und eine Analyse ist nicht möglich. Bei konzentrierten Lösungen ist auch eine Reabsorption des Fluoreszenzlichtes zu erwarten, was immer dann besonders störend ist, wenn die 0-0-Übergänge in Absorption und Fluoreszenz nur wenig gegeneinander verschoben sind.

Neben der also notwendigen Forderung nach einer *verdünnten* Lösung muß noch eine weitere Forderung erfüllt sein: Die Fluoreszenz bzw. Phosphoreszenz muß stets vom niedrigsten angeregten Singulettzustand S_1 oder dem entsprechenden Triplettzustand T_1 emittiert werden. Das ist nach einer Regel von Kasha [111] in Lösung, von wenigen Ausnahmen abgesehen, immer der Fall.

Den Aufbau eines Lumineszenzspektralphotometers zeigt Abb. 44. Das Gerät kann für die Bestimmung der Fluoreszenz-, Phosphoreszenz- und Anregungsspektren verwandt werden [108, 112].

Für die Anregungsspektren wird das Maximum des Lumineszenzspektrums am Monochromator b_2 fest eingestellt (λ_j) und die Anregungswellenlänge λ_i über das Absorptionsspektrum der Probe am Monochromator b_1 kontinuierlich variiert. Um ein quantenproportionales (korrigiertes) Lumineszenzanregungsspektrum zu erhalten, kann über den Strahlenteiler d ein Teil des Anregungslichtes auf einen Quantenzähler gegeben werden. In einem Ratiometer k wird das Lumineszenzsignal aus dem Verstärker durch das Signal des Quantenzählers dividiert und das Ergebnis in Abhängigkeit von der Anregungswellenlänge λ_i registriert [112].

Um die Reabsorption des Fluoreszenzlichtes möglichst klein zu halten, wird das Anregungslicht in einem Winkel von 30° zum vorderen Küvettenfenster eingestrahlt.

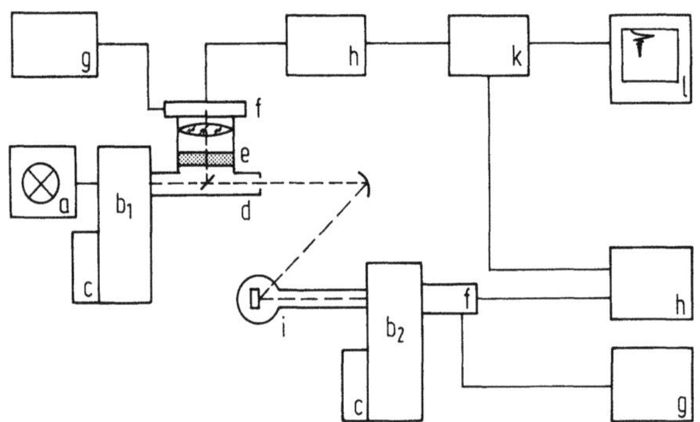

Abb. 44. Schematischer Aufbau eines Fluoreszenzspektralphotometers zur Aufnahme von Anregungsspektren und Lumineszenzspektren. *a* Lichtquelle, *b* Monochromator, *c* Wellenlängenvorschub, *d* Strahlenteiler, *e* Quantenzähler, *f* Photomultiplier, *g* Hochspannungsversorgung, *h* Verstärker, *i* Küvettenraum, *k* Ratiometer (Dividierer), *l* Kompensationsschreiber

Der Lumineszenzanregungsspektroskopie kommt für die *Molekülspektroskopie* erhebliche Bedeutung zu. Zu messende Lösungen müssen verdünnt sein (s. o.). Bei Festkörpern, etwa dünnen Filmen auf Quarzträgerplatten, ist die Schichtdicke zu berücksichtigen. Ein Beispiel ist in Abb. 45 für zwei *Anthracenfilme* unterschiedlicher Dicke dargestellt. Während der Film mit ca. 10 nm Schichtdicke die Schwingungsstruktur in der langwelligen Absorptionsbande deutlich erkennen läßt, ist bei 200 nm Schichtdicke eine starke Abflachung zu beobachten [112]. Bei noch größeren Schichtdicken würde praktisch eine der spektralen Energieverteilung der Lichtquelle entsprechende Fluoreszenzintensität über den Absorptionswellenzahlen registriert. Analog ist die Schichtdickenabhängigkeit bei den *Photoaktionsspektren* zu berücksichtigen. Bei diesen Spektren wird nicht die Fluoreszenzintensität als Indikator für die absorbierte Lichtenergie benutzt, sondern die Leitfähigkeit [113]. Zur Untersuchung von Festkörpern, insbesondere organischen Festkörpern, spielt diese spektroskopische Methode eine wichtige Rolle. Durch FA-Spektroskopie lassen sich auch Veränderungen des Systems während der Belichtung feststellen [112].

Bei der Verwendung von durchstimmbaren *Farbstofflasern* kann man auf Grund der hohen Intensitäten auch das Anregungsspektrum der *verzögerten Fluoreszenz* messen. Dabei wird die verzögerte Fluoreszenz durch die Annihilation zweier Triplettexcitonen hervorgerufen [114]. Zwei Triplettexcitonen erzeugen dabei ein Singulettexciton, das strahlend in den Grundzustand übergehen kann:

$$S_0 + h\nu \rightarrow T_1$$

$$T_1 + T_1 \rightarrow S_1 + S_0$$

$$S_1 \rightarrow S_0 + h\nu_F .$$

Die Beteiligung *zweier* Triplettexcitonen am Zustandekommen der verzögerten Fluoreszenz wird dadurch experimentell verifiziert, daß das Signal der verzögerten Fluoreszenz mit dem Quadrat der Erregerlichtintensität wächst [115, 116].

Wird die Anregungswellenzahl im Bereich des Triplettzustandes kontinuierlich verändert, so ergibt sich aus der Wellenzahlabhängigkeit der Extinktionskoeffizienten eine entsprechende Abhängigkeit der Triplettexcitonenkonzentrationen. Dadurch wird die Intensität des Signals der verzögerten Fluoreszenz ebenfalls von der Wellenzahl der Anregung abhängig. Im Anregungsspektrum der verzögerten Fluoreszenz wird das Fluoreszenzsignal gegen die Anregungswellenzahl ($\tilde{v}_i$) bzw. Anregungswellenlänge (λ_i) aufgetragen, und man erhält das Absorptionsspektrum des $S_0 \rightarrow T_1$-Überganges [115, 116].

Eine weitere Variante besteht in der *Verwendung von polarisiertem Licht*. Dies führt zur „Photoselektion", die für molekülphysikalische Fragen außerordentlich wichtig ist [117, 118]. Grundlage ist die Tatsache, daß die Fluoreszenz nach der Regel von Kasha stets vom niedrigsten angeregten Zustand aus erfolgt, gleichgültig welches der elektronisch angeregte Zustand des Moleküls ist.

Bei vielen ungesättigten Molekülen, bes. bei planaren, liegt aber eine Anisotropie der Lichtabsorption vor (s. Abschn. 2.4). Ausgeprägt sind diese Effekte bei kondensierten aromatischen Kohlenwasserstoffen und ihren Hetero-Analogen.

Als Beispiel betrachten wir ein fixiertes *Anthracenmolekül* der Symmetrie D_{2h}. Der langwellige Übergang ^1L_a ist in der kurzen Molekülachse, der zweite Elektronenübergang ^1B_b in der senkrecht dazu liegenden langen Molekülachse polarisiert. Bei Einstrahlung von polarisiertem Licht, dessen Polarisationsebene parallel zur kurzen Achse des Anthracenmoleküls ist, regen wir den in dieser Achse orientierten ^1L_a-Übergang an. Um den ^1B_b-Übergang anzuregen, müßten wir bei der entsprechenden Wellenzahl die Ebene des polarisierten Lichtes um 90° drehen. Variieren wir die Wellenlänge des polarisierten Lichtes über das Absorptionsspektrum, so werden jeweils nur jene Moleküle angeregt, deren Achsen parallel zur Ebene des polarisierten Lichtes liegen. Da die Fluoreszenz stets vom niedrigsten Singulettanregungszustand aus erfolgt, dreht sich die Ebene des polarisierten Fluoreszenzlichtes um 90°, wenn in den zweiten Anregungszustand eingestrahlt wird, da die Übergangsmomente senkrecht aufeinanderstehen. Um diesen Effekt zu beobachten, muß gewährleistet sein, daß die Moleküle während der Lebensdauer des niedrigsten Singulettanregungszustandes

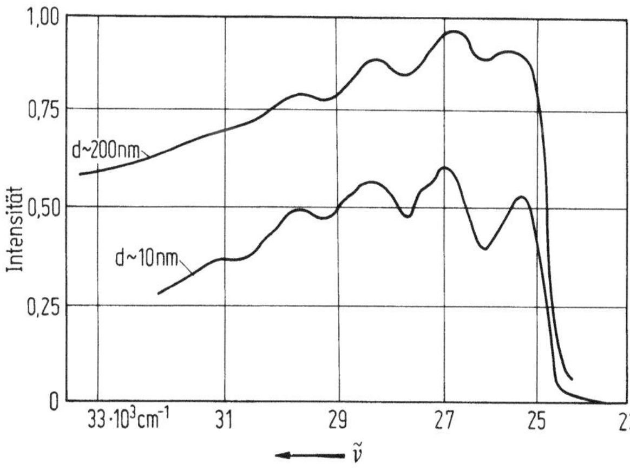

Abb. 45. Fluoreszenzanregungsspektren zweier dünner Anthracenfilme unterschiedlicher Dicke

ihre Lage im Raum nicht ändern $(10^{-9}–10^{-7}\,\mathrm{s})$. Man arbeitet deshalb in glasig erstarrten Lösungen bei der Temperatur des flüssigen Stickstoffs oder in Polymerfilmen. Nun wählt das polarisierte Licht jeweils die Moleküle aus der Masse der statistisch verteilten aus, deren Übergangsmomente bei der entspr. Wellenlänge mit der Ebene des polarisierten Lichtes übereinstimmen, weshalb diese Methode auch *Photoselektionsmethode* heißt.

Man kann nun verschiedene Arten der Versuchsdurchführung und damit entsprechende Spektren unterscheiden:

a) Bei variabler Anregungswellenlänge λ_i messen wir den Polarisationsgrad der Fluoreszenz bei einer festgehaltenen Wellenlänge λ_j und sprechen dann vom *A*bsorptions-*P*olarisation-*F*luoreszenz-Spektrum (APF-Spektrum).

b) Bei fester Anregungswellenlänge λ_i messen wir den Polarisationsgrad über das Fluoreszenzspektrum und erhalten dann das *F*luoreszenz-*P*olarisations-Spektrum (FP-Spektrum).

c) Analog zu a) erhalten wir bei der Phosphoreszenz das *A*bsorptions-*P*olarisations-*Ph*osphoreszenz-Spektrum (APPh-Spektrum).

d) Analog zu b) erhalten wir das *Ph*osphoreszenz-*P*olarisations-Spektrum (PhP-Spektrum).

Der Übergang von einem Elektronenanregungszustand zu dem nächst höheren macht sich i. allg. in einem Wechsel des Polarisationsgrades von positiven zu negativen Werten im APF-Spektrum bemerkbar. Als Beispiel ist in Abb. 46 das APF-Spektrum des 2,7-Diazaphenanthrens dargestellt, das den Wechsel des Polarisationsgrades im APF-Spektrum bei ca. $34\,000\,\mathrm{cm}^{-1}$ deutlich erkennen läßt [119] und damit eine eindeutige Zuordnung der Elektronenübergänge gestattet.

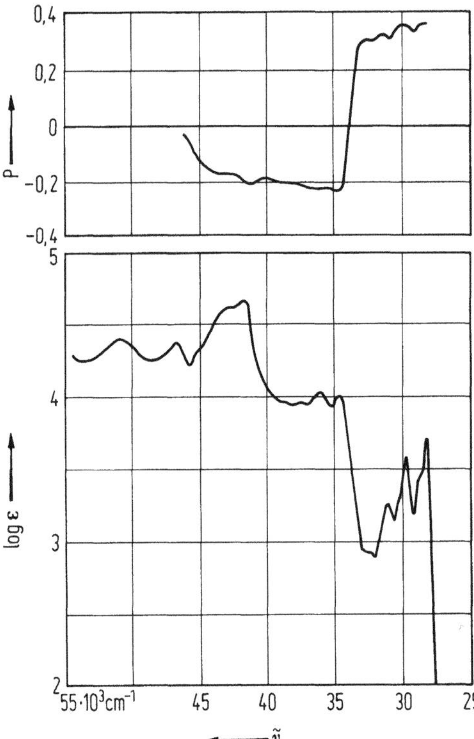

Abb. 46. Absorptions-Polarisations-Fluoreszenspektren des 2,7-Diazaphenanthrens; Lösung 77 K

Der Polarisationsgrad, der als Funktion der Wellenzahl oder Wellenlänge aufgetragen wird, ist gegeben zu:

$$P = \frac{I_{\parallel} - I_{\perp}}{I_{\parallel} + I_{\perp}} \quad \text{bzw.} \quad P = \frac{3\cos^2\alpha - 1}{\cos^2\alpha + 3} \tag{72}$$

mit α, dem Winkel zwischen dem Übergangsmoment für den Absorptions- und Emissionsvorgang. Für $\alpha = 0$ (parallel) resultiert $P = 0{,}5$ und $\alpha = 90°$ (senkrecht), $P = -0{,}33$ [118]. Dies gilt für alle Moleküle mit zweizähligen Drehachsen.

Wie Abb. 46 erkennen läßt, sind die APF-Spektren meistens strukturiert, was auf die Kopplung zwischen Elektronen- und Schwingungsanregung zurückzuführen ist.

Für Einzelheiten und meßtechnische Details sei auf Dörr verwiesen [114, 118].

Bei der *analytischen Anwendung* der FA-Spektroskopie gilt es oft, in einer Probe Spezies nachzuweisen, deren Fluoreszenzspektren sich mehr oder weniger überlappen. Wenn die Komponenten unterschiedliche Absorptionsspektren besitzen, ist es möglich, bei Variation der Anregungswellenlänge eine oder mehrere Komponenten getrennt anzuregen, so daß ein einfacheres, unter Umständen bekanntes Fluoreszenzspektrum resultiert. Diese Technik der *selektiven Fluoreszenzanregung* ist von Parker [120] ausführlich beschrieben. Die Methode kann auf die Phosphoreszenzspektroskopie übertragen werden, wobei dem Nachweis von Verunreinigungen besondere Bedeutung zukommt.

Als Weiterentwicklung des selektiven Fluoreszenzanregung ist die *synchrone Fluoreszenzanregungsspektroskopie* anzusehen, die von Lloyd [121] entwickelt worden ist und zur Identifizierung von aromatischen Kohlenwasserstoffen, Petroleumprodukten und Rohölen verwendet wurde [122]. Es werden synchron die Anregungswellenlänge λ_i und die Beobachtungswellenlänge λ_j geändert, wobei zwischen beiden Wellenlängen eine konstante Wellenlängendifferenz $\Delta\lambda$ besteht. Die Spektren, die über λ_j registriert werden, hängen stark von der Größe $\Delta\lambda$ ab, wofür z. B. 20, 30 oder 40 nm gewählt werden.

Der Grundgedanke dieser Methode ist der folgende: Die Fluoreszenzintensität einer Mischung verschiedener Komponenten ist sowohl eine Funktion der Anregungswellenlänge λ_i als auch der Beobachtungswellenlänge λ_j. Bei der üblichen Fluoreszenzspektroskopie hält man λ_i konstant und registriert das Fluoreszenzspektrum als Funktion von λ_j. Bei mehreren Komponenten in einer Lösung ist jedoch nicht gewährleistet, daß die Anregungswellenlänge λ_i mit den Absorptionsmaxima der Komponenten übereinstimmt, wodurch dann der Beitrag der einzelnen Komponenten an der Gesamtfluoreszenz stark beeinflußt wird.

Die synchrone Fluoreszenzanregungsspektroskopie verknüpft also die Variation der Anregungswellenlänge λ_i mit der der Beobachtungswellenlänge λ_j. Das hat den Vorteil, daß automatisch das Absorptionsmaximum als Anregungswellenlänge für jede Komponente ausgewählt wird. Da das Maximum des Fluoreszenzspektrums etwa 10–20 nm gegenüber dem Absorptionsmaximum rot-verschoben ist, so kann man mit $\Delta\lambda < 20$ nm Absorptionsmaxima bestimmter Verbindungen mit den zugehörigen Fluoreszenzmaxima korrelieren. Bei aromatischen Kohlenwasserstoffen, die auch bei Raumtemperatur strukturierte Fluoreszenzspektren aufweisen und bei denen in verdünnten Lösungen die 0-0-Übergänge in Absorption und Emission die intensivsten sind, ist diese Methode gut anwendbar.

Zwei Punkte sind hierbei zu beachten:

1. Bei höheren Konzentrationen und Schichtdicken tritt, wie erwähnt, zunehmend Reabsorption auf. Reduzierung der Schichtdicke und Einstrahlung der Anregungswellenlänge unter einem Winkel von 30° können in diesem Fall helfen (s.o.).
2. Bei einer Mischung von aromatischen Kohlenwasserstoffen kann es zu einer Energieübertragung kommen. Dies hat zur Folge, daß die Fluoreszenz einer Komponente völlig gelöscht wird, dafür aber die langwellige Fluoreszenz einer anderen Komponente erscheint [120]. Diese Fluoreszenz würde aber bei $\Delta\lambda \sim 20$ nm nicht erfaßt werden können, da die Differenz zwischen dem Absorptionsmaximum der einen Komponente und dem Fluoreszenzmaximum der anderen Komponente größer als 20 nm ist.

Dennoch stellt dieses Verfahren – unter Beachtung dieser beiden Punkte – eine geeignete qualitative Analysenmethode dar, um *aromatische Kohlenwasserstoffe im Rohöl* nachzuweisen [122].

Warner, Christian, Davidson und Callis [124] haben eine ausführliche theoretische Behandlung einer *Mehrkomponentenanalyse* gegeben. Es wird wieder davon Gebrauch gemacht, daß die Fluoreszenzintensität eines Mehrkomponentensystems sowohl eine Funktion der Anregungswellenlänge λ_i als auch der Beobachtungswellenlänge λ_j darstellt. Es wird daher eine experimentell bestimmbare *Emissionsanregungsmatrix* formuliert. Die Elemente M_{ij} dieser Matrix M stellen die Fluoreszenzintensität, gemessen bei der Wellenlänge λ_j, bei Anregung mit der Wellenlänge λ_i dar. Bei passender Abstufung der Wellenlängen liefert eine Zeile der Matrix M das Fluoreszenzspektrum, aufgenommen bei einer einzelnen Anregungswellenlänge λ_i, während eine Spalte der Matrix M das Fluoreszenzanregungsspektrum bei einer bestimmten Wellenlänge λ_j der Emission darstellt. Die Informationen, die in dieser experimentell bestimmten Matrix enthalten sind, gehen somit weit über den Informationsgehalt der synchronen Fluoreszenzanregungsspektroskopie hinaus.

In verdünnter Lösung ist für eine Komponente jedes Element M_{ij} gegeben in Analogie zu Gl. (71):

In verdünnter Lösung ist für eine Komponente jedes Element M_{ij} gegeben in Analogie zu Gl. (71):

$$M_{ij} = 2{,}303 \; \Phi_f \cdot I_0(\lambda_i) \cdot \varepsilon(\lambda_i) \cdot c \cdot d \cdot K(\lambda_j) \cdot \gamma(\lambda_j). \tag{73}$$

Im Vergleich zu (71) berücksichtigen $K(\lambda_j)$ die Wellenlängenabhängigkeit der Empfindlichkeit des Fluoreszenzspektralphotometers und $\gamma(\lambda_j)$ den Bruchteil der Fluoreszenzphotonen, die bei der Wellenlänge λ_j emittiert werden. Φ_f ist die gesamte Fluoreszenzquantenausbeute und somit eine stoffspezifische Größe. Man kann in (73) die Größen wie folgt zusammenfassen:

$\alpha = 2{,}303 \cdot \Phi_f \cdot c \cdot d$ als stoffspezifische Größe,

$x_i = I_0(\lambda_i) \cdot \varepsilon(\lambda_i)$ als das Anregungsspektrum und

$y_j = \gamma(\lambda_j) \cdot K(\lambda_j)$ als das Fluoreszenzspektrum bestimmende, von der Wellenlänge abhängige Größen.

Damit schreibt sich (73) $M_{ij} = \alpha \cdot x_i y_j$, und die Matrix M ist dann für eine einzelne Komponente gegeben zu

$$M = \alpha \cdot x \cdot y. \tag{74}$$

Enthält die Probe mehrere unterschiedliche Komponenten r, so erhalten wir

$$M = \sum_{k=1}^{r} \alpha_k \cdot x_i^k \cdot y_j^k. \tag{75}$$

Bei dieser Darstellung der experimentellen Daten wird vorausgesetzt, daß bei allen Anregungswellenlängen λ_i die optische Dichte sehr viel kleiner ist als 1, und daß die Lösung so verdünnt ist, daß eine Energieübertragung zwischen den verschiedenen Komponenten praktisch ausgeschlossen werden kann. Die Analyse der Daten besteht nun darin, die Werte r, α_k, x^k und y^k der beobachteten Matrix M zu finden.

Die Methode gestattet es, die Anzahl der voneinander unabhängigen Komponenten, die zur Gesamtfluoreszenz beitragen, aufzufinden sowie in einem Zweikomponentensystem das *Fluoreszenzanregungsspektrum* und *Fluoreszenzspektrum* jeder Komponente darzustellen. Zur genauen mathematischen Behandlung dieses Problems, unter Berücksichtigung von möglichen Meßfehlern vgl. [124]. Die Überlappung der Absorptions- und Fluoreszenzspektren der Komponenten spielt für die Vieldeutbarkeit dieser Methode eine ausschlaggebende Rolle. An mehreren binären Kombinationen der aromatischen Kohlenwasserstoffe Anthracen, Pyren, Perylen, Chrysen und Fluoranthen sowie dem Zweikomponentensystem Oktaethyl-porphin und Zink-oktaethyl-porphin wurde dieses Verfahren ausführlich diskutiert [124].

Eine interessante Variante der FA-Spektroskopie ist die Anregung mit Farbstofflasern. Die Methode hat sich bei der Untersuchung von anorganischen Festkörpern, die mit *Lanthanoid-Ionen* dotiert sind, bewährt. Die selektive Lumineszenzanregung mit durchstimmbaren Farbstofflasern ermöglicht es, Fluoreszenz- und Anregungsspektren von Ionen zu erhalten, die in einer einzigen Art von kristallographischer Umgebung vorliegen. Die Ionen der seltenen Erdmetalle dienen hierbei als selektiv anregbare Sonden. Diese Methode wird als SEPIL (selectivity exciting probe ion luminescence) bezeichnet [125]. Die Methode ist geeignet zur extremen Spurenanalyse. In [125] wird gezeigt, daß die Nachweisgrenze für das dreifach positive Erbium-Ion bei 25 fg/ml $(25 \cdot 10^{-15}\,\text{g/ml})$ liegt. – Die Methode setzt natürlich voraus, daß im Bereich des durchstimmbaren Farbstofflasers anregbare Fluoreszenzniveaus der zu analysierenden Ionen liegen.

Literatur

1 Shibata, S.: Angew. Chem. *88*, 150 (1976)
2 DMS UV-Atlas. Hrsg. Perkampus, H.-H.; Sandemann, I.; Timmons, C.J. London: Butterworth, Weinheim: Verlag Chemie, Vol. V, 1971, Spectra K1/8 u. K1/9
3 Schmitt, A.: Labor-Praxis Heft 9 (1979)
4 Chance, B.: Rev. Sci Instrum. *22*, 634 (1951)
5 Chance, B.: Science *120*, 767 (1954)
6 Togo, T.; Yoshida, I.; Kobayashi, H.; Neno, K.: 37. Symp. Analyt. Chem. (Japan Soc. Analyt. Chem.) Preprint S. 97 (1976)
7 Shibata, S.; Furukawa, M.; Goto, K.: XVI. Colloq. Spectrosc. Internat., Heidelberg 1971, Preprint Vol. I, 114 (1971)
8 Honkawa, I.: Anal. Chim. Acta *78*, 487 (1975)
9 Honkawa, I.: Anal. Lett. *8*, 901 (1975)
10 Hammond, V.J.; Price, W.C.: J. Opt. Soc. Am. *43*, 924 (1953)
11 Morrison, J.D.: J. Chem. Phys. *21*, 1767 (1953)
12 Giese, A.T.; Freude, C.S.: Appl. Spectrosc. *9*, 78 (1955)
13 Bonfiglioli, G.; Brovetho, P.: Appl. Opt. *3*, 1417 (1964)
   Bonfiglioli, G.; Brovetho, P.; Busca, G.; Levialdi, S.; Palmieri, G.; Wanka, E.: Appl. Opt. *6*, 447 (1967)
14 Green, G.L.; O'Haver, T.C.: Anal. Chem. *46*, 2191 (1974)
15 Talsky, G.: Techn. Messen *48*, 211 (1981)
16 Talsky, G.; Dostal, J.; Haubensack, O.: Fresenius Z. Anal. Chem. *311*, 446 (1982)
17 Talsky, G.: GIT, Fachz. Lab. *26*, 913 (1982)

18 Talsky, G.; Mayring, L.; Kreuzer, H.: Angew. Chem. *90*, 563 (1978)
19 Talsky, G.; Mayring, L.: Fresenius Z. Anal. Chem. *292*, 233 (1978)
20 Juffernbruch, J.: Dissert., Univers. Düsseldorf, 1982
21 Schmitt, A.: Perkin-Elmer, Angew. UV-Spektr. Heft 1 u. 3 (1977)
22 O'Haver, T. C.; Green, G. L.: Anal. Chem. *48*, 312 (1976)
23 Juffernbruch, J.; Perkampus, H.-H.: Spectrochim. Acta A *39 A*, 905 (1983)
24 Talsky, G.: Makromol. Chem. *180*, 513 (1979)
25 Talsky, G.; Dostal, J.; Glasbrenner, M.; Götz-Maler, S.: Angew. Makromol. Chem. *105*, 49 (1982)
26 Shibata, S.; Furukawa, M.; Honkawa, T.: Anal. Chim. Acta *81*, 206 (1976)
27 Shibata, S.; Furukawa, M.; Goto, K.: Anal. Chim. Acta *65*, 49 (1973)
28 Talsky, G.: Intern. J. Environ Anal. Chem. *14*, 81 (1983)
29 Cahill, J. E.; Padera, F. G.: Perkin-Elmer, Appl. Data Bull. ADS-122 (1980)
30 Botton, D.; Honkawa, T.; Tohyama, S.: ibid. ADS-104 (1977)
31 Schmitt, A.: Z. Clin. Chem., Clin. Biochem. *15*, 303 (1977)
32 Kubelka, P.; Munk, F.: Z. Techn. Phys. *12*, 593 (1931)
33 Kortüm, G.: Reflexionsspektroskopie. Berlin, Göttingen, Heidelberg, New York: Springer 1966
34 Kortüm, G.; Kortüm-Seiler, M.: Z. Naturforsch. *2a*, 652 (1947)
35 Goebel, D. G.: J. Opt. Soc. Am. *56*, 783 (1966)
36 Kortüm, G.; Braun, W.; Herzog, G.: Angew. Chem. *75*, 653 (1963); Angew. Chem. intern. Edit. *2*, 333 (1963)
37 Stenius, A. S.: Svens Papperstudning 54, 663 (1951)
38 Kortüm, G.; Schreyer, G.: Angew. Chem. *67*, 694 (1955)
39 Schwuttke, G.: Z. Angew. Phys. *5*, 303 (1953)
40 Frei, R. W.; McNeil, J. D.: Diffuse Reflectance Spectroscopy in Environmental Problem-Solving. Cleveland, Ohio: CRC-Press 1973
41 Kortüm, G.; Friz, M.: Ber. Bunsenges. Phys. Chem. *73*, 605 (1969)
42 Hezel, U.: Angew. Chem. *85*, 334 (1973)
43 Hezel, U.: GIT, Fachz. Lab. *21*, 694 (1977)
44 Zeiss, Chromatogramm-Spektralphotometer, Literaturverz. 1977; A 50-675/K 18-d
45 Bell, A. G.: Amer. J. Sci. *20*, 305 (1880); Phil. Mag. *11*, 510 (1881)
46 Tyndall, J.: Proc. Roy. Soc. *31*, 307 (1881)
47 Röntgen, W. C.: Phil. Mag. *11*, 308 (1881)
48 Rosencwaig, A.; Gersho, A.: Science *190*, 556 (1975)
49 Rosencwaig, A.; Gersho, A.: J. Appl. Chem. *47*, 64 (1976)
50 Rosencwaig, A.: Photoacoustics and Photoacoustic Spectroscopy. Chemical Analysis, Vol. 57 (Eds. Elring, P. J.; Wineforder, J. D.), New York: Wiley (1980)
51 Wetsel, G. C.; McDonald, F. A.: Appl. Phys. Lett. *30*, 252 (1977)
52 Görtz, W.; Perkampus, H.-H.: Z. Physik. Chem. NF. *134*, 31 (1983)
   Clarenbach, B.; Perkampus, H.-H.: Fresenius Z. Anal. Chem. 1985, im Druck
53 McDonald, F. A.; Wetsel, G. C.: J. Appl. Phys. *49*, 2313 (1978)
54 Burggraf, L. W.; Leyden, D. E.: Appl. Phys. *51*, 4985 (1980)
55 Pelzl, J.; Bein, B. K.: Z. Physik. Chem. NF. *134*, 17 (1983)
56 Rosencwaig, A., in: Adv. Electronics a. Electron Physics (Ed. Marton, L.), Vol. 46, 207–311. New York: Academic Press
57 McChelland, J. F.; Knisely, R. N.: Appl. Opt. 15, 2658 (1976); Appl. Phys. Letters *28*, 467 (1976)
58 Perkampus, H.-H.: Naturwissenschaften *69*, 162 (1982)
59 Nordhaus, O.; Pelzl, J.: Appl. Phys. *25*, 221 (1981)
60 Rosencwaig, A.: Photoacoustics and Photoacoustic-Spectroscopy, Vol. 57 d. Serie Chem. Anal. (Eds. Elving, P. J.; Wineforder, J. D.). New York: Wiley 1980
61 Yoh-han Pao (Ed.): Optoacoustic Spectroscopy and Detection. New York: Academic Press 1977
62 Gliemeroth, G.: priv. Mitteil.
63 Katalog für Farb- und Filterglas, Schott, Mainz, Nr. 3525 (1974)
64 Görtz, W.; Perkampus, H.-H.: Fresenius Z. Anal. Chem. 310, 77 (1982)
65 Helander, P.; Lundstroem, J.; McQueen, D.: J. Appl. Phys. *52*, 1146 (1981)
66 Lin, J. W.; Dudek, L. P.: Anal. Chem. *51*, 1627 (1979)

67 Brücher, H.; Perkampus, H.-H.: Fresenius Z. Analyt. Chem. *320*, 330 (1985)

68 Tilgner, R.; Lüscher, E.: Z. Physik. Chem. NF *111*, 19 (1978)

69 Meichenin, D.; Auzel, F.: J. Physique, Suppl. Fasc. 10 *C6*-151 (1983)

70 Roark, J. C.; Palmer, R. A.: Chem. Phys. Lett. *60*, 112 (1978)

71 Plichon, V.; Cecile, J. L.; Boissay, S.; Maillot, M.: J. Physique, Suppl. Fasc. 10 *C6*-109 (1983)

72 Breuer, H. D.; Jacob, H.; Düster, G.: Appl. Opt. *21*, 41 (1982)

73 Breuer, H. D.; Jacob, H.: Chem. Phys. Lett. *73*, 172 (1980)

74 Breuer, H. D.: J. Physique, Suppl. Fasc. 10 *C6*-321 (1983)

75 Rosencwaig, A.: Opt. Commun. *7*, 305 (1973)

76 Rosencwaig, A.: Anal. Chem. *47*, 5921 (1975); Phys. Today *28*, 23 (1975)

77 Breuer, H. D.: Naturwissenschaften *67*, 91 (1980)

78 Adams, M. J.; Beadle, B. C.; King, A. A.; Kirkbright, G. F.: Analyst 101, 553 (1976)

79 Junge, K.; Bein, B.; Pelzl, J.: J. Physique, Suppl. Fasc. 10 *C6*-55 (1983)

80 Adams, M. J.; Kirkbright, G. F.: Analyst *102*, 670 (1977)

81 Xiao Li; Brücher, K.-H.; Görtz, W.; Perkampus, H.-H.: J. Physique, Suppl. Fasc. 10 *C6*-137 (1983)

82 Görtz, W.; Perkampus, H.-H.: Fresenius Z. Analyt. Chem. *310*, 77 (1982)

83 Helander, P.; Lundstroem, J.; McQueen, D.: J. Appl. Phys. *52*, 1146 (1981)

84 McChelland, J. C.; Knisely, R. N.: Appl. Opt. *13*, 2658 (1976)

85 Teng, Y. C.; Royce, B. S. H.: J. Opt. Soc. Am. *70*, 557 (1980)

86 Görtz, W.: Dissert. Univers. Düsseldorf, 1982

87 Schneider, S.; Coufal, H.: IBM Res. Rep. RJ 3352, 12/28/81

88 Schneider, S.; Coufal, H.: J. Chem. Phys. *76*, 2919 (1982)

89 Schneider, S.; Möller, U.; Coufal, H., in: Photoacoustic-Principles and Applications (Eds. Coufal, H.; Korpiun, P.; Lüscher, E.). Wiesbaden: Vieweg 1981

90 Schneider, S.; Möller, U.; Alicka, M.: J. Physique, Fasc. 10 *C6*-407 (1983)

91 Görtz, W.; Perkampus, H.-H.: Z. Naturforschg. A, *38a*, 1022 (1983)

92 Görtz, W.; Perkampus, H.-H., in: Photoacoustic-Principles and Applications (Eds. Coufal, H.; Korpiun, P.; Lüscher, E.). Wiesbaden: Vieweg 1981

93 Lahmann, W.; Ludewig, H. J.: Chem. Phys. Lett. *45*, 177 (1977)

94 Adams, M. J.; Highfield, J. G.; Kirkbright, G. F.: Anal. Chem. *52*, 1260 (1980)

95 Adams, M. J.; Highfield, J. G.; Kirkbright, G. F.: ibid. *49*, 1850 (1977)

96 Rockly, M. G.; Wangh, K. M.: Chem. Phys. Lett. *54*, 597 (1978)

97 Cahen, D.; Garty, H.; Becker, R. S.: J. Phys. Chem. *84*, 3384 (1980)

98 Görtz, W.; Perkampus, H.-H.: Fresenius Z. Anal. Chem. *316*, 180 (1983)

99 Hess, P., in: Top. Curr. Chem. Vol. 111, (Ed. Boschke, F. L.). Berlin, Heidelberg, New York: Springer 1983

100 Murphy, J. C.; Amondt, L. C.: J. Appl. Phys. *48*, 3502 (1977)

101 Bechthold, P. S.; Campagna, M.; Chatzepetros, J.: Optics Comm. *36*, 369 (1981); Bechthold, P. S.; Campagna, M.: Optics Comm. *36*, 373 (1981)

102 Pelzl, J.; Klein, K.; Nordhaus, O.: App. Optics *21*, 94 (1982)

103 Bechthold, P. S.: J. Photoacoust. *1*, 87 (1982)

104 Breuer, H. D., in: Photoacoustic-Principles and Applications (Eds. Coufal, H.; Korpiun, P.; Lüscher, E.). Wiesbaden: Vieweg 1981

105 Tam, A. C.; Patel, C. K. N.: Nature (London) *280*, 304 (1979)

106 Hey, E.; Gollnick, K.: J. Photoacoust. *1*, 1 (1982)

107 Longworth, J. W.: Luminescence Spectroscopy, in: Creation and Detection of the Excited State (Ed. Lamola, A.), Bd. 1, Teil A, Kap. 7. New York: Dekker 1971, S. 343ff.

108 Perkampus, H.-H., in: Ullmanns Encyklopädie der techn. Chemie (Ed. Kelker, H.), 4. Aufl., Bd. 5. Weinheim: Verlag Chemie 1980, S. 269ff.

109 Eisenbrand, J.: Fluorimetrie. Stuttgart: Wiss. Verlagsges. 1966

110 Zander, M.: Fluorimetrie. Anleit. chem. Laboratoriumspraxis, Bd. 17. Berlin, Heidelberg, New York: Springer 1981

111 Kasha, M.: Discuss. Faraday Soc. *9*, 14 (1950)

112 Haller, W.; Perkampus, H.-H.: Ber. Bunsenges. Phys. Chem. *82*, 200 (1978); Haller, W.: Dissert. Univers. Düsseldorf 1977

113 Perkampus, H.-H.; Petermann, G.: Ber. Bunsenges. Phys. Chem. *73*, 805 (1969)

114 Kepler, R. G.; Caris, J. C.; Avakion, P.; Abramson, E.: Phys. Rev. Letters *10*, 400 (1963)

115 Bettermann, H.: Dissert., Univers. Düsseldorf 1983

116 Bettermann, H.; Perkampus, H.-H.: in Vorbereit.

117 Dörr, F.: Angew. Chem. *78*, 457 (1966)

118 Dörr, F.: Polarized Light in Spectroscopy and Photochemistry, in Creation and Detection of the Excited State (Ed. Lamola, A. A.), Bd. 1, Part. A. New York: Dekker 1971, S. 53ff.

119 Perkampus, H.-H.; Knop, J. V.; Knop, A.; Kassebeer, G.: Z. Naturforsch. Teil *A 22*, 1419 (1967)

120 Parker, C. A.: Photolumineszenz of Solutions with Applications to Photochemistry and Analytical Chemistry, Kap. 5E. New York: American Elseviers 1968, S. 438ff.

121 Lloyd, J. B. F.: J. Forensic Sci. Soc. *2*, 83, 153, 235 (1971)

122 John, Ph.; Soutar, I.: Anal. Chem. *48*, 520 (1976)

123 Birks, J. B.: Photophysics of Aromatic Molecules. New York: Wiley 1970

124 Warner, I. M.; Christian, G. D.; Davidson, E. R.; Callis, J. B.: Anal. Chem. *49*, 564 (1977); Warner, I. M.; Callis, J. B.; Davidson, E. R.; Christian, G. D.: Clin. Chem. (Winston-Salem, N.C.) *22*, 1483 (1976)

125 Wright, J. C.; Tallant, D. R. u. a.: Angew. Chem. *91*, 765 (1979)

126 Perkampus, H.-H.: Ullmanns Encyklopädie der techn. Chemie, 4. Aufl., Bd. 5. Weinheim: Verlag Chemie 1980

6 Untersuchung von Gleichgewichten

Abweichungen vom Bouguer-Lambert-Beerschen Gesetz lassen sich i.allg. durch Gleichgewichte, einschließlich Assoziationsgleichgewichte, und zeitliche Veränderungen des Meßsystems erklären. Also ist die UV-VIS-Spektroskopie auch eine Methode, um Gleichgewichte und die Kinetik chemischer Reaktionen zu verfolgen. Einzige Voraussetzung ist, daß mindestens eine Komponente im ultravioletten oder sichtbaren Spektralbereich absorbiert.

6.1 Allgemeines

Formulieren wir ein Gleichgewicht zwischen den Stoffen X und Y, mit der Bildung von XY, so ist die thermodynamische Gleichgewichtskonstante:

$$K_a = \frac{a_{xy}}{a_x a_y} = \frac{c_{xy}}{c_x c_y} \cdot \frac{f_{xy}}{f_x f_y} = K_c \cdot \frac{f_{xy}}{f_x f_y}. \tag{70/1}$$

Nehmen wir an, die Extinktionskoeffizienten der drei im Gleichgewicht vorliegenden Spezies X, Y und XY wären groß ($\geq 10^4\,\mathrm{l\,mol^{-1}\,cm^{-1}}$), so können wir bei relativ niedrigen Konzentrationen arbeiten, d.h., wir haben eine nahezu ideale Lösung. In diesem Fall würden die Aktivitätskoeffizienten in guter Näherung gleich „Eins" sein, und die Gleichgewichtskonstante ist durch das Verhältnis der Gleichgewichtskonzentrationen eindeutig bestimmt. Damit geht dann die Bestimmung der Gleichgewichtskonstanten K_c auf eine statische Mehrkomponentenanalyse zurück (s. Abschn. 4.2). Allgemein gilt für die gemessene Extinktion A, bezogen auf die Schichtdicke d (optische Dichte „D"), und bei gegebenen Ausgangskonzentrationen c_{ox}, c_{oy}:

$$D = \frac{A_{\tilde{\nu}}}{d} = (c_{ox} - c_{xy})\,\varepsilon_x + (c_{oy} - c_{xy}) \cdot \varepsilon_y + \varepsilon_{xy} \cdot c_{xy}. \tag{71/1}$$

Wenn das Produkt XY, was häufig der Fall ist, ein bathochrom gegen die Edukte X und Y verschobenes Absorptionsspektrum aufweist, so kann man eine Wellenzahl $\tilde{\nu}$ bzw. Wellenlänge λ auswählen, bei der die Extinktionskoeffizienten ε_x und ε_y gleich Null sind, d.h., die ersten beiden Summanden in Gl. (71/1) verschwinden. Die Bestimmung der Konzentration des Produkts XY ist dann bei bekannten ε_{xy} leicht durchzuführen, so daß mit den vorgegebenen Ausgangskonzentrationen von c_{ox} und c_{oy} die Gleichgewichtskonstante bestimmt werden kann. Häufig liegt der Fall vor, daß von den Edukten X und Y eine Komponente im UV-VIS-Spektralbereich für $\lambda > 220$ nm überhaupt nicht absorbiert. Derartige Systeme sind stets bei protolytischen Gleichgewichten realisiert, da das Proton bzw. das H_3O^+-Ion oder das OH^--Ion diese oben genannte Bedingung erfüllen.

6.2 Protolytische Gleichgewichte; pK-Werte

Grundsätzlich sind folgende Fälle zu unterscheiden:

a) $BH^+ + H_2O \rightleftharpoons B + H_3O^+$,

b) $Ar{-}OH + H_2O \rightleftharpoons Ar{-}O^- + H_3O^+$,

c) $Ar{-}COOH + H_2O \rightleftharpoons ArCOO^- + H_3O^+$.

Im Fall a) haben wir die Dissoziation einer Kationsäure zu betrachten, die sich mit Basen in saurer Lösung bildet.

Der Fall b) repräsentiert die Dissoziation einer aciden OH-Gruppe, wie sie z. B. bei den Phenolen vorliegt, und

der Fall c) beschreibt die Dissoziation einer Carbonsäure. Im allgemeinen ist hier der Fall verwirklicht, daß die Absorptionsspektren der Species BH^+, $Ar{-}O^-$ und $ArCOO^-$ bathochrom gegenüber den Absorptionsspektren der Species B, ArOH und ArCOOH verschoben sind, so daß an einer geeigneten Stelle des Absorptionsspektrums von BH^+, ArO^- und $Ar{-}CO^-$ das protolytische Gleichgewicht verfolgt werden kann. Ein Beispiel hierfür gibt die Abb. 47 für p-Nitrophenol.

Für die Beschreibung der Fälle a) bis c) bedienen wir uns der allgemeinen Formulierung der Dissoziationsgleichgewichte:

$$BH + H_2O \rightleftharpoons B^- + H_3O^+.$$

BH steht dann jeweils für die Kationsäure (BH^+), das Phenol (ArOH) und die Carbonsäure (ArCOOH).

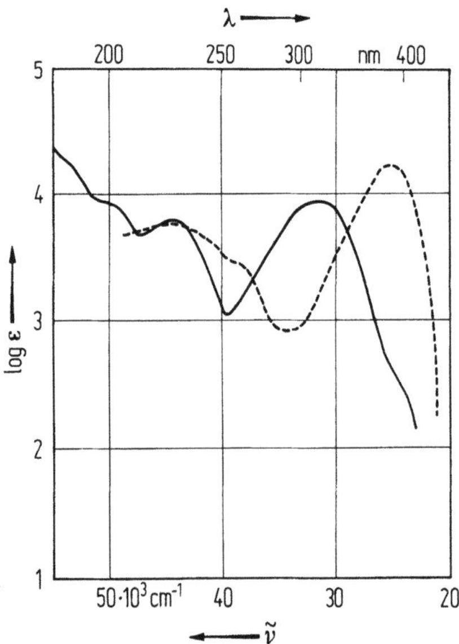

Abb. 47. Absorptionsspektrum von p-Nitrophenol. H_2O (———), pH > 9 (-----)

Für die Konzentrationen im Gleichgewicht gilt stets:

$$c_0 = c_{BH} + c_{B^-} . \tag{72/1}$$

Führt man den Dissoziationsgrad α ein, so ist das Verhältnis der Konzentration c_{B^-}/c_{BH} im Gleichgewicht gegeben zu

$$\frac{c_{B^-}}{c_{BH}} = \frac{\alpha}{1-\alpha} . \tag{72/1a}$$

Die Extinktion A bei einer bestimmten Wellenlänge λ ist gegeben zu:

$$A_{gem} = (\varepsilon_{BH} \cdot c_{BH} + \varepsilon_{B^-} \cdot c_{B^-}) \, d \tag{73/1}$$

bzw.

$$A_{gem} = A_{BH} + A_{B^-} . \tag{73/1a}$$

Mit Gl. (72/1) kann man aus Gl. (73/1) die Konzentrationen c_{BH} und c_{B^-} durch die gemessene Extinktion A_{gem} und die Extinktionskoeffizienten der reinen, am Dissozationsgleichgewicht beteiligten Species ausdrücken (mit $d = 1$ cm):

$$c_{B^-} = \frac{A_{gem} - \varepsilon_{BH} c_0}{\varepsilon_{B^-} - \varepsilon_{BH}}$$

und $\tag{74/1}$

$$c_{BH} = \frac{\varepsilon_B \cdot c_0 - A_{gem}}{\varepsilon_{B^-} - \varepsilon_{BH}} .$$

Die Gleichgewichtskonstante der protolytischen Reaktion ist definiert zu:

$$K_a = \frac{c_{B^-} f_{B^-}}{c_{BH} f_{BH}} \cdot \frac{a_{H_3O^+}}{a_{H_2O}} . \tag{75/1}$$

Mit $a_{H_2O} = 1$ und den Aktivitätskoeffizienten f_{B^-} und $f_{BH} = 1$ (verdünnte Lösung $\simeq 10^{-4}$ mol 1^{-1}) ergibt sich durch Einsetzen der obigen Ausdrücke für c_B und c_{BH^+}:

$$K = \frac{A_{gem} - \varepsilon_{BH} c_0}{\varepsilon_B \cdot c_0 - A_{gem}} a_{H_3O^+} = \frac{\alpha}{1-\alpha} a_{H_3O^+} \tag{76}$$

bzw. mit

$$A_{gem}/c_0 = \varepsilon_g'$$

(gemessene Extinktion immer bezogen auf die Einwaagekonzentration c_0! Bei $d = 1$ cm)

$$K = \frac{\varepsilon_g' - \varepsilon_{BH}}{\varepsilon_{B^-} - \varepsilon_g'} a_{H_3O^+} = \frac{\varepsilon_{BH} - \varepsilon_g'}{\varepsilon_g' - \varepsilon_{B^-}} a_{H_3O^+} . \tag{77}$$

Gl. (75/1) wird für die praktische Anwendung in logarithmierter Form benutzt:

$$pK = \log \frac{\varepsilon_{BH} - \varepsilon_g'}{\varepsilon_g' - \varepsilon_{B^-}} + pH \tag{78}$$

bzw.

$$\log \frac{\varepsilon_{BH} - \varepsilon'_g}{\varepsilon'_g - \varepsilon_{B^-}} = pH - pK. \tag{78a}$$

Gleichung (78) bzw. (78a) stellt die sogenannte Henderson-Hasselbach-Gleichung dar [1]. Die in den Gln. (76, 77) definierte Dissoziationskonstante ist nicht die „thermodynamische Dissoziationskonstante", sondern eine sogenannte „gemischte Dissoziationskonstante", da sie spektralphotometrisch und elektrochemisch direkt meßbare Größen miteinander verknüpft [2, 3, 4].

Der Zusammenhang zwischen der gemischten Dissoziationskonstanten K und der klassischen K_c sowie der thermodynamischen K_a ist gegeben zu:

$$K = K_a \cdot \frac{f_{BH}}{f_{B^-}} = K_c \cdot f_{H_3O^+} = g(c_0). \tag{79}$$

Bei Anwendung der Debye-Hückel-Theorie läßt sich aus Gl. (79) die thermodynamische Dissoziationskonstante K_a durch Extrapolation von $c_0 \rightarrow 0$ ermitteln [5, 6].

Die hier entwickelten Beziehungen stellen die Grundlagen der spektralphotometrischen Titration zur Ermittlung der pK-Werte *einstufiger* Dissoziationssysteme dar.

Die Auswertung kann nach verschiedenen Methoden erfolgen. Bei Kenntnis von ε_{BH} und ε_{B^-} in Gl. (78a) kann man den Ausdruck

$$\log \frac{\varepsilon_{BH} - \varepsilon'_g}{\varepsilon'_g - \varepsilon_{B^-}}$$

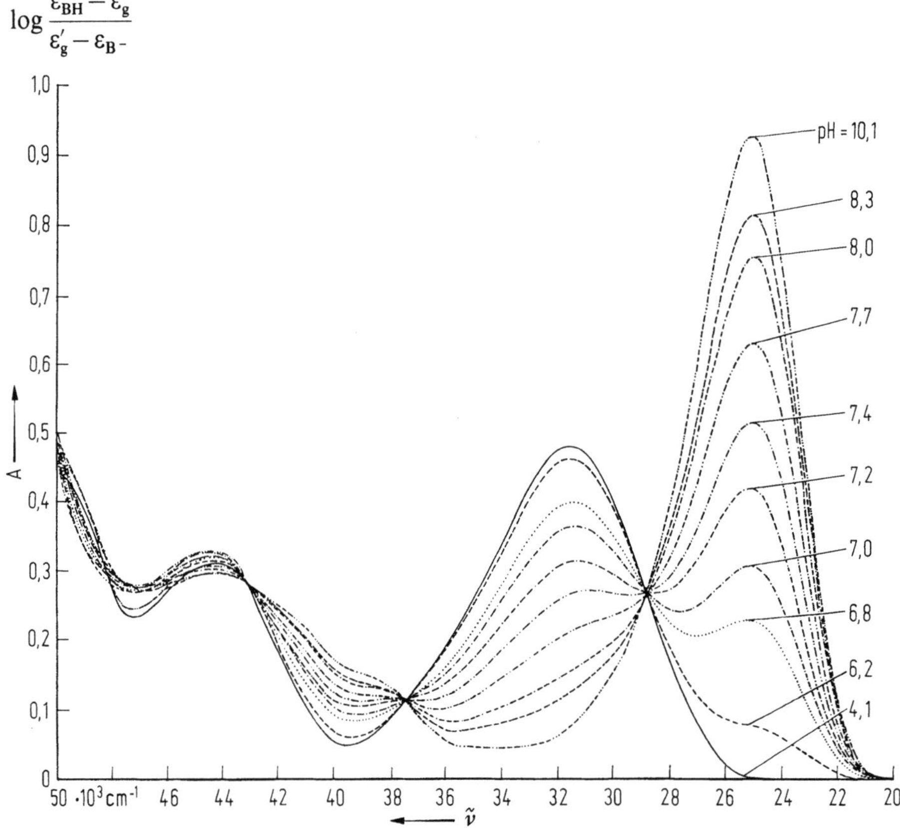

Abb. 48. pH-Abhängigkeit des Absorptionsspektrums des p-Nitrophenols

als Funktion des pH-Wertes, der z. B. durch Pufferlösungen vorgegeben werden kann, auftragen. Man erhält dann eine Gerade, die die pH-Achse bei pH = pK schneidet. An dieser Stelle gilt dann:

$$\frac{\varepsilon_{BH} - \varepsilon_g'}{\varepsilon_g' - \varepsilon_{B^-}} = 1 \quad \text{und somit} \quad \varepsilon_g' = \frac{\varepsilon_{BH} + \varepsilon_{B^-}}{2}. \tag{80}$$

In Abb. 48 sind als Beispiel die *Absorptionsspektren des p-Nitrophenols* für verschiedene pH-Werte wiedergegeben. Abb. 49 gibt die Auftragung nach Gl. (78a) entsprechend einer Auswertung, wie sie von Blume und Lachmann [7] an diesem protolytischen Gleichgewicht vorgenommen worden ist, wieder. Daraus ergibt sich der pK-Wert für p-Nitrophenol zu pK = 7,16 ± 0,003. Für den Fall p-Nitrophenol ist gemäß dem Dissoziationsgleichgewicht Typ b): $\varepsilon_{BH} = \varepsilon_{ArOH}$ und $\varepsilon_{B^-} = \varepsilon_{ArO^-}$.

Wie bei der linearen Auswertung nach Gl. (78a) gesagt, sind für die Ermittlung der pK-Werte Messungen bei verschiedenen pH-Werten notwendig. Für jede Messung wird daher eine Pufferlösung angesetzt, die zu untersuchende Probe eingewogen (c_0) oder durch Zugabe einer konzentrierten Stammlösung eingebracht. Obwohl diese Methode weit verbreitet ist, hat sie dennoch einige Nachteile. Einmal ist diese Methode sehr aufwendig und zum anderen können Einwaagefehler oder Verdünnungsfehler zu Schwankungen bei der Bruttokonzentration c_0 führen.

Von Lachmann und Polster wurden diese und zahlreiche andere *Fehlerquellen* diskutiert und diesen die Vorteile einer direkten spektrometrischen Titration gegenübergestellt [8]. Bei dieser Methode wird die Konzentration c_0 *einmal* eingewogen. Durch Zugabe von Lauge oder Säure wird für jeden Titrationsschritt der gewünschte pH-Wert eingestellt. Dann wird die Probe im Spektrometer vermessen und anschließend der nächste pH-Wert eingestellt.

Abbildung 50 gibt eine Meßanordnung für spektrometrische Titrationen unter N_2 als *Inertgas* wieder, so daß auch gegen Sauerstoff empfindliche Proben vermessen werden können [8, 9]. Im eigentlichen Titrationsgefäß (TG) wird die Titration durchgeführt (Bürette BS) und mit der Einstabmeßkette (E) der jeweilige pH-Wert gemessen.

Als Küvette für die Absorptionsmessungen wird eine modifizierte Thunberg-Küvette (K) mit einem speziellen Durchflußeinsatz verwandt. Die Küvette ist über einen Teflonschlauch (TS) mit dem Einleitungsrohr (ER) verbunden. Über die Gasleitung (GL) und die Hähne (H1 und H2) werden Küvette, Titrationsgefäß und alle Leitungen mit Reinst-Stickstoff gespült. Sobald der jeweilige pH-Wert mittels Bürette

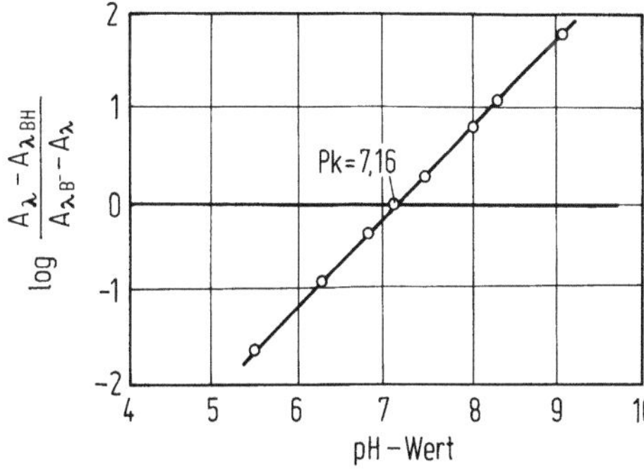

Abb. 49. Auswertung der pH-Abhängigkeit des Absorptionsspektrums des p-Nitrophenols nach der Henderson-Hasselbach-Gleichung (78a)

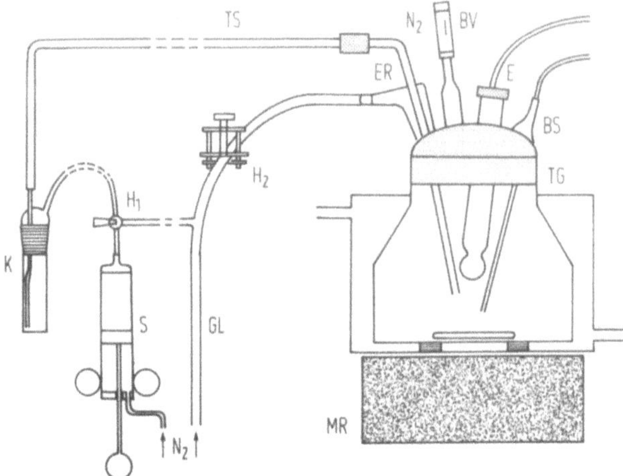

Abb. 50. Aufbau für eine photometrische Titration nach Lachmann und Polster (Abschn. 6.1 [8])

und pH-Meter eingestellt ist, wird die Lösung über die inerte Leitung (TS) mit Hilfe der Spritze (S) langsam in die Küvette gesaugt.

Durch mehrmaliges Hin- und Herpumpen wird die Küvette jeweils gründlich mit der neuen Lösung gespült. Damit keine Außenluft von hinten in die Spritze eindringt, wird die Kammer hinter dem Stempel ebenfalls mit Stickstoff gespült. Das gesamte Titrationsgefäß ist temperierbar und befindet sich auf einem Magnetrührer (MR).

Das große Volumen des Titrationsgefäßes ($V_0 = 500$ ml) hat den Vorteil, daß die Verdünnung bei der gesamten Titration nur ca. 1–2 ml beträgt, d. h., der Verdünnungsfehler ist $< 0{,}5\%$. Bei analog registrierten Titrationsspektren kann dieser Fehler daher vernachlässigt werden, die Schärfe der isosbestischen Punkte bleibt erhalten. Für genaue quantitative Auswertungen, insbesondere bei kleinen Titrationsvolumen (bis $V_0 \approx 20$ ml) muß der *Verdünnungsfehler* rechnerisch eliminiert werden [7, 8].

Die rechnerische Korrektur ergibt sich zu:

$$\frac{V_0 + V_R}{V_0} = 1 + \frac{V_R}{V_0}$$

mit $V_0 = $ Ausgangsvolumen der Titration,
$\quad V_R = $ zugegebenes Volumen am Titrationsreagenz bis zum jeweiligen Titrationsschritt.

Neben der bei Gl. (78a) bereits diskutierten linearen Auswertung sind noch eine Reihe anderer Verfahren zur Bestimmung von pK-Werten bekannt. Bei einer einstufigen Dissoziationsreaktion stellt die Abhängigkeit der gemessenen Extinktion $A_{\tilde{\nu}}$ vom pH-Wert eine S-förmige Kurve dar.

Aus Gl. (77) folgt durch Auflösung nach ε'_g:

$$\varepsilon'_g = \frac{\varepsilon_{B^-} K + \varepsilon_{BH} a_{H_3O^+}}{a_{H_3O^+} + K} = \frac{\varepsilon_{B^-} 10^{-pK} + \varepsilon_{BH} 10^{-pH}}{10^{-pH} + 10^{-pK}} \tag{81}$$

bzw. mit

$$\varepsilon'_g = A_g/c_0; \quad \varepsilon_{B^-} = A_{B^-}/c_0 \quad \text{und} \quad \varepsilon_{BH} = A_{BH}/c_0 \ (d = 1 \text{ cm!})$$

$$A_g = \frac{A_{B^-} 10^{-pK} + A_{BH} 10^{-pH}}{10^{-pH} + 10^{-pK}}. \tag{81a}$$

Die S-förmigen spektrometrischen Titrationskurven können nach Gl. (81a) berechnet werden. Auf der Anwendung der Gl. (81a) beruht die *Wendepunktsbestimmung* zur Ermittlung des pK-Wertes. Voraussetzung für die Wendepunktsanalyse ist, daß die Titrationskurven punktsymmetrisch zum gesuchten pK-Wert sind, d.h., pK-Wert und Wendepunkt identisch sind [10]. Für die genaue Bestimmung des Wendepunktes bedient man sich des Tangentenverfahrens [10], des Ringverfahrens [11] und des Differentialverfahrens [6, 10]. Bei diesen Verfahren ist die Kenntnis der Endwerte ε_{B^-} und ε_{BH} der Titration nicht erforderlich.

Kennt man diese Endwerte, so kann man die Halbierung der gesamten Extinktionsänderung entsprechend Gl. (80) anwenden, da dann der zu ε'_g zugehörige Wert auf der pH-Skala dem pK-Wert entspricht. Weitere Verfahren nutzen die Linearisierung der Titrationskurven aus.

Eines dieser Verfahren hatten wir in Verbindung der Henderson-Hasselbach-Gleichung (78a) bereits besprochen. Ein zweites Verfahren geht wieder von Gl. (77) aus. Danach erhält man dann den Ausdruck:

$$(\varepsilon'_g - \varepsilon_{BH}) \cdot a_{H_3O^+} = K \cdot (\varepsilon_{B^-} - \varepsilon'_g) \quad \text{bzw.}$$

$$(\varepsilon'_g - \varepsilon_{BH}) \cdot 10^{-pH} = -K \varepsilon'_g + K \varepsilon_{B^-}. \tag{82}$$

Trägt man die linke Seite gegen ε'_g bzw. A_{gem} auf, so erhält man eine Gerade, deren Neigung direkt K liefert.

Die Bestimmung von pK-Werten einstufiger Dissoziationssysteme kann man modifizieren. Ausgehend von Gl. (75/1) können wir schreiben:

$$pK = pH + \log \frac{c_{BH}}{c_{B^-}} + \log \frac{f_{BH^+}}{f_B}. \tag{83}$$

Bei $pK = pH$ ist $\log \frac{c_{BH}}{c_{B^-}} = 0$, d.h., $c_{BH} = c_{B^-}$, wenn man ferner zunächst davon ausgeht, daß die Aktivitätskoeffizienten $f_{BH} = f_{B^-} = 1$ zu setzen sind. Wenn man daher eine äquimolare Lösung von BH und B$^-$ ansetzt, sollte sich ein pH-Wert einstellen, der dem pK-Wert entspricht. In vielen Fällen kann man diese Bedingung nur näherungsweise erfüllen. Mißt man aber in einer derartigen Lösung spektralphotometrisch das Konzentrationsverhältnis c_{BH}/c_{B^-} und gleichzeitig den pH-Wert der Lösung, so kann man sehr leicht genaue pK-Werte ermitteln, da bei $pH \simeq pK$ das Verhältnis c_{BH}/c_{B^-} spektralphotometrisch am genauesten bestimmt werden kann. Allerdings müssen bei dieser Methode wiederum die Extinktionskoeffizienten ε_{BH} und ε_{B^-} bekannt sein, siehe Gl. (74/1). Im Prinzip ist dieses Verfahren auf die Wendepunktanalyse und auf eine spektrometrische Titration in der Nähe des Wendepunktes zurückzuführen. Von Perkampus und Prescher wurden so die *pK-Werte von Pyridin und seinen Methylderivaten* bestimmt, wobei der Einfluß des Aktivitätskoeffizienten f_{BH^+} in Gl. (83) nach Debye-Hückel berücksichtigt wurde [12]. Da auf diese Weise auch die Temperaturabhängigkeit leicht gemessen werden kann, sind nach den bekannten thermodynamischen Beziehungen alle Daten zur Beschreibung der protolytischen Gleichgewichte zugänglich.

Allen erwähnten Methoden haftet der Mangel an, daß die Zuverlässigkeit der pK-Werte von der konventionellen pH-Skala abhängig ist. Bei einstufigen Dissoziationsreaktionen kann man jedoch zeigen, daß auch eine *rein optische Bestimmung* der pK-Werte möglich ist. Nach den eingangs vorgestellten drei Dissoziationstypen gilt z. B. für ein Phenol, wenn es in Wasser gelöst ist, auf Grund der Elektroneutralitätsbedingung:

$$c_{H_3O^+} = c_{ArO^-} = \alpha \cdot c_0 ,$$

$$K = \frac{c_{H_3O^+} \cdot c_{ArO^-}}{c_{ArOH}} = \frac{c_{ArO^-}^2}{c_0 - c_{ArO^-}} = \frac{\alpha^2}{1 - \alpha} c_0 \tag{84}$$

mit α als dem Dissoziationsgrad des Phenols bzw. einer anderen Species. Bei der Anwendung dieser Beziehung nimmt man ferner an, daß ein Wellenlängenbereich existiert, in dem die reine Säure, hier das Phenol, nicht absorbiert, $\varepsilon_{ArOH} = 0$.

Aus Abb. 47 für das *p-Nitrophenol* ist zu ersehen, daß diese Voraussetzung hier gegeben ist. Bei vorgegebener Konzentration c_0, Schichtdicke d, und bei Kenntnis des alkalischen Endwertes A_{ArO^-}, sind dann durch Absorptionsmessung der reinen wäßrigen Lösung des Phenols oder einer anderen Säure die Konzentration c_{ArO^-} und somit nach Gl. (84) α und K leicht zugänglich. Variiert man in mehreren Ansätzen die Einwaage c_0, so kann durch Extrapolation auf die Ionenstärke $J = 0$, z. B. mit Hilfe der Debye-Hückelschen Grenzgleichung die thermodynamische Dissoziationskonstante K_a ermittelt werden [5, 6].

Das vorgestellte Verfahren ist eigentlich keine Titrationsmethode, da jeweils nur zwei Zustandspunkte einer Titration photometrisch untersucht werden:

1. das alkalische Titrationsende: $c_{ArO^-} = c_0$,
2. die reine wäßrige Lösung: $\quad c_{ArO^-} = c_{H_3O^+}$.

Statt einer pH-Messung wird also eine Präzisionsbestimmung der Einwaage c_0 und des Extinktionskoeffizienten ε_{ArO^-} durchgeführt. Die Problematik der konventionellen pH-Skala wird daher umgangen.

Falls die Voraussetzung $\varepsilon_{ArOH} = 0$ in dem zu untersuchenden Wellenlängenbereich nicht erfüllt ist, so kann man bei Kenntnis von ε_{ArOH} den Dissoziationsgrad α durch ein Näherungsverfahren ermitteln [13]. Detaillierte und sorgfältige Untersuchungen zur photometrischen Bestimmung von Dissoziationskonstanten einstufiger Dissoziationsgleichgewichte in Lösungsmittelgemischen wurden von Kortüm und Shih durchgeführt [14].

Aus den vorstehenden Betrachtungen ist zu ersehen, daß auf Grund der stöchiometrischen Randbedingung die spektrometrischen Titrationssysteme stets nur durch eine *Konzentrationsvariable* beschrieben werden (c_{BH} oder c_{B^-}).

Für die bei der Wellenlänge „1" gemessene Extinktion folgt dann nach Gl. (3) (mit $c_{B^-} = c_0 - c_{BH}$):

$$\begin{aligned} A_1 &= \varepsilon_{1,BH} c_{BH} d + \varepsilon_{1,B^-} c_{B^-} d \\ &= \varepsilon_{1,BH} c_{BH} d + \varepsilon_{1,B^-} c_0 d - \varepsilon_{1,B^-} c_{BH} d . \end{aligned}$$

Bringt man den konstanten Ausdruck $\varepsilon_{1,B^-} c_0 d = A_{1,B^-}$ auf die linke Seite, so erhält man:

$$\Delta A_1 = A_1 - A_{1,B^-} = (\varepsilon_{1,BH} - \varepsilon_{1,B^-}) c_{BH} d . \tag{85}$$

Für eine Wellenlänge „i" ergibt sich analog:

$$\Delta A_i - A_{i,B^-} = (\varepsilon_{i,BH} - \varepsilon_{i,B^-}) c_{BH} d . \tag{85a}$$

Dividiert man Gl.(15) durch Gl.(15a), so erhält man die Gleichung des sogenannten Extinktions-Differenzen(ΔA)-Diagramms:

$$\frac{\Delta A_1}{\Delta A_i} = \frac{\varepsilon_{1,BH} - \varepsilon_{1,B^-}}{\varepsilon_{i,BH} - \varepsilon_{i,B^-}} = Z_i, \tag{86}$$

$$\Delta A_1 = Z_i \Delta A_i. \tag{86a}$$

Z_i ist eine Konstante, die aus den Extinktionskoeffizienten der Kationsäure (oder Phenol) und Base (oder Phenolation) bei den Wellenlängen λ und λ_1 gebildet wird.

Nach dieser Gleichung sollte ein ΔA-Diagramm Geraden ergeben, die durch den Koordinatensprung gehen, wobei die Neigung durch Z_i gegeben ist. In Abb. 51 ist das ΔA-Diagramm für p-Nitrophenol bei acht Wellenlängenkombinationen wiedergegeben [7, 8]. Man erkennt, daß die Linearität bis pH ≤ 9 sehr gut erfüllt ist. Bei $\lambda_i = 205$ nm tritt eine Abweichung auf, die darauf zurückzuführen ist, daß sich hier das OH^--Ion mit seiner Eigenabsorption bemerkbar macht. Das ΔA-Diagramm kann daher als Test für die Einheitlichkeit bzw. Einstufigkeit des entsprechenden Dissoziationsgleichgewichtes herangezogen werden und gestattet, in Verbindung mit den Absorptionsspektren den günstigsten photometrischen Meßbereich auszuwählen.

Neben dem ΔA-Diagramm kann man die Messungen auch in einem *Extinktionsdiagramm* beschreiben. Addiert man in Gl.(86a) A_{1,B^-}, so erhält man (s. Gl.(85)):

$$A_1 = Z_i A_i - Z_i A_{i,B^-} + A_{1,B^-},$$
$$A_1 = Z_i A_i + c_0 d |\varepsilon_{1,B^-} - Z_i \cdot \varepsilon_{i,B^-}|. \tag{87}$$

A_1 in Abhängigkeit von A_i aufgetragen, ergibt ebenfalls eine Gerade, die im Gegensatz zum ΔA-Diagramm nicht durch den Nullpunkt geht [9]. Ergänzend sei bemerkt, daß ΔA_i, A_i selbstverständlich auf die variablen pH-Werte als Parameter bezogen sind. In Abb. 51 ist daher als nichtlineare Hilfsskala der pH-Wert am rechten Rand aufgetragen, sowie der Dissoziationsgrad α, der sich direkt aus $c_{BH}/c_{B^-} = \alpha/1 - \alpha$, siehe Gl.(72/1a), ergibt.

Aus Gl.(86) läßt sich unmittelbar die Existenz von *isosbestischen Punkten* ablesen. Wenn $\varepsilon_{1,BH} = \varepsilon_{1,B^-}$ gilt, ist die Extinktionsänderung während der gesamten Titration gleich Null. Falls sich die Titrationsspektren schneiden, müssen sie daher stets scharfe isosbestische Punkte bilden.

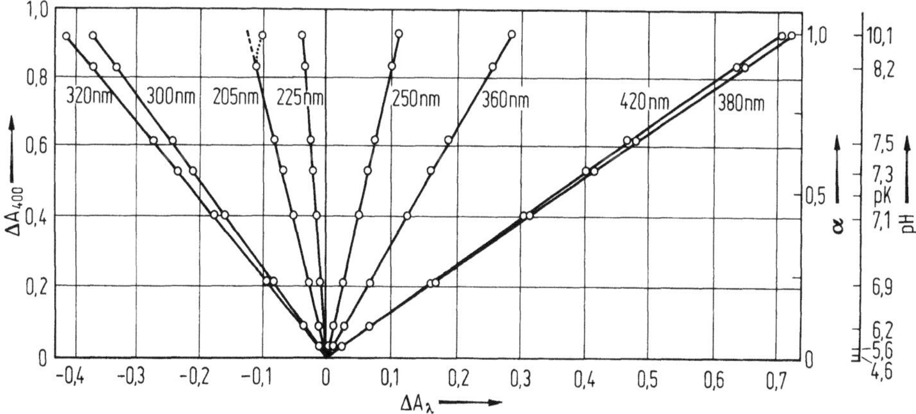

Abb. 51. Extinktionsdifferenzen-Diagramm (ΔAD) zu Abb. 49, nach Lachmann [8]

Die Gln. (86, 86a) und (87) stellen die Kriterien einer graphischen Matrix-Rang-Analyse für den Rang $s = 1$ dar [8, 9]; s. Kap. 7.2.

Häufig hat man bei der *spektralphotometrischen Untersuchung von Dissoziationsgleichgewichten* zwei- und mehrstufige Titrationssysteme vorliegen. Wenn bei derartigen Systemen die Überlappung der einzelnen Dissoziationsgleichgewichte gering ist, so können sie in einstufige Teilsysteme zerlegt werden. Als Richtwert kann man annehmen, daß bei pK-Wertdifferenzen pK > 3,5 bis 4 eine Überlappung bei der zur Zeit erreichbaren Meßgenauigkeit nicht mehr nachweisbar ist. In diesem Fall kann man die einzelnen Teilsysteme nach den bisher besprochenen Methoden auswerten. Ein gutes Kriterium für die Nichtüberlappung liefern die A-Diagramme, die für jedes Teilsystem gemäß Gl.(87) eine Gerade ergeben sollten, die sich schneiden [15]. Am Beispiel des 3-Desoxy-pyridoxol würden diese Verhältnisse von Lachmann ausführlich diskutiert [9].

Hydroxyderivate des Phenazins stellen im Prinzip dreistufige Dissoziationssysteme dar. Für ihre Stufen können wir die folgenden Gleichgewichte angeben:

$$\text{Dikation} \xrightleftharpoons{K_1} \text{Monokation} \xrightleftharpoons{K_2} \text{Base} \xrightleftharpoons{K_3} \text{Anion}.$$

Im pH-Bereich ≥ 0 beobachtet man jedoch nur die Stufen K_2 und K_3, da K_1 im Bereich der Hammett-Funktion liegt [16, 17]. Abb. 52 zeigt für drei Wellenlängen die A(pH)-Kurven, die sehr deutlich den großen Abstand zwischen den beiden Stufen K_2 und K_3 erkennen lassen. Hier ist ohne Schwierigkeiten eine Auswertung nach der Wendepunktsmethode bzw. nach Gl.(78a) möglich [16]. Man erhält dann:

$$\begin{aligned} pK_2 &= 1{,}75, \\ pK_3 &= 8{,}60, \end{aligned} \qquad \Delta pK = 6{,}85.$$

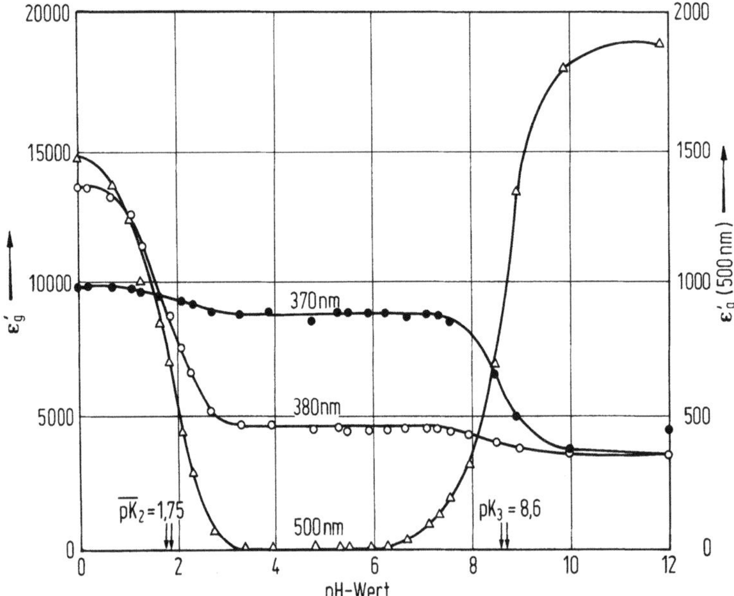

Abb. 52. Extinktion als Funktion des pH-Wertes für drei verschiedene Wellenlängen; 4-Hydroxyphenanzin

Die Auswertung der Titrationsspektren mehrstufiger Dissoziationssysteme wird sofort kompliziert, wenn die pK-Werte dicht beieinander liegen, d.h., wenn $\Delta pK < 3$ wird. Für die Analyse derartiger Systeme sind in den letzten Jahren zahlreiche Verfahren entwickelt worden. Der konsequenten Anwendung und Auswertung der Extinktionsdiagramme, der Extinktions-Differenz-Diagramme und der Extinktions-Differenzen-Quotienten-Diagramme kommt dabei besondere Bedeutung zu, wie von Polster [18, 19, 20, 21] und Lachmann [8, 9, 22] gezeigt wurde. Die graphische Auswertung sämtlicher Teilbereiche einer mehrstufigen spektrophotometrischen Titration erfordert viel Arbeit. Für Routineauswertungen mehrstufiger Titrationssysteme ist daher ein nicht-lineares Curve-Fitting-Verfahren unter Einbeziehung *aller* A-pH-Kurven ausgearbeitet worden [23]. Für die Auswertung einzelner A(pH)-Kurven waren derartige Verfahren bereits bekannt [24, 25, 26].

Da in der Regel die Extinktionskoeffizienten aller Species nicht direkt experimentell bestimmbar sind, werden bei diesen Verfahren meist die pK-Werte und alle Koeffizienten als Unbekannte angenommen [8,9]. Bekannt sind für n Wellenlängen und j pH-Werte die jeweils gemessenen Extinktionswerte $A_\lambda(pH)$, die sich formal durch die zunächst nicht bekannten Extinktionskoeffizienten $\varepsilon_\lambda(pH)$ und pK-Werte darstellen lassen. Bei jedem Iterationsschritt können daher die $A_{\lambda,gem}$ und $A_{\lambda,ber}$ miteinander verglichen, bzw. es kann nach der Methode der kleinsten Fehlerquadrate das Minimum einer Fehlerfunktion gesucht werden.

Dieses nicht-lineare Curve-Fitting-Verfahren eignet sich selbstverständlich auch zur Optimierung für einstufige und mehrstufige *nicht* überlappende Titrationssysteme. Seine Überlegenheit zeigt sich aber gerade bei mehrstufigen überlappenden Titrationssystemen, wie von Lachmann gezeigt wurde [9].

So findet man für Phthalsäure (zweistufige) nach diesem Verfahren die folgenden pK-Werte:

$$pK_1 = 2{,}92 \pm 0{,}01, \qquad \Delta pK = 2{,}42.$$
$$pK_2 = 5{,}34 \pm 0{,}01,$$

Für die Benzol-tricarbonsäure-(1,2,4) ergeben sich

$$pK_1 = 2{,}53 \pm 0{,}01, \qquad \Delta pK = 1{,}44,$$
$$pK_2 = 3{,}97 \pm 0{,}01, \qquad \Delta pK = 1{,}44.$$
$$pK_3 = 5{,}41 \pm 0{,}01,$$

6.3 Komplexbildungsgleichgewichte

Bei einem chemischen Gleichgewicht bildet sich eine neue chemische Species. Die neue durch Hauptvalenzkräfte zusammengehaltene Verbindung ist im allgemeinen isolierbar, ihre physikalischen und chemischen Eigenschaften können genau bestimmt werden. Falls die Verbindung ein chromophores System beinhaltet, ist das UV-VIS-Absorptionsspektrum im Sinne unserer Ausführungen als bekannt anzunehmen.

Bei Komplexbildungs- bzw. Assoziationsgleichgewichten ist diese Voraussetzung in vielen Fällen nicht gegeben, so daß die quantitative Untersuchung im UV-VIS oft Schwierigkeiten bereitet. Selbst wenn Komplexe oder Molekülverbindungen im *festen* Zustand isoliert werden können, neigen sie doch dazu, auf Grund der schwachen

Bindungskräfte in Lösung zu dissoziieren, so daß i. allg. der Extinktionskoeffizient eines stöchiometrisch definierten Komplexes (Molekülverbindung, Assoziat) in Lösung nicht direkt zugänglich ist.

Allgemein läßt sich eine Komplexbildung in Lösung durch die folgende Reaktionsgleichung beschreiben:

$$m\,D + n \cdot A \rightleftharpoons D_m A_n. \tag{88}$$

Da jede Art von Wechselwirkung, die zur Bildung eines stöchiometrisch zusammengesetzten Komplexes oder Assoziates führt, durch eine Donator-Acceptor-Wechselwirkung beschrieben werden kann, wurden in Gl. (88) D für Donator und A für Acceptor eingeführt.

Nach der spezifischen Art dieser Wechselwirkung können wir zwischen Protonendonatoren und -Acceptoren sowie Elektronendonatoren und -Acceptoren unterscheiden. Im ersten Fall liegen die Assoziationsgleichgewichte der Wasserstoffbrücke, im zweiten Fall die Bildungsgleichgewichte der Molekülverbindungen (auch EDA-Komplexe bzw. CT-Komplexe genannt) vor. Auch die zahlreichen Komplexe zwischen Metallkationen und anorganischen bzw. organischen Liganden sind den EDA-Wechselwirkungen zuzuordnen.

Neben dem Gleichgewicht (88) muß auch die Eigenassoziation berücksichtigt werden:

$$n \cdot M \rightleftharpoons M_n. \tag{89}$$

Mit $n = 2$ haben wir eine Dimerisierung vor uns. Wird n sehr groß, liegt eine Polymerassoziation vor, wie sie von Scheibe an den Kationen der Polymethinfarbstoffe beschrieben worden ist [27, 28].

Eine ausführliche Darstellung aller Typen von Komplexbildungs- bzw. Assoziationserscheinungen kann hier nicht gegeben werden.

6.3.1 H-Brückenassoziation

Bei den H-Brückenassoziationsgleichgewichten müssen wir zwischen einer Eigenassoziation nach Gl. (89) und einer Mischassoziation nach Gl. (88) unterscheiden.

Im Fall $n = m = 1$ haben wir dann den einfachsten Fall der H-Brückenmischassoziation vorliegen. Bei der Eigenassoziation, die bevorzugt bei den Alkoholen untersucht worden ist, tritt neben $n = 2$ in Abhängigkeit von der Konzentration auch eine Mehrfachassoziation auf: $n \geq 3$. Da hier die Beeinflussung der OH-Valenzschwingung der charakteristische Parameter ist, sind derartige Untersuchungen fast immer im IR-Spektralbereich durchgeführt worden. Seit den bahnbrechenden Arbeiten von Mecke und Kempter [29] ist eine unübersehbare Fülle von Arbeiten zur H-Brückenbindung erschienen [30].

Auch die *Mischassoziation* ist häufig im IR-Spektralbereich untersucht worden, wobei wieder die Beeinflussungen der OH-Valeszenzschwingung des Protonendonators als Indikator diente, während der Acceptor die Bedingung, im OH-Valenzschwingungsbereich *nicht* zu absorbieren, erfüllen muß. Außerdem muß die Konzentration des Donators so klein gehalten werden, daß eine Eigenassoziation vernachlässigt oder getrennt ermittelt werden kann [31, 32, 33].

Im Gegensatz zu IR- und NMR-Untersuchungen sind Messungen im UV-VIS-Spektralbereich und ihre *quantitativen* Auswertungen relativ selten. Dies mag daran liegen, daß ein derart charakteristisches Merkmal, wie die OH-Valenzschwingung im Schwingungsspektrum, bei den Elektronenanregungsspektren nicht gegeben ist. Benutzt man jedoch als Protonenacceptoren ungesättigte N-Heterocyclen, so kann man auch die im UV-VIS-Spektralbereich charakteristischen Verschiebungen der Absorptionsspektren auf eine Wasserstoffbrückenbindung zurückführen.

Am bekanntesten sind dabei Protonen-Donatoren-Acceptor-Wechselwirkungen, bei denen der Acceptor einen $n \rightarrow \pi^*$-Übergang besitzt, der infolge der Wechselwirkung hypsochrom verschoben wird [34, 35, 36].

Diese schon früh beobachteten [37] und nicht auf Aza-Aromaten beschränkten Erscheinungen treten auf, wenn man Spektren einer bestimmten Substanz in aprotischen Lösungsmitteln mit denen der gleichen Substanz in protischen Lösungsmitteln vergleicht. Solche Bandenverschiebungen im UV-VIS-Spektrum stellen sich auch ein, wenn der Protonendonator nicht direkt als Lösungsmittel verwendet wird, sondern einer Lösung des Aza-Aromaten im inerten Lösungsmittel zugesetzt wird [38, 39].

Ein Beispiel für die Änderung des UV-Spektrums beim Übergang von n-Heptan zu Wasser (pH 6, Phosphatpuffer) als Lösungsmittel gibt Abb. 53 für *Chinoxalin* wieder [40]. In Abhängigkeit von der Alkoholkonzentration im Lösungsmittelsystem iso-Propylalkohol/n-Heptan wurde die H-Brückenassoziation mit Chinoxalin spektralphotometrisch verfolgt [41].

Neben Chinoxalin wurden auch substituierte Chinoxaline eingesetzt, um den Einfluß z. B. der Methylsubstitution auf die Acceptorstärke verfolgen zu können. Stets treten scharf ausgeprägte isosbestische Punkte auf, die auf das Vorliegen von Assoziationsgleichgewichten hinweisen (Abb. 54).

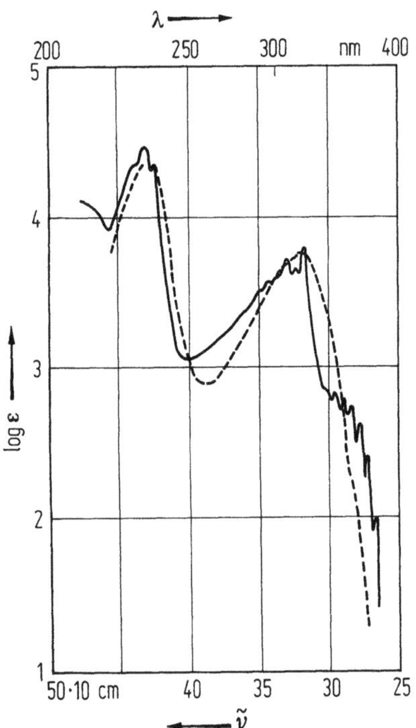

Abb. 53. Absorptionsspektrum des Chinoxalins. n-Heptan (————), H₂O (- - - - -)

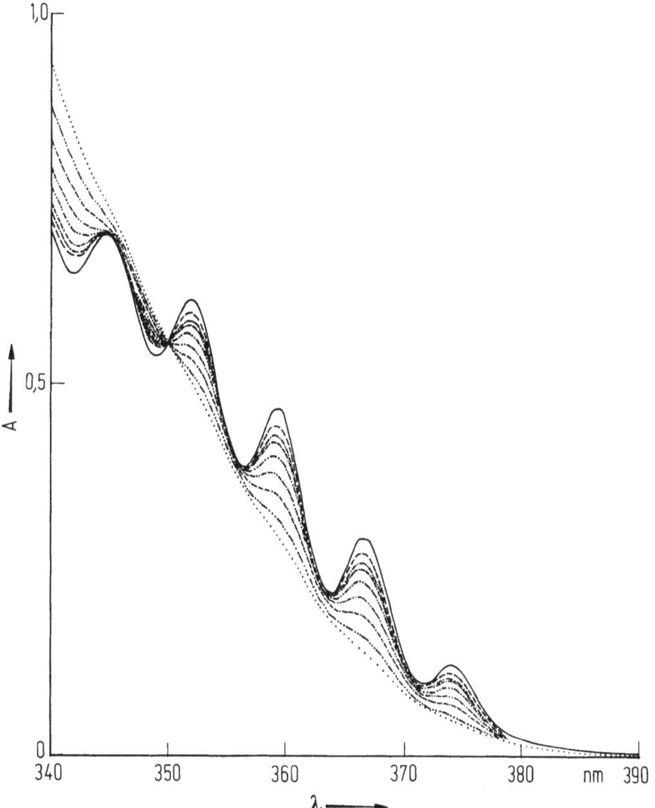

Abb. 54. n-π*-Bande des Chinoxalins in Abhängigkeit von der Konzentration an Iso-propyl-
alkohol (von oben nach unten zunehmend)

Die in Abb. 54 dargestellten Spektren in Abhängigkeit von der Alkoholkonzentration entsprechen formal den im vorhergehenden Abschnitt behandelten Titrationsspektren. Analog zur Henderson-Hasselbach-Gleichung (78, 78a) ergibt sich für ein
derartiges Assoziationsgleichgewicht:

$$B + nA = BA_n,\tag{90}$$

$$\log K = \log \frac{c_{Ass}}{c_B} - n\log c_A = \log \frac{\varepsilon_B - \varepsilon'_g}{\varepsilon'_g - \varepsilon_{Ass}} - n\,\log c_A\tag{91}$$

mit ε_B = Extinktionskoeffizient der unassoziierten Basenmoleküle,

ε_{Ass} = Extinktionskoeffizient der reinen Assoziate (BA_n),

ε'_g = A_{gem}/c_0 mit c_0 = Bruttokonzentration der Base $(d = 1\,cm)$,

c_A = Alkoholkonzentration; c_B und c_{Ass}: Konzentrationen an Base und Assoziat im
          Gleichgewicht.

Für das System Chinoxalin/iso-Propanol ergibt sich für Alkoholkonzentrationen
$c_A \leq 1\,mol\,l^{-1}$ beim Auftragen von $\log(\varepsilon_B - \varepsilon'_g)/(\varepsilon'_g - \varepsilon_{Ass})$ gegen $\log c_A$ eine Gerade mit
der Neigung n = 1. Dies bedeutet, daß bei kleinen Alkoholkonzentrationen ein 1:1-H-
Brückenassoziat gebildet wird.

Analoge Untersuchungen haben Brealey und Kasha [42] am System
Pyridazin/Ethanol durchgeführt. Die Auswertung nach Gl.(91) liefert auch hier eine

Gerade mit der Neigung n = 1 im Bereich kleiner Ethanolkonzentrationen $c_A < 1 \, mol \, l^{-1}$, so daß wiederum ein 1:1-Assoziat vorliegt. In diesem Konzentrationsbereich wird die n → π*-Bande des Pyridazins um $1450 \, cm^{-1}$ hypsochrom verschoben. Oberhalb dieser Alkoholkonzentration bis zu reinem Alkohol erfolgt eine zusätzliche hypsochrome Verschiebung um weitere $1000 \, cm^{-1}$, die vergleichsweise gering ist gegenüber der Verschiebung um $1450 \, cm^{-1}$.

Da in den Spektren kein isosbestischer Punkt beobachtet wird, müssen neben der möglichen Ausbildung einer zweiten H-Brücke zusätzliche konkurrierende Wechselwirkungen in Betracht gezogen werden (Lippert [43]).

Im Gegensatz zu den erwähnten quantitativen Beispielen sind zahlreiche Untersuchungen zur H-Brücke im UV-VIS derart ausgeführt worden, daß die Blauverschiebung von n → π*-Banden und Rotverschiebung der π → π*-Banden in Alkoholen gegenüber ihrer Lage in n-Hexan (o. ä.) aprotischen Lösungsmitteln ermittelt wurden. Wie Pimentel zeigte, lassen sich die Bandenverschiebungen $\Delta\tilde{\nu}_a$ in cm^{-1} mit den H-Brückenenergien bzw. ihren Differenzen im Grundzustand und angeregtem Zustand sowie der Franck-Condon-Anregungsenergie korrelieren [44].

Derartige Untersuchungen, bei denen der Protonendonator einfach im Überschuß zugesetzt oder direkt als Lösungsmittel benutzt wird, sind bequem durchzuführen. Sie lassen i. allg. auch die wesentlichen spektroskopisch erfaßbaren Veränderungen erkennen, wenngleich es sich dabei immer um einen Endwert, z. B. einer Rotverschiebung $\Delta\tilde{\nu}_a$ einer π → π*-Bande handelt. Zur genauen Betrachtung der Intensitäten oder der Schwingungsfeinstruktur sind derartige Messungen nicht geeignet, da die den Spektren zu Grunde liegende molekulare Struktur der Assoziate nicht genau definiert werden kann:

Bei zu geringer Protonendonatorkonzentration ist der Acceptor unvollständig komplexiert und das Spektrum des H-Brückenkomplexes des Acceptors ist durch das der freien Base überlagert.

Ein größerer Protonendonatorüberschuß führt zwar zu ausreichender Komplexierung des Acceptors, gleichzeitig aber auch zu weiteren Assoziationen, deren Auswirkung auf das Spektrum erheblich sein kann.

Es ist daher sinnvoll, das Spektrum einer einzigen, möglichst genau definierten Assoziatstruktur zum Vergleich mit dem Spektrum des freien Acceptors heranzuziehen. Hierfür kommt besonders die einfachste Struktur DH ... A in Betracht, die man in verdünnter Lösung in einem inerten Lösungsmittel mit Monoazaaromaten als Acceptoren realisieren kann [45].

Als Acceptoren wurden z. B. folgende Basen untersucht: Pyridin, Chinolin, iso-Chinolin, 5,6-Benzochinolin, 5,6-Benzoisochinolin, Acridin, 2,3-Benzoacridin und 1,2,7,8-Dibenzacridin.

Mit dem Protonendonator 1,1,1,3,3,3-Hexafluor-isopropanol (HFIP) ist in einer beliebigen Mischung die gemessene Extinktion gegeben zu:

$$\frac{A_{ges}(\lambda)}{d} = \varepsilon_B(\lambda) \cdot c_B + \varepsilon_K(\lambda) \, c_K; \tag{92}$$

ε_B: Extinktionskoeffizient der reinen Base,

ε_K: Extinktionskoeffizient des reinen 1:1-Komplexes,

c_B, c_K: die Gleichgewichtskonzentrationen von Base und Komplex.

Wie in Abschn. 5.2 am Beispiel des iso-Chinolins dargelegt wurde, kann für die Basenkonzentration eine Eichgerade mittels der Derivativspektroskopie 1. Ordnung erstellt werden, so daß die Gleichgewichtskonzentration c_B der Base für jede HFIP-Konzentration ermittelt werden kann. Damit ist dann aber wegen $c_0 = c_B + c_K$ die Konzentration c_K ebenfalls bekannt, so daß sich für die Extinktionskoeffizienten des H-Brückenkomplexes ergibt:

$$\varepsilon_K(\lambda) = \frac{1}{c_K}\left[\frac{A_{ges}(\lambda)}{d} - \varepsilon_B(\lambda)\,c_B\right]. \tag{93}$$

Als Bestätigung für das Vorliegen *eines* (spektroskopisch) einheitlichen Assoziattyps kann die Tatsache gelten, daß man bei verschiedenen Komplexierungsgraden (bis zu 80%) völlig übereinstimmende Spektren $\varepsilon_K(\lambda)$ für den Wasserstoffbrückenkomplex erhält [45]. In Abb. 55 ist die langwellige Bande des H-Brückenkomplexes 1,2,7,8-Dibenzacridin-HFIP in n-Heptan im Vergleich zur freien Base wiedergegeben. Man erkennt, daß das Spektrum des Komplexes, wie in diesen Systemen zu erwarten, bathochrom verschoben ist, da es sich um die Beeinflussung eines π–π*-Überganges handelt.

Für die anderen genannten Basen wurden die Komplexspektren analog ermittelt. (Diskussion [45, 46]).

Da durch die Gleichgewichtskonzentration c_B die Konzentration des Komplexes c_K bei vorgegebener Bruttokonzentration c_0 gegeben ist, kann so die Assoziationskonstante $K_{c,T}$ ermittelt werden [47]. Wegen der relativ hohen Extinktionskoeffizienten der N-Heterocyclen sind die UV-VIS-Messungen bei relativ niedrigen Konzentrationen der Basen $(c_{OB} \geq 10^{-5}\,\text{mol}\,\text{l}^{-1})$ möglich, so daß in guter Näherung von einer

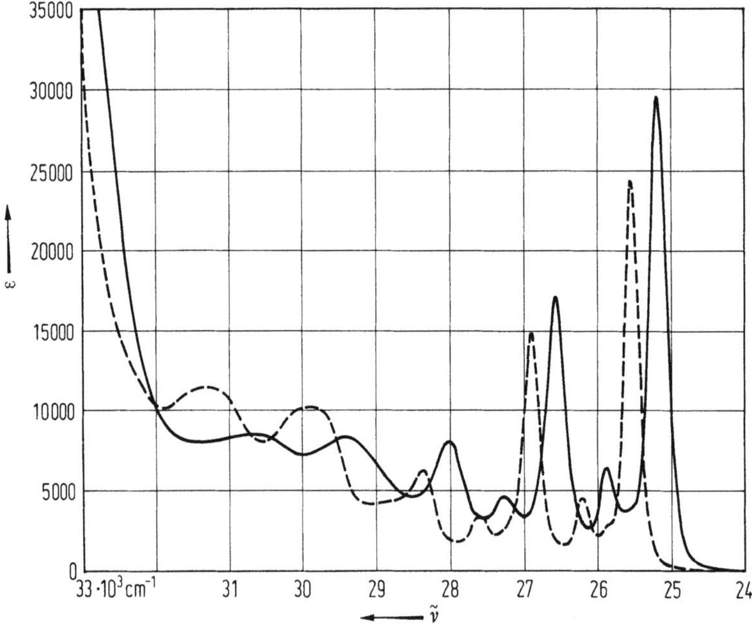

Abb. 55. Langwellige Absorptionsbande des 1,2,7,8-Dibenzacridins n-Heptan (‑ ‑ ‑ ‑ ‑); H-Brückenkomplex mit Hexafluorisopropanol 1/1 (————) in n-Heptan

idealen Lösung ausgegangen werden kann. Für das *1,2,7,8-Dibenzacridin* wurde die H-Brückenassoziation in Tetrachlorkohlenstoff ausführlich untersucht [47]. CCl_4 wurde gewählt, weil die Ergebnisse mit Untersuchungen im IR-Spektralbereich verglichen werden können. Tab. 15 belegt innerhalb der Meßgenauigkeit eine sehr gute Übereinstimmung der K_c-Werte.

Tabelle 15. Assoziationskonstanten des 1,2,7,8-Dibenzacridins (DBA) mit Protonendonatoren in CCl_4; 293 K. Vergleich der IR- und UV-VIS-spektroskopischen Daten [47]

Protonendonator	$K_c|1\,\text{mol}^{-1}|$	
	IR	UV-VIS
Phenol	51,0	49,7
4-Fluorphenol	79,8	84,4
4-Chlorphenol	123,0	124,0
4-Bromphenol	132,0	132,0
3,4,5-Trichlorphenol	578,0	569,0
1,1,1,3,3,3-Hexafluorisopropanol	257,0	277,0
2,2,2-Trifluorethanol	~25,0*	23,8

* Zur IR-Bestimmung des Systems Trifuorethanol (DBA) sind hohe Basekonzentrationen (bis zur Sättigung) erforderlich. Die Assoziationskonstante ist daher durch IR-Messung nicht genau bestimmbar

Aus der Temperaturabhängigkeit der K_c-Werte lassen sich die zugehörigen thermodynamischen Daten der Assoziationsgleichgewichte ermitteln [47].

Die ausgezeichnete Übereinstimmung zwischen IR- und UV-VIS-Messungen zeigt eine Möglichkeit, die bei den IR-Untersuchungen zur H-Brückenassoziation nicht gegeben ist. Während für Untersuchungen im IR als Lösungsmittel fast ausschließlich CCl_4 verwendet wurde (zum Teil Tetrachlorethylen), können bei den Messungen im UV-VIS nun die Untersuchungen in unterschiedlichen Lösungsmitteln durchgeführt werden. Besonders n-Hexan oder n-Heptan sind ideale Lösungsmittel, da sie als „Normallösungsmittel" die geringsten das Assoziationsgleichgewicht beeinflussenden zwischenmolekularen Wechselwirkungen hervorrufen.

Die K_c-Werte in CCl_4, n-Heptan, Benzol und Toluol lassen außerordentlich starke Lösungsmitteleffekte erkennen, die sich nicht nur in den Absolutwerten der Assoziationskonstanten bemerkbar machen, sondern auch in den H-Brückenbindungsenthalpien. In n-Heptan sind die Assoziationskonstanten beträchtlich größer als in CCl_4 oder dem Extremfall Benzol, wo sehr kleine K_c-Werte gefunden werden. Hier machen sich spezifische Wechselwirkungen der Lösungsmittel mit den gelösten Protonendonatoren bemerkbar, die als Konkurrenzvorgänge mit eingehen [48, 49].

Wie die Beispiele zeigen, kann auch die UV-VIS-Spektroskopie zur quantitativen Untersuchung der H-Brückenassoziationsgleichgewichte herangezogen werden. Bei einer Mischassoziation mit Protonenacceptoren, die intensive $\pi \to \pi^*$-Übergänge aufweisen, kann man bei sehr geringen Konzentrationen arbeiten im Vergleich zur IR-Spektroskopie. Bei der Verwendung von Alkoholen als Protonendonatoren hat man zudem wieder die günstige Voraussetzung vorliegen, daß eine Komponente des Assoziationsgleichgewichtes im UV-VIS-Spektralbereich nicht absorbiert. Schließlich bietet die Möglichkeit, in n-Heptan bzw. n-Hexan arbeiten zu können, den großen Vorteil, den Einfluß des Lösungsmittels auf Grund spezifischer Wechselwirkung zwischen Lösungsmittel und Gelöstem auf ein Minimum zu reduzieren.

6.3.2 EDA-Komplexe

Unter dem Begriff Komplexe nehmen die sogenannten *Elektronen-Donator-Acceptor*-Komplexe (EDA), auch *Charge-Transfer*-Komplexe (CT), eine Sonderstellung ein. Sie bilden sich oft als stöchiometrisch definierte 1:1-Komplexe in Lösung und zeichnen sich durch langwellig gegen die Eigenabsorption der Donator- und Acceptorkomponente verschobene, breite und strukturlose Absorptionsbanden aus (Extinktionskoeffizienten zwischen $500 \leq \varepsilon_{max} \leq \sim 20\,000$ $[l\,mol^{-1}\,cm^{-1}]$) [50].

Diese Tatsache ermöglicht es, spektralphotometrisch die *Bildungsgleichgewichte* zu untersuchen, um die Gleichgewichtskonstanten und die Extinktionskoeffizienten der Komplexe zu bestimmen.

Ausgehend vom Gleichgewicht (88) erhalten wir für K_c

$$K_c = \frac{c_{D_m A_n}}{c_D^m \cdot c_A^n} = \frac{c_{D_m A_n}}{(c_{0D} - m\, c_{D_m A_n})^m (c_{0A} - n\, c_{D_m A_n})^n} . \tag{94}$$

Hierin sind c_{0D} und c_{0A} die Einwaagekonzentrationen an Donator und Acceptor sowie $c_{D_m A_n}$ die Gleichgewichtskonzentration des Komplexes.

Für den häufigsten Fall eines 1:1-Komplexes vereinfacht sich Gl. (94) mit $m = n = 1$:

$$K_c = \frac{c_{DA}}{(c_{0D} - c_{DA})\,(c_{0A} - c_{DA})} . \tag{94a}$$

Die gemessene Extinktion A_g ergibt sich für eine ausgewählte Wellenlänge aus der Gleichgewichtszusammensetzung zu:

$$A_g = \varepsilon_D \cdot (c_{0D} - c_{DA}) \cdot d + \varepsilon_A (c_{0A} - c_{DA}) \cdot d + \varepsilon_{DA} \cdot c_{DA} \cdot d . \tag{95}$$

Hieraus erhält man für c_{DA}:

$$c_{DA} = \frac{A_g - (\varepsilon_D c_{0D} + \varepsilon_A c_{0A})\, d}{(\varepsilon_{DA} - \varepsilon_A - \varepsilon_D) \cdot d} = \frac{\Delta A}{\Delta \varepsilon \cdot d} = \frac{D'}{\Delta \varepsilon} \tag{96}$$

mit $\Delta A = A_g - \varepsilon_D c_{0D} d - \varepsilon_A \cdot c_{0A} d = A_g - A_D - A_A$

bzw. $\Delta A / d = D'$ als optische Dichte

und $\Delta \varepsilon = \varepsilon_{DA} - \varepsilon_A - \varepsilon_D$.

Um eine lineare Beziehung für die Auswertung zu erhalten, bilden wir den Kehrwert von (94a)

$$\frac{1}{K_c} = \frac{c_{0D} \cdot c_{0A}}{c_{DA}} - (c_{0D} + c_{0A}) + c_{DA} . \tag{97}$$

Da bei diesen Untersuchungen meist mit einem Überschuß des Donators gearbeitet wird, gilt in guter Näherung $c_{0D} + c_{0A} \gg c_{DA}$.

Berücksichtigen wir dies und setzen c_{DA} nach (96) ein, so erhalten wir die Beziehung:

$$\frac{1}{K_c} = \frac{c_{0D} c_{0A} d \, \Delta\varepsilon}{\Delta A} - (c_{0D} + c_{0A}) = \frac{c_{0D} c_{0A} \Delta\varepsilon}{D'} - (c_{0D} + c_{0A})$$

sowie nach Umformung und Umstellung:

$$\frac{c_{0D} c_{0A} d}{(c_{0D} + c_{0A}) \Delta A} = \frac{c_{0D} c_{0A}}{(c_{0A} + c_{0D}) D'} = \frac{1}{K_c \Delta\varepsilon} \cdot \frac{1}{c_{0D} + c_{0A}} + \frac{1}{\Delta\varepsilon}. \tag{98}$$

Trägt man daher die linke Seite gegen $1/c_{0D} + c_{0A}$ auf, so erhält man aus der Steigung der Geraden $(K_c \Delta\varepsilon)^{-1}$ und aus dem Ordinatenabschnitt $(\Delta\varepsilon)^{-1}$.

Bei Kenntnis der Extinktionskoeffizienten vom Donator (ε_D) und Acceptor (ε_A) erhält man somit ε_{DA} und K_c.

Wie angedeutet, wird auf Grund der geringen Löslichkeit der Acceptoren mit einem Überschuß des Donators gearbeitet, so daß häufig gilt: $c_{0D} \gg c_{0A}$. Gleichung (98) geht dann in die Ketelaar-Gleichung [59] über (99):

$$\frac{c_{0A} \cdot d}{\Delta A} = \frac{c_{0A}}{D'} = \frac{1}{K_c c_{0D} \cdot \Delta\varepsilon} + \frac{1}{\Delta\varepsilon}. \tag{99}$$

Unter der Voraussetzung, daß der Donator in dem untersuchten Spektralbereich nicht absorbiert ($\varepsilon_D = 0$), wird außerdem $\Delta A = A_g - A_A$ und $\Delta\varepsilon = \varepsilon_{DA} - \varepsilon_A$, so daß sich (99) auch in der Form schreiben läßt:

$$\frac{1}{\varepsilon' - \varepsilon_A} = \frac{1}{K_c c_{0D}(\varepsilon_{DA} - \varepsilon_A)} + \frac{1}{\varepsilon_{DA} - \varepsilon_A} \tag{99a}$$

$$\text{mit} \quad \varepsilon' = \frac{A_g}{c_{0A} d} \quad \text{und} \quad \varepsilon_A = \frac{A_A}{c_{0A} d}.$$

Auftragung und Auswertung sind analog zu Gl. (98).

Häufig ist auch der Fall realisiert, daß Donator *und* Acceptor in dem fraglichen Spektralbereich nicht absorbieren ($\varepsilon_A = \varepsilon_D = 0$). Dann geht Gl. (99) in die bekannte Benesi-Hildebrand-Gleichung [52] über (100):

$$\frac{1}{\varepsilon'} = \frac{c_{0A} d}{A_{gem}} = \frac{c_{0A}}{D} = \frac{1}{K_c c_{0D} \cdot \varepsilon_{DA}} + \frac{1}{\varepsilon_{DA}}, \tag{100}$$

die auch in der Form geschrieben wird:

$$\frac{c_{0A} \cdot c_{0D}}{D} = \frac{c_{0A} \cdot c_{0D} \cdot d}{A_{gem}} = \frac{1}{K_c \cdot \varepsilon_{DA}} + \frac{1}{\varepsilon_{DA}} \cdot c_{0D}. \tag{100a}$$

Nach (100a) wird die linke Seite gegen c_{0D} aufgetragen, so daß sich aus der Neigung ε_{DA} und aus dem Ordinatenabschnitt $K_c \cdot \varepsilon_{DA}$ ermitteln lassen. Nach (100) wird

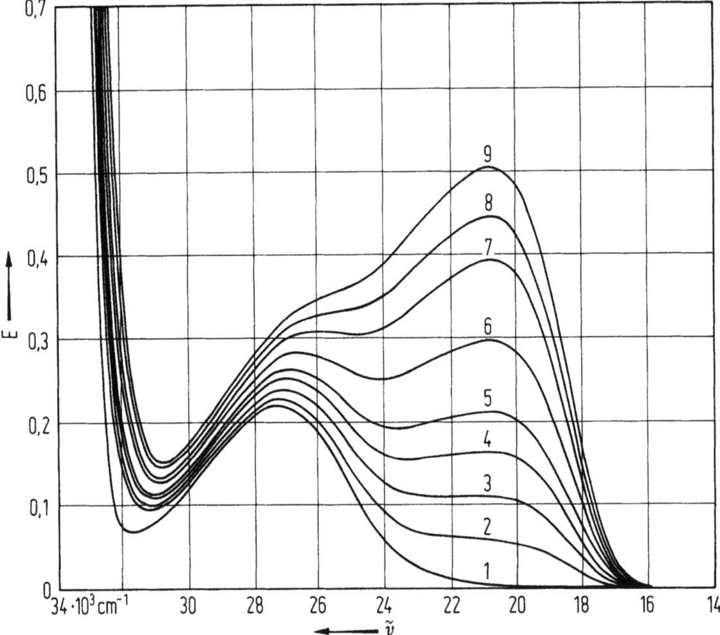

Abb. 56. EDA-Komplexbildung im System Durol/Chloranil; $c_{\mathrm{Chloranil}} = 9{,}69 \cdot 10^{-4}\,\mathrm{M}$; c_{Durol}:
$1 = 1{,}033 \cdot 10^{-2} - 9 = 12{,}4 \cdot 10^{-2}\,\mathrm{M}$; Raumtemperatur; $d = 1\,\mathrm{cm}$

dagegen $\dfrac{c_{\mathrm{0A}} \cdot d}{A_{\mathrm{g}}}$ gegen $1/c_{\mathrm{0D}}$ aufgetragen: Steigung $= (K_{\mathrm{c}} \cdot \varepsilon_{\mathrm{DA}})^{-1}$; Ordinatenabschnitt:
$\varepsilon_{\mathrm{DA}}^{-1}$.

Als Beispiel für eine EDA-Komplexbildung sind in Abb. 56 die Spektren des *Gleichgewichtssystems Durol/Chloranil* in CCl_4 wiedergegeben. Es ist zu ersehen, daß das Absorptionsmaximum bei $\lambda = 481\,\mathrm{nm}$ (entsprechend $20\,800\,\mathrm{cm}^{-1}$) praktisch nicht von der Eigenabsorption des Acceptors (Chloranil) und des Donators (Durol) unterlagert ist, d.h., die Voraussetzung $\varepsilon_{\mathrm{A}} = \varepsilon_{\mathrm{D}} = 0$ trifft hier und für die restliche Absorptionsbande zu größeren Wellenlängen (kleineren Wellenzahlen) hin zu.

Bei diesem Beispiel wurde die Konzentration des Donators (Durol) variiert und die Konzentration des Acceptors konstant gehalten. Dies ermöglicht die graphische Auswertung nach Gl. (100) bzw. (99a), wenn man auch für $\lambda < \lambda_{\mathrm{max}}$ bzw. $\tilde{\nu} > \tilde{\nu}_{\mathrm{max}}$ auswerten will, da in diesem Bereich die Eigenabsorption des Acceptors nicht mehr zu vernachlässigen ist. Abbildung 57 zeigt die Auftragung nach Gl. (100). Eine lineare Ausgleichsrechnung liefert die Ausgleichsgerade zu:

$$Y = 1{,}802 \cdot 10^{-4}\,x + 3{,}873 \cdot 10^{-4}$$

mit

$$Y = \frac{c_{\mathrm{0A}} \cdot d}{A} \quad \text{und} \quad x = \frac{1}{c_{\mathrm{0D}}}.$$

Damit ergibt sich aus $3{,}873 \cdot 10^{-4} = \varepsilon_{\mathrm{DA}}^{-1}$

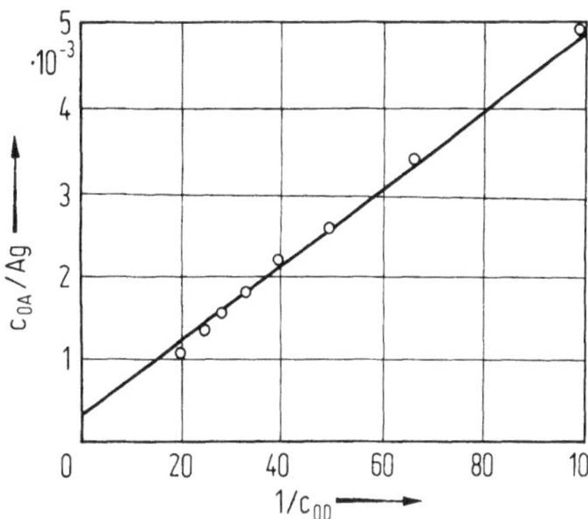

Abb. 57. Auswertung der Spektren in Abb. 56 nach Gl. (100)

$\varepsilon_{DA} = 2580 \pm 300 \; [\mathrm{l \cdot mol^{-1} cm^{-1}}]$

sowie $1{,}802 \cdot 10^{-4} = (K_c \cdot \varepsilon_{DA})^{-1}$

$K_c \cdot \varepsilon_{DA} = 5549$ und somit

$K_c = 2{,}15 \pm 0{,}26 \; [\mathrm{l \cdot mol^{-1}}]$.

Wie Abb. 57 zeigt, wird die Ermittlung des Ordinatenabschnitts durch die Meßfehler erheblich beeinflußt.

Ein weiterer Fehler bei dieser Auswertung ist darin zu suchen, daß bei der Ableitung der für die graphische Auswertung notwendigen Beziehungen Gln. (98) bis (100a) die *Aktivitätskoeffizienten* in erster Näherung vernachlässigt wurden (zur Diskussion des Einflusses der Aktivitätseffekte s. Briegleb [53] und Scott [54].

Alle Beziehungen (99) bis (100a) gestatten die graphische Auswertung. Wegen der unvermeidlichen Meßfehler können, wie gesagt, dabei zum Teil erhebliche Unsicherheiten in den K_c- und ε_{DA}-Werten auftreten. Liptay [55] hat ein numerisches Verfahren entwickelt, das die Messung verschiedener Konzentrationsreihen mit dem Vorteil der Auswertung bei verschiedenen Wellenlängen kombiniert und zunächst Informationen über die Zahl der gebildeten Komplexe gibt.

Ausgehend vom Gleichgewicht (94) können wir allgemein bei einer Wellenlänge i für eine vermessene Lösung die Extinktion A_i bzw. optische Dichte D_i wie folgt angeben ($A_i = D_i$ für $d = 1$ cm!):

$$D_i = \varepsilon_{i,D_m A_n} \cdot c_{D_m A_n} - \varepsilon_{i,D} \cdot m \, c_{D_m A_n} - n \varepsilon_{i,A} c_{D_m A_n} + \varepsilon_{i,D} c_{0D} + \varepsilon_{i,A} c_{0A} . \tag{101}$$

Bringen wir die für jede Lösung konstanten Ausdrücke auf die linke Seite, so erhalten wir

$$D_i' = D_i - \varepsilon_{i,D} \cdot c_{0D} - \varepsilon_{i,A} c_{0A} = (\varepsilon_{i,D_m A_n} - m \varepsilon_{i,D} - n \varepsilon_{i,A}) c_{D_m A_n} \tag{102}$$

$$D_i' = \Delta \varepsilon_i \cdot c_{D_m A_n} \quad \text{mit} \quad \Delta \varepsilon_i = \varepsilon_{i,D_m A_n} - m \varepsilon_{i,D} - n \varepsilon_{i,A} \; (\text{s. Gl. (96)}).$$

Die D_i' hängen jeweils noch von den Konzentrationen c_{0D} und c_{0A} ab. Kombiniert man die Messung von q Lösungen mit der Messung bei p Wellenlängen, so können die derart bestimmten Werte D_{iK} in einer Matrix zusammengefaßt werden:

$$D_{ik}' = \begin{vmatrix} D_{11}' & D_{12}' & D_{13}' \ldots D_{1q}' \\ D_{21}' & D_{22}' & D_{23}' \ldots D_{2q}' \\ \cdots\cdots\cdots\cdots\cdots\cdots \\ D_{p1}' & D_{p2}' & D_{p3}' \ldots D_{pq}' \end{vmatrix} \tag{103}$$

Da vorausgesetzt wurde, daß nur ein Gleichgewicht und somit neben den Komponenten D und A der Komplex D_mA_n vorliegt, ist der Rang der Matrix gleich Eins und sämtliche Spalten sowie Zeilen müssen zueinander proportional sein.

Dies ist nicht der Fall, wenn weitere Assoziationsgleichgewichte vorliegen. Liegen zwei Gleichgewichte vor, so ist der Rang gleich zwei.

Normiert man die Matrix (103) auf eine bestimmte Frequenz m, setzt also

$$D_{mk} = 1 \quad \text{für alle Lösungen k} \tag{104}$$

und berechnet die Werte

$$\varrho_{ik} = \frac{D_{ik}}{D_{mk}} \tag{105}$$

für alle Lösungen k und Wellenlängen i, so ergibt sich eine neue Matrix:

$$(\varrho_{ik}) = \begin{vmatrix} \varrho_{11} & \varrho_{12} \cdots \varrho_{1q} \\ \varrho_{21} & \varrho_{22} \cdots \varrho_{2q} \\ \cdots\cdots\cdots\cdots \\ \varrho_{p1} & \varrho_{p2} \cdots \varrho_{pq} \end{vmatrix} . \tag{106}$$

Ist der Rang der Matrix gleich Eins, dann müssen in (106) alle Zeilen innerhalb der experimentellen Genauigkeit gleich sein, d. h.

$$\varrho_{i1} = \varrho_{i2} = \cdots = \varrho_{iq} . \tag{107}$$

Wenn daher umgekehrt die experimentellen Werte die Beziehug (107) erfüllen, so liegt in der Lösung i. allg. nur ein Komplex vor, dessen Absorption sich von der der Komponenten im untersuchten Wellenlängenbereich unterscheidet.

Als Beispiel für die *numerische Matrixanalyse* sei das Beispiel *Naphthalin/Tetracyanoethylen* (TCE) angeführt. Abbildung 58 gibt zunächst die Spektren

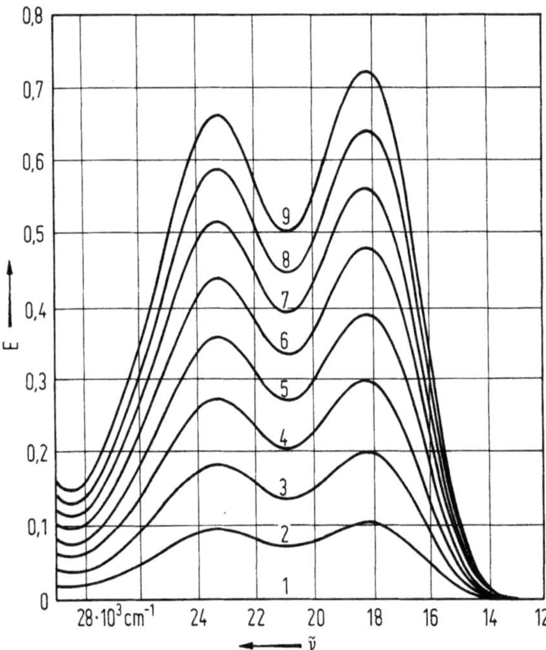

Abb. 58. EDA-Komplexbildung im System Naphthalin/Tetracyanoethylen (TCE); Konzentrationsverhältnisse, s. Tab. 22; Raumtemperatur; d = 1 cm

wieder, die für verschiedene Donatorkonzentrationen bei konstanter Acceptorkonzentration erhalten wurden. Das Spektrum des Komplexes weist zwei Absorptionsbanden unterschiedlicher Intensität auf. Das 1. Maximum liegt bei

$\tilde{v}_{1,max} = 18\,400\,cm^{-1}$ (entsprechend 543 nm), das 2. Maximum bei
$\tilde{v}_{2,max} = 23\,400\,cm^{-1}$ (entsprechend 427 nm).

Die Frage ist daher, ob zwei EDA-Komplexe nebeneinander gebildet werden, oder ob die CT-Absorptionsbande für den EDA-Komplex aufgespalten ist. In Tab. 16 sind zunächst die D_{ik}-Werte, die bei d = 1 cm der gemessenen Extinktionen A_{ik} entsprechend für 9 Wellenlängen und 8 Lösungen zusammengestellt.

Tabelle 17 gibt die Matrix (106) wieder. Aus den ϱ_{ik}-Werten erkennt man, daß diese für jede Zeile i sich als konstant ergeben. Dies bedeutet aber, daß die Matrix (Tab. 16) den Rang Eins besitzt und daß somit nur *ein* EDA-Komplex gebildet wird. Eine Erklärung für das Auftreten von Doppelbanden in diesem System und bei anderen EDA-Komplexen gaben Briegleb und Czekalla [56, 57].

Die Aussage über den Rang der Matrix (103) gleich Eins entspricht natürlich genau der Formulierung des Extinktions-Differenzen-Diagramms (ΔA-Diagramm), die wir bei der spektrophotometrischen Titration als graphische Matrix-Rang-Analyse besprochen haben. Folglich kann man auch das ΔA-Diagramm benutzen, um durch graphische Auswertung die Frage zu klären, ob nur ein Komplex gebildet wird.

Auch hier kann wieder eine Auswertung mit Hilfe der Benesi-Hildebrand-Gleichungen vorgenommen werden. In Tab. 18 sind die vorgegebenen Konzentrationen c_{0A} = const, c_{0D} = variabel, sowie die Extinktionen für die Wellenlängen $\lambda_1 = 543$ nm und $\lambda_2 = 427$ nm zusammengestellt. Die Auswertung bei $\lambda_1 = 543$ nm nach Gl.(98) liefert im Rahmen der Fehlergrenzen das gleiche Ergebnis wie nach Gl.(100). Die Ausgleichsgerade ergibt sich in beiden Fällen zu:
$\lambda_1 = 543$ nm:

$$y = 1{,}364 \cdot 10^{-4} \cdot x + 2{,}541 \cdot 10^{-4}$$

$$\text{mit} \quad y = \frac{c_{0A} \cdot c_{0D}}{c_{0A} + c_{0D}} \cdot \frac{1}{A_{543}} \quad \text{und} \quad x = \frac{1}{c_{0A} + c_{0D}}, \qquad\qquad \text{Gl. (98)}$$

$$\text{bzw.} \quad y = \frac{c_{0A}}{A_{543}} \quad \text{und} \quad x = \frac{1}{c_{0D}}, \qquad\qquad \text{Gl. (100).}$$

Tabelle 16. Experimentelle D'_{ik}, Matrix (103); System: Naphthalin/TCE

i	$\tilde{v}\,cm^{-1}$	D_{i1}	D_{i2}	D_{i3}	D_{i4}	D_{i5}	D_{i6}	D_{i7}	D_{i8}
1	16000	0,045	0,086	0,140	0,175	0,220	0,252	0,290	0,325
2	17000	0,082	0,160	0,240	0,315	0,397	0,455	0,525	0,592
3	18200	0,100	0,196	0,293	0,386	0,479	0,560	0,640	0,720
4	19000	0,092	0,182	0,272	0,358	0,442	0,520	0,593	0,670
5	20000	0,075	0,148	0,222	0,292	0,363	0,428	0,488	0,550
6	21000	0,070	0,135	0,201	0,266	0,330	0,388	0,443	0,501
7	22000	0,078	0,153	0,230	0,304	0,375	0,440	0,505	0,570
8	23400	0,092	0,180	0,270	0,353	0,436	0,512	0,586	0,660
9	24000	0,087	0,170	0,256	0,335	0,413	0,488	0,555	0,626

Tabelle 17. ϱ_{ik}-Werte, Matrix (106) nach Matrix (103), Tab. 16

i	ϱ_{i1}	ϱ_{i2}	ϱ_{i3}	ϱ_{i4}	ϱ_{i5}	ϱ_{i6}	ϱ_{i7}	ϱ_{i8}
1	0,450	0,439	0,478	0,453	0,459	0,450	0,453	0,451
2	0,820	0,816	0,819	0,816	0,829	0,873	0,820	0,822
3	1	1	1	1	1	1	1	1
4	0,920	0,929	0,928	0,927	0,922	0,928	0,926	0,931
5	0,750	0,775	0,758	0,756	0,758	0,764	0,763	0,763
6	0,700	0,689	0,686	0,689	0,689	0,693	0,692	0,690
7	0,78	0,781	0,785	0,788	0,783	0,786	0,789	0,792
8	0,920	0,918	0,922	0,915	0,910	0,914	0,916	0,917
9	0,870	0,867	0,874	0,868	0,862	0,871	0,867	0,869

Tabelle 18. Konzentrationen c_{0D}, Extinktionen für $\lambda_1 = 543$ nm, $\lambda_2 = 427$ nm, und umgerechnete Werte für die Auswertung des Systems Naphthalin/TCE nach Gl. (98) u. (100), $c_{0A} = 1{,}981 \cdot 10^{-3}$ mol/l

k	$c_{0D} \cdot 10^2$ [mol·l]	A_{543}	A_{427}	$\dfrac{c_{0A}}{A_{543}} \cdot 10^3$	$\dfrac{c_{0A}}{A_{427}} \cdot 10^3$	$\dfrac{c_{0A} \cdot c_{0D} \cdot 10^3}{(c_{0A} + c_{0D}) A_{543}}$
1	6,977	0,100	0,092	19,81	21,53	19,26
2	13,954	0,196	0,180	10,11	11,00	9,96
3	20,931	0,293	0,270	6,76	7,33	6,69
4	27,908	0,386	0,353	5,13	5,61	5,10
5	34,885	0,479	0,436	4,14	4,54	4,11
6	41,862	0,560	0,512	3,86	3,86	3,52
7	48,839	0,640	0,586	3,09	3,38	3,08
8	55,816	0,720	0,660	2,75	3,00	2,74

Der Ordinatenschnitt ergibt sich somit zu $2{,}541 \cdot 10^{-4}$ mit einer mittleren Abweichung von $\pm 0{,}411 \cdot 10^{-4}$. Daraus ergibt sich für den Extinktionskoeffizienten $\varepsilon_{DA,543} = 3900 \pm 600$ [l mol^{-1} cm^{-1}].

Die Auswertung nach Gl. (98) ist für beide Wellenlängen in Abb. 59 dargestellt. Für

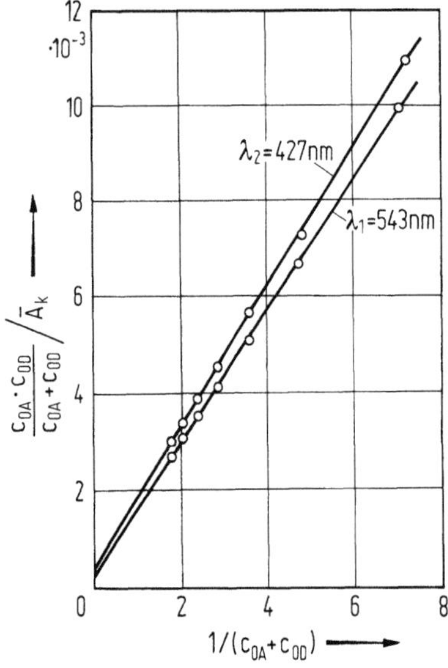

Abb. 59. Auswertung der Spektren in Abb. 93 nach Gl. (98)

die Ordinatenabschnitte ergeben sich mit Hilfe der Ausgleichsrechnung die folgenden Werte:

$$\lambda_1 = 543\,\text{nm}: 2{,}541 \cdot 10^{-4} \pm 0{,}411 \cdot 10^{-4},$$
$$\lambda_2 = 427\,\text{nm}: 3{,}232 \cdot 10^{-4} \pm 0{,}246 \cdot 10^{-4}$$

und somit

$$\varepsilon_{\lambda_1} = 3900 \pm 600,$$
$$\varepsilon_{\lambda_2} = 3100 \pm 250.$$

Der große Vorteil der numerischen Auswertung, ausgehend von der Matrix (103) sowie der Matrix (106) liegt auch darin, daß durch die Kombination mit einer Ausgleichs- und Fehlerrechnung auch die Genauigkeit der Ergebnisse kontrolliert werden kann. Liptay hat eine ausführliche Darstellung der numerischen Auswertung der Benesi-Hildebrand-Gleichungen gegeben [55]. Mit der Definitionsgleichung (105) für die Matrixelemente ϱ_{ik} ist die Berechnung eines Wertes D_{mk} bei der Frequenz m aus jedem D_{ik} bei der Frequenz i nach

$$D_{mk} = \frac{D_{ik}}{\varrho_{ik}} \qquad (108)$$

möglich.

Für jede Lösung kann aus den berechneten Werten D_{mk} ein arithmetischer Mittelwert D_k gebildet werden. Wenn auch diese Mittelwertsbildung keine wesentlichen Verbesserungen der Meßergebnisse liefert, so können doch einzelne Meßpunkte D_{ik}, die aus der Meßreihe herausfallen, an der Abweichung vom Mittelwert erkannt werden und bei der weiteren Rechnung unberücksichtigt bleiben.

Die numerische Auswertung wurde anhand der Beispiele Naphthalin/1,3,5-Trinitrobenzol und Benzol/1,3,5-Trinitrobenzol [58] besprochen und diskutiert [50]. Die EDA-Komplexbildung mit Chloranil als Acceptor haben Briegleb und Czekella untersucht [59]. In der Darstellung der numerischen Auswertung [53, 55] wird eine eingehende Fehlerbetrachtung durchgeführt, die sich auch mit der Genauigkeit der erhaltenen Ergebnisse beim Vergleich der Konzentrationsmaße (Molenbruch oder Molarität) befaßt.

Mit Hilfe der Matrix-Ranganalyse (numerisch oder graphisch) ist die Frage nach der Zahl der gebildeten EDA-Komplexe ohne Schwierigkeiten zu beantworten. Die Frage, *welche Stöchiometrie der Komplex besitzt,* ist jedoch noch ungeklärt. Hierfür wird ein Verfahren benutzt, das bereits in den Jahren 1910 und 1912 angegeben wurde [60, 61] und nach Job als „Jobsche Methode" bekannt ist [62].

Unter der Voraussetzung einer konstanten Gesamtkonzentration $c_0 = c_{0D} + c_{0A}$ mit *variablen* Konzentrationen c_{0D} und c_{0A} gilt wieder (94). Setzen wir $c_{0D} = x$ und substituieren $c_{0A} = c_0 - x$, so können wir schreiben:

$$K_c = \frac{c_{D_m A_n}}{(x - m\,c_{D_m A_n})^m\,(c_0 - x - n\,c_{D_m A_n})^n}. \qquad (109)$$

Die Bedingung für ein Maximum der Konzentration des Komplexes $D_m A_n$, $c_{D_m A_n}$ in

Abhängigkeit vom Mischungsverhältnis $0 \leq x \leq 1$ lautet

$$\frac{d c_{D_m A_n}}{dx} = 0. \tag{110}$$

Aus (109) ergibt sich zunächst:

$$c_{D_m A_n} = K_c \cdot (x - m\, c_{D_m A_n})^m \cdot (c_0 - x - n\, c_{D_m A_n})^n.$$

Es folgt:

$$m\,(x - m\, c_{D_m A_n})^{m-1}\,(c_0 - x - n\, c_{D_m A_n})^n = n\,(x - m\, c_{D_m A_n})^m\,(c_0 - x - n\, c_{D_m A_n})^{n-1}$$

und daraus: $m\,(c_0 - x) = n x$
$$\tag{111}$$
bzw. $m \cdot c_{0A} = n\, c_{0D}.$

Dieses Verfahren der kontinuierlichen Variation nach Job [60] erlaubt die Bestimmung des Verhältnisses m/n der stöchiometrischen Koeffizienten. Es ist jedoch nur sicher, wenn ein *Komplex* gebildet wird. Auf gekoppelte Gleichgewichte kann das Verfahren nur bei günstigen Verhältnissen der Gleichgewichtskonstanten und der Extinktionskoeffizienten angewandt werden [53]. In der Praxis trägt man die Differenz zwischen der gemessenen und der für den Fall, daß keine Komplexbildung vorliegt, berechneten Extinktion gegen die Zusammensetzung $x = c_{0D}$ auf. Man erhält dann eine Kurve, die einen Extremwert aufweist. Nach unseren Ausführungen bedeutet dies, daß dD_i'/dc_{0D} aus (102) einen Maximalwert oder Minimalwert annehmen muß. Zur Begründung dieser Bedingung siehe Schläfer [63].

6.3.3 Metallkomplexe

Bei der Beschreibung der EDA-Komplexe wurde angenommen, daß sich in einem Gleichgewicht stets *ein* stöchiometrisch definierter Komplex bildet. Diese Annahme trifft namentlich bei der Bildung von *Metallkomplexen* häufig nicht zu. Man muß deshalb mit dem Vorliegen mehrerer Gleichgewichte rechnen, die nicht voneinander unabhängig sind.

Bezeichnen wir das Metallion mit M und den Liganden mit L, so können wir die folgenden Gleichgewichte formulieren:

$$M + L \xrightleftharpoons{K_1} ML, \qquad K_1 = \frac{[ML]}{[M]\,[L]}. \tag{112a}$$

$$ML + L \xrightleftharpoons{K_2} ML_2, \quad K_2 = \frac{[ML_2]}{[ML]\,[L]}, \quad K_1 \cdot K_2 = \frac{[ML_2]}{[M]\,[L]^2}. \tag{112b}$$

$$ML_{n-1} + L \xrightleftharpoons{K_n} ML_n, \quad K_n \frac{[ML_n]}{[ML_{n-1}]\,[L]}, \quad K_1 \cdot K_2 \cdots K_n = \frac{[ML_n]}{[M]\,[L]^n}. \tag{112c}$$

Die Konstanten K_n bezeichnet man als *individuelle Stabilitätskonstanten*. Das Produkt der Stabilitätskonstanten $K_1 \cdot K_2 \cdots K_n = \bar{K}_n$ nennt man *Bruttostabilitätskonstante*. Da bei vielen Untersuchungen die Bruttostabilitätskonstanten von Komplexzwischenstufen benötigt werden, hat es sich als zweckmäßig erwiesen, hierfür die Bezeichnung „β" einzuführen.

Also gilt

$$\beta_1 = K_1, \quad \beta_2 = K_1 \cdot K_2, \quad \beta_n = K_1 \cdot K_2 \cdots K_n. \tag{113}$$

Die Konstante β_n erfaßt somit das Gleichgewicht (112c)

$$M + nL \rightleftharpoons ML_n, \quad \beta_n = \frac{[ML_n]}{[M] \, [L]^n}.$$

Zur Bedeutung der Stabilitätskonstanten siehe Abschn. 4.1.1.

Die Bestimmung von β mittels der UV-VIS-Spektroskopie setzt voraus, daß ein entsprechend definierter Komplex bezüglich seiner stöchiometrischen Zusammensetzung vorliegt bzw. *ausschließlich* gebildet wird. Oder der Stabilitätsbereich einer bestimmten Komplexzwischenstufe muß so groß sein, daß keine Überlappung mit anderen Zwischenstufen erfolgt. Ist dies der Fall, so kann man bei Kenntnis der Extinktionskoeffizienten der reinen am Bildungsgleichgewicht beteiligten Komponenten die Gleichgewichtszusammensetzung mit Hilfe einer Mehrkomponentenanalyse bestimmen.

Häufig liegt der Fall vor, daß in dem Spektralbereich, in dem der Metallkomplex absorbiert, das Metallkation und/oder der Ligand nicht absorbieren. So z. B. bei vielen anorganischen Anionen, die als Liganden eingesetzt werden. Bei organischen Liganden trifft dies nicht immer zu, da deren Absorptionsspektren mit denen der gebildeten Komplexe mehr oder weniger überlappen können.

Bei der Untersuchung von Komplexbildungsgleichgewichten sind daher stets drei Fragen zu beantworten:

1. Wieviele Komplexe werden gebildet?
2. Wie ist ihre Stöchiometrie?
3. Wie groß sind die Stabilitätskonstanten β_n?

Man kann leicht übersehen, daß die Fragen um so schwerer zu beantworten sein werden, je mehr Komplexzwischenstufen mit schmalen Stabilitätsbereichen auftreten. In der graphischen Darstellung entsprechen die Kurven, die die Stabilitätsbereiche gegeneinander abgrenzen, den S-förmigen Titrationskurven. Während dort gegen den pH-Wert aufgetragen wurde, wird hier gegen $-\log [L] = pL$ aufgetragen [68].

Oft ist es zweckmäßig, das Gleichgewicht (112c) als Dissoziationsgleichgewicht zu formulieren. Bei genügend großem Abstand zu der folgenden Komplexbildungsstufe bzw. Dissoziationsstufe kann man davon ausgehen, daß gilt:

$$c_{OM} = c_n + c_{n-1}$$

mit $c_n = [ML_n]$ und $c_{n-1} = [ML_{n-1}]$ sowie $c_{OM} = $ der vorgegebenen Konzentration des Metallions.

Für die gemessene Extinktion A_g ergibt sich dann:

$$A_g = \varepsilon_n \cdot c_{OM} \cdot d - \varepsilon_n c_{n-1} d + \varepsilon_{n-1} c_{n-1} \cdot d. \tag{114}$$

Unter der Bedingung $c_{0M} = c_n + c_{n-1}$ ergeben sich dann analog zum Vorgehen bei den protolytischen Gleichgewichten (s. Gln. (73) bis (77); Abschn. 6.2) Ausdrücke für die Gleichgewichtskonzentrationen c_n und c_{n-1} und somit die Dissoziationskonstante der Stufe $ML_n = ML_{n-1} + L$ zu:

$$K'_n = \frac{A_g - A_{0n}}{A_{0,n-1} - A_g} \cdot [L] = \frac{\varepsilon'_g - \varepsilon_n}{\varepsilon_{n-1} - \varepsilon'_g} \cdot [L] \tag{115}$$

mit $A_{0n} = \varepsilon_n \cdot c_{0n} d$ und $A_{0,n-1} = \varepsilon_{n-1} \cdot c_{0M} \cdot d$; ε'_g ist wieder der aus der jeweils gemessenen Extinktion A_g auf die konstant gehaltene Konzentration an Metallionen c_{0M} bezogene *variable Extinktionskoeffizient* (s. a. Abschn. 6.2).

Durch Auflösen von (115) nach ε'_g erhält man die zu Gl. (81) analoge Gl. (116), die die S-förmigen Dissoziationskurven beschreibt:

$$\varepsilon'_g = \frac{\varepsilon_{n-1} \cdot 10^{-pK'_n} + \varepsilon_n \cdot 10^{-pL}}{10^{-pL} + 10^{-pK'_n}} . \tag{116}$$

Ist $pL = pK'_n$, so ergibt sich $\varepsilon_g = \dfrac{\varepsilon_{n-1} - \varepsilon_n}{2}$ bzw., wenn der Komplex $n-1$ nicht absorbiert (d. h. $\varepsilon_{n-1} = 0$), $\varepsilon_g = \varepsilon_n/2$, und somit entspricht der pL-Wert am Wendepunkt der S-förmigen Kurve dem pK'_n-Wert. Damit ist dann $pK_n = -pK'_n$. Logarithmiert man Gl. (115), so erhält man wieder die Henderson-Hesselbach-Gleichung (78a):

$$\log \frac{\varepsilon'_g - \varepsilon_n}{\varepsilon_{n-1} - \varepsilon'_g} = pL - pK'_n . \tag{117}$$

Dies ermöglicht erneut eine lineare Auswertung dieser Komplexbildungsstufe und die Bestimmung von pK'_n, wenn die linke Seite gegen $pL = -\log L$ aufgetragen wird (s. Abschn. 6.2).

Wie man sieht, stellt in diesen einfachen Fällen das System ein Titrationssystem dar, wobei man in komplizierten Fällen von mehrstufigen Komplexbildungssystemen bzw. *Dissoziationsgleichgewichten* sprechen kann, die sich mehr oder weniger überlappen. Folglich können alle in Abschn. 6.2 beschriebenen Methoden der Auswertung auch auf die Komplexbildungsgleichgewichte übertragen werden.

Die Auswertung nach Gl. (117) setzt die Kenntnis der Extinktionskoeffizienten ε_n für ML_n und ε_{n-1} für ML_{n-1} voraus. Wenn ε_{n-1} in dem Bereich, in dem der Komplex ML_n absorbiert, gleich Null ist, kann man ε_n durch einen großen Metallionen- oder Ligandenüberschuß direkt bestimmen. Dies ist aber nur dann eine zuverlässige Methode, wenn die Stabilitätskonstante sehr groß ist.

Bei kleinen Stabilitätskonstanten kann man im Prinzip eine Auswertung nach der Benesi-Hildebrand-Gleichung, siehe Gl. (100), vornehmen, wobei der Extinktionskoeffizient und der K_n-Wert aus der graphischen Auswertung erhalten werden (s. Beispiele in Abschn. 6.2.2).

Die Frage nach der Zahl der Komplexbildungsstufen in einem weiten Bereich variabler Ligandenkonzentration kann durch eine graphische Matrix-Rang-Analyse der spektroskopischen Daten beantwortet werden.

Registriert man die Spektren bei konstant gehaltener Metallionenkonzentration in Abhängigkeit von der variablen Ligandenkonzentration, so erhält man eine Schar übereinanderliegender Spektren (ähnlich den in Abschn. 6.2.2 dargestellten Spektren). Wenn in dem untersuchten Konzentrationsbereich nur ein Komplex gebildet wird, muß das Extinktions-Differenzen-Diagramm (ΔA-Diagramm), siehe Gl.(86), eine Gerade ergeben, die durch den Koordinatenursprung geht.

Treten Abweichungen von dem linearen Verlauf auf, so deutet dies auf einen nicht einheitlichen Komplexbildungsmechanismus hin. Für den Fall von zwei hintereinander geschalteten Komplexbildungsstufen muß dann das sogenannte ΔAQ-Diagramm (Extinktions-Differenzen-Quotienten-Diagramm) eine lineare Beziehung ergeben (s. Abschn. 7.2). Auf diese Auswertung wurde bei den mehrstufigen photometrischen Titrationssystemen hingewiesen.

Die zweite Frage, die beantwortet werden muß, ist die nach der *Stöchiometrie der Metallkomplexe*. Bildet sich ein Komplex der allgemeinen Stöchiometrie ML_n, so gilt Gl.(112c). Drückt man die Gleichgewichtskonzentrationen ML_n und M durch die Extinktionen aus und logarithmiert diesen Ausdruck, so erhält man:

$$\log K_n = \log \frac{A_g - A_M}{A_n - A_g} - n \log [L] \tag{118}$$

bzw.

$$\log \frac{\varepsilon'_g - \varepsilon_M}{\varepsilon_n - \varepsilon'_g} = npL - pK. \tag{118a}$$

Trägt man daher den $\log \dfrac{\varepsilon'_g - \varepsilon_M}{\varepsilon_n - \varepsilon'_g}$ gegen pL auf, so bekommt man eine Gerade, aus deren Neigung sich der stöchiometrische Koeffizient n, d.h. die Zahl der Liganden ergibt. In (118) und (118a) wurde berücksichtigt, daß auch das Metallion in dem untersuchten Spektralbereich absorbiert, der Ligand jedoch nicht.

Wenn der Komplex die Zusammensetzung $M_m L_n$ besitzt, kann man die Methode der kontinuierlichen Variation heranziehen, die bei den EDA-Komplexen besprochen wurde. Sie liefert das Verhältnis der Koeffizienten.

Vosburgh und Cooper [71] erweiterten diese Methode für den Fall der Bildung mehrerer Komplexe. Von Katzin und Gebert [72] wurde der Fall der Bildung von drei Komplexen diskutiert.

Ausführlich besprochen hat den Gültigkeitsbereich der Methode der kontinuierlichen Variation Woldby [73]. Es muß stets zwischen der Bildung eines einzigen Komplexes und der stufenweisen Bildung verschiedener Komplextypen unterschieden werden. Schläfer hat eine detaillierte Beschreibung der verschiedenen Methoden gegeben [63]. Bei Kenntnis der Stöchiometrie und unter der Voraussetzung, daß nur ein Komplex gebildet wird, kann die kontinuierliche Variation auch zur Ermittlung der Stabilitätskonstanten herangezogen werden.

Weiterführende Arbeiten zur spektralphotometrischen bzw. photometrischen Bestimmung von Bildungskonstanten der Metallkomplexe haben Schläfer [63] und Beck [74] zusammengestellt.

Besondere Schwierigkeiten treten bei der Bestimmung von Stabilitätskonstanten auf, wenn der Ligand protolytisch reagieren kann. Es liegt dann eine pH-Abhängigkeit des Komplexbildungsgleichgesichtes vor. Wie Polster [75] zeigte, kann man in diesem Fall die photometrische Titration mit Säuren oder Basen anwenden, um die Stabilitätskonstanten β zu bestimmen. Unter Zuhilfenahme der Extinktionsdiagramme (A-Diagramme: $A_{\lambda 1}(pH)$ gegen $A_{\lambda 2}(pH)$ aufgetragen) wird es damit möglich, für jeden pH-Wert die Konzentration c_L, c_M und c_{LM} zu bestimmen [22], mit denen dann die Stabilitätskonstante berechnet werden kann.

Ergänzend zu diesem Kapitel sei abschließend bemerkt, daß die Hinzunahme der Temperaturabhängigkeit es gestattet, die thermodynamischen Daten der hier behandelten Gleichgewichte zu ermitteln.

Literatur

1 Henderson, L. J.; Tannenbaum, M.: Blut, seine Pathologie und Physiologie. Dresden: Steinkopf 1932
2 Rosenblatt, D. H.: J. Phys. Chem. *58*, 40 (1954)
3 King, E. J.: Acid-Base Equilibria. London: Pergamon Press 1965
4 Rabenstein, D. L.; Greenburg, M. S.; Erans, C. A.: Biochemistry *16*, 977 (1977)
5 Kortüm, G.; Vogel, W.; Andrussow, K.: Pure Appl. Chem. *1*, 190 (1962)
6 Kortüm, G.: Lehrbuch der Elektrochemie. Weinheim: Verlag Chemie 1972
7 Blume, R.; Lachmann, H.; Mauser, H.; Schneider, F.: Z. Naturforsch. *29b*, 500 (1974)
8 Lachmann, H.; Polster, J.: Spektrometrische Titrationen. Wiesbaden: Vieweg 1982
9 Lachmann, H.: Habilitationsschrift, Univers. Tübingen, 1982
10 Ebel, S.; Parzefall, W.: Experimentelle Einführung in die Potentiometrie. Weinheim: Verlag Chemie 1975
   Ebel, S.; Surmann, P. in: Ullmanns Encyklopädie d. Techn. Chem., Bd. 5. Weinheim: Verlag Chemie 1980, S. 651–684
11 Tubbs, C. F.: Anal. Chem. *26*, 1670 (1954)
12 Perkampus, H.-H.; Prescher, G.: Ber. Bunsenges. Physik. Chemie *72*, 429 (1968)
13 Judson, C. M.; Kilpatrick, M.: J. Amer. Chem. Soc. *71*, 3110 (1949)
14 Kortüm, G.; Shih, C.: Ber. Bunsenges. Physikal. Chem. *81*, 44 (1977)
15 Blume, R.; Polster, J.: Z. Naturforsch. *29b*, 794 (1974)
16 Perkampus, H.-H.; Rössel, Th.: Z. Elektrochemie, Ber. Bunsenges. Physikal. Chem. *60*, 1102 (1956)
17 Perkampus, H.-H.; Rössel, Th.: ibid. *62*, 94 (1958)
18 Polster, J.: Z. Physikal. Chem. NF *97*, 55 (1975)
19 Polster, J.: ibid. *104*, 49 (1977)
20 Polster, J.: Fresenius Z. Anal. Chem. *276*, 353 (1975)
21 Göbber, F.; Polster, J.: Anal. Chem. *48*, 1546 (1976)
22 Blume, R.; Lachmann, H.; Polster, J.: Z. Naturforsch. *30b*, 263 (1975)
23 Göbber, F.; Lachmann, H.: Hoppe-Seylers Z. physiol. Chem. *359*, 269 (1978)
24 Nagano, K.; Metzler, D. E.: J. Amer. Chem. Soc. *89*, 2891 (1967)
25 Sullivan, J. C.: Acta Chem. Scand. *13*, 2023 (1959)
26 Sillen, L. G.: ibid. *16*, 159, 173 (1962), *18*, 1085 (1964)
27 Scheibe, G.: Kolloid Z. *82*, 2 (1938)
28 Scheibe, G.: Angew. Chem. *52*, 631 (1939); Z. Elektrochemie *52*, 283 (1948)
29 Kempter, H.; Mecke, R.: Z. physik. Chem. *B46*, 229 (1940)
30 Coggeshall, N. D.; Saier, E. L.: J. Amer. Chem. Soc. *73*, 5414 (1951)
   Saarla-Mathot, L.: Trans. Faraday Soc. *49*, 8 (1953)
   Coburn, W. C.; Grünwald, E.: J. Amer. Chem. Soc. *80*, 1318 (1958)
   Frank, H. L.; Wen, W.-Y.: Disc. Faraday Soc. *24*, 133 (1957)
   Tucker, E.; Becker, E. D.: J. Physic. Chem. *77*, 1783 (1973)
31 Perkampus, H.-H.; Kerim, F.: Spectrochim. Acta *24A*, 2071 (1968)

32 Perkampus, H.-H.; Juffernbruch, J.: ibid. *36A*, 485 (1980)

33 Geiseler, G.; Mehmert, E.: ibid. *24A*, 943 (1968)

34 Jaffé, H. H.; Orchin, M.: Theory and Application of Ultraviolet-Spectroscopy. New York, London: Wiley 1982

35 Murrell, J. N.: Elektronenspektren organischer Moleküle, Bd. 250/250a, B. I. Hochschultaschenbücher. Mannheim: Bibliograph. Inst. 1967

36 West, W.: Chemical Applications of Spectroscopy. New York, London: Wiley 1968

37 Burawoy, A.: J. Chem. Soc. 1177 (1939)

38 Coppens, G.; Gillet, C.; Nasidsky, J.; van der Donkt, E.: Spectrochim. Acta *18*, 1441 (1962)

39 Nasielsky, J.; van der Donkt, E.: ibid. *19*, 1989 (1963)

40 Perkampus, H.-H.; Baucke, F.: DMS-UV-Atlas. Hrsg. Perkampus, H.-H.; Sandemann, I.; Timmons, J. London: Butterworth, Weinheim: Verlag Chemie 1968. Vol. IV, Spektren H 18/7 und H 18/8

41 Perkampus, H.-H.; Baucke, F.: Z. Elektrochem., Ber. Bunsenges. Physik. Chem. *65*, 699 (1961)

42 Brealey, G. J.; Kasha, M. J.: J. Amer. Chem. Soc. *77*, 4462 (1955)

43 Lippert, E.: Der Einfluß von Wasserstoffbrücken auf Elektronenspektren, in Hydrogen Bonding (Eds. Hadzi, D.; Thompson, H. W.). New York, London, Paris, Los Angeles: Pergamon Press 1959

44 Pimentel, G. C.: J. Amer. Chem. Soc. *79*, 3323 (1957)

45 Juffernbruch, J.; Perkampus, H.-H.: Spectrochim. Acta *39A*, 905 (1983)

46 Juffernbruch, J.: Dissertat. Univers. Düsseldorf, 1982

47 Juffernbruch, J.; Perkampus, H.-H.: Spectrochim. Acta A *39A*, 1093 (1983)

48 Juffernbruch, J.; Perkampus, H.-H.: ibid. *39A*, 1097 (1983)

49 Seguin, J. P.; Jadjo, L.; Uzan, R.; Doncet, J. P.: ibid. *37A*, 205 (1981)

50 Briegleb, G.: Elektronen-Donator-Acceptor-Komplexe. Berlin, Göttingen, Heidelberg: Springer 1961

51 Ketelaar, Z. A. A.; van de Stolpe, C.; Gondsmit, A.; Dzcubas, W.: Rec. Trav. Chim. *71*, 1104 (1952)

52 Benesi, H. A.: Hildebrand, J. H.: J. Am. Chem. Soc. *71*, 2703 (1949)

53 Briegleb, G.: cit. [50], Kap. XII

54 Scott, R. L.: Rec. Trav. Chim. *75*, 787 (1956)

55 Liptay, W.: Z. Elektrochem. *65*, 375 (1961)

56 Briegleb, G.; Czekalla, J.: Angew. Chem. *72*, 401 (1960)

57 Briegleb, G.; Czekalla, J.; Reuss, G.: Z. physik. Chem. NF *30*, 316, 333 (1961)

58 Briegleb, G.; Czekalla, J.: Z. Elektrochem. *59*, 184 (1955)

59 Briegleb, G.; Czekalla, J.: Z. Elektrochem. *58*, 249 (1954)

60 Ostromisslewsky, I.: J. Russ. Phys. Chem. Ges. *42*, 1932 (1910)

61 Denison, R. B.: Trans. Faraday Soc. *8*, 20, 35 (1912)

62 Job, P.: Ann. Chim. Phys. France *9*, 113 (1928); Compt. Rend. hebd. Acad. Sci. France *180*, 928 (1925)

63 Schläfer, H. L.: Komplexbildung in Lösung. Berlin, Göttingen, Heidelberg: Springer Verlag 1961

64 Forster, R.: Organic Charge-Transfer-Complexes. London, New York, San Francisco: Academic Press 1969

65 Mulliken, R.; Person, W. B.: Molecular Complexes. New York, London, Sidney, Toronto: Wiley 1969

66 Gur'yanova, E. N.; Gol'dshtein, I. P.; Romm, I. P.: Donor-Acceptor-Bond. New York, Toronto: Wiley 1975

67 Forster, R.: Molecular Association, Vol. I. London, New York, San Francisco: Academic Press 1975

68 Schwarzenbach, G.: Adv. Inorg. Radiochem. *3*, 257 (1961)

69 Mauser, H.: Z. Naturforsch. *23b*, 1025 (1968)

70 Mauser, H.: Formale Kinetik. Düsseldorf: Bertelsmann Universitätsverlag 1974

71 Vosburgh, W. C.; Cooper, R. G.: J. Am. Chem. Soc. *63*, 437 (1941)

72 Katzin, L. I.; Gebert, E.: ibid. *72*, 5455 (1950)

73 Woldbye, F.: Acta Chem. Scand. *9*, 299 (1955)

74 Beck, M. T.: Chemistry of Complex Equilibria. London: Van Nostrand Reinhold Co. 1970

75 Polster, J.: Z. Naturforsch. *31b*, 1621 (1976)

7 Untersuchung der Kinetik chemischer Reaktionen

Einleitend zu Kap. 6 ist bereits darauf hingewiesen worden, daß es die zeitliche Verfolgung der Extinktion gestattet, die Kinetik chemischer Reaktionen zu untersuchen. Es gilt die Reaktionsordnung, die Geschwindigkeitskonstanten und – bei Berücksichtigung der Temperaturabhängigkeit – die Aktivierungsenergie zu bestimmen.

Zur zeitlichen Verfolgung der Konzentrationsänderung der an der Reaktion beteiligten Edukte und Produkte benutzt man die Extinktion $A_{\tilde{\nu}}$ bzw. A_λ als eine der Konzentration proportionale Variable. Das hat den Vorteil, daß das zu untersuchende System nicht gestört wird (vorausgesetzt, es ist photochemisch stabil).

Die Meßzeiten reichen bei der Routineanwendung der UV-VIS-Spektroskopie mit registrierenden Zweistrahl-Spektralphotometern von Minuten bis zu mehreren Stunden, unter Umständen Tagen. Wir haben es im Prinzip mit langsamen Reaktionen zu tun. Zur Untersuchung *schneller Reaktionen* muß man sich spezieller Methoden bedienen.

7.1 Grundgleichungen der Kinetik

7.1.1 Einführung der Extinktion als Meßgröße

Die Grundlagen der chemischen Kinetik sind in den Lehrbüchern der Physikalischen Chemie und Chemischen Kinetik zu finden [1–5]. Im folgenden soll daher lediglich der Zusammenhang mit der Extinktion als Meßgröße aufgezeigt werden.

Betrachten wir ein allgemeines Reaktionsschema der Form:

$$\nu_a a + \nu_b b + \nu_c c \rightarrow \nu_p p, \quad (\nu_i: \text{stöchiometrischer Koeffizient der Komponente i}), \tag{119}$$

so gilt für die zum Zeitpunkt „t" der Reaktion bei einer bestimmten Wellenlänge „λ" gemessene Extinktion:

$$A_\lambda = a\varepsilon_{a,\lambda} d + b\varepsilon_{b,\lambda} d + c\varepsilon_{c,\lambda} d + p\varepsilon_p d. \tag{120}$$

a, b, c und p stellen die Konzentrationen zum Zeitpunkt t dar. Mit der Einführung der Umsatzvariablen „x" erhalten wir für die jeweiligen Konzentrationen:

$$a = a_0 + \nu_a x, \quad b = b_0 + \nu_b x, \quad c = c_0 + \nu_c x, \quad p = p_0 + \nu_p x.$$

a_0, b_0 und c_0 sind die Anfangskonzentrationen zur Zeit $t = 0$. p_0 ist dann gleich Null. Somit folgt aus (120):

$$A_\lambda = (a_0 + v_a x)\, \varepsilon_{a,\lambda} d + (b_0 + v_b x)\, \varepsilon_{b,\lambda} d + (c_0 + v_c x)\, \varepsilon_{c,\lambda} d + v_p x \varepsilon_{p,\lambda}. \tag{121}$$

Auflösen der Klammern und ordnen liefert den Ausdruck:

$$A_\lambda = a_0 \varepsilon_{a,\lambda} d + b_0 \varepsilon_{b,\lambda} d + c_0 \varepsilon_{c,\lambda} d + d\left[v_p \varepsilon_{p,\lambda} + v_a \varepsilon_{a,\lambda} + v_b \varepsilon_{b,\lambda} + v_c \varepsilon_{c,\lambda}\right] x.$$

Zur Zeit $t = 0$ ist $x = 0$ und wir erhalten die Extinktion $A_{\lambda,0}$. Mit der Definition:

$$q_\lambda = (v_p \varepsilon_{p,\lambda} + v_a \varepsilon_{a,\lambda} + v_b \varepsilon_{b,\lambda} + v_c \varepsilon_{c,\lambda})\, d \tag{122}$$

bzw.

$$q_\lambda = d \sum_i v_i \varepsilon_{i,\lambda}$$

folgt dann:

$$A_\lambda - A_{\lambda,0} = q_\lambda \cdot x. \tag{123}$$

Differentation von (123) nach der Zeit liefert einen einfachen Zusammenhang zwischen der zeitlichen Änderung der Umsatzvariablen x und der Extinktion A_λ:

$$\frac{1}{q_\lambda} \cdot \frac{d(A_\lambda - A_{\lambda,0})}{dt} = \frac{1}{q_\lambda} \cdot \frac{dA_\lambda}{dt} = \frac{dx}{dt}. \tag{124}$$

Aus (123) folgt ferner:

$$x = \frac{A_\lambda - A_{\lambda,0}}{q_\lambda}. \tag{123a}$$

Mit Gl. (124) können für *einfache* und *einheitliche* Reaktionen die Zeitgesetze in der Extinktion aufgestellt werden. Am Beispiel einer Reaktion 1. Ordnung vom Typ $a \rightarrow p$ sei dies explizit durchgeführt, siehe auch [5]. Mit $v_a = -1$ und $v_p = 1$ lautet das Zeitgesetz mit k_1 als der Geschwindigkeitskonstanten

$$\frac{dx}{dt} = k_1(a_0 - x).$$

Mit (123) und (124) folgt:

$$\frac{dA_\lambda}{dt} = q_\lambda k_1\left(a - \frac{A_\lambda - A_{\lambda,0}}{q_\lambda}\right) = k_1(aq_\lambda - A_\lambda + A_{\lambda,0}).$$

Nach (122) ist $q_\lambda = d(\varepsilon_{p,\lambda} - \varepsilon_{a,\lambda})$. Eingesetzt in obige Gleichung erhalten wir:

$$\frac{dA_\lambda}{dt} = k_1(a_0\varepsilon_{p,\lambda}d - a_0\varepsilon_{a,\lambda}d - A_\lambda + A_{\lambda,0}),$$

$$\frac{dA_\lambda}{dt} = k_1(A_{\lambda,\infty} - A_\lambda). \tag{125}$$

Da $A_{\lambda,0} = a_0\varepsilon_{a,\lambda}d$ und $A_{\lambda,\infty} = a_0\varepsilon_{p,\lambda}\cdot d$ (d.h., das Edukt ist bei $t \to \infty$ vollständig zum Produkt p umgesetzt: $a_0 = p_\infty$).

Integration von (125) mit der Bedingung, daß zur Zeit $t = 0$, $A_\lambda = A_{\lambda,0}$ liefert:

$$\ln\frac{A_{\lambda,\infty} - A_\lambda}{A_{\lambda,\infty} - A_{\lambda,0}} = -k_1 t. \tag{125a}$$

Absorbiert das Produkt nicht bei der Wellenlänge λ, so gilt $\varepsilon_{p,\lambda} = 0$ und $A_{\lambda,\infty} = 0$, d.h., bei der Wellenlänge λ wird nur die Abnahme von a verfolgt. Damit folgt aus (125)

$$\ln\frac{A_\lambda}{A_{\lambda,0}} = -k_1 t; \quad A_\lambda = A_{\lambda,0}e^{-k_1 t}. \tag{125b}$$

Im Fall $\varepsilon_{a,\lambda} = 0$, $A_{\lambda,0} = 0$ folgt analog:

$$\ln\frac{A_{\lambda,\infty} - A_\lambda}{A_{\lambda,\infty}} = -k_1 t; \quad A_\lambda = A_{\lambda,\infty}(1 - e^{-k_1 t}). \tag{125c}$$

7.1.2 Zusammenstellung weiterer Reaktionstypen

7.1.2.1 Reaktionen 2. Ordnung

Reaktionstyp a)	$2a \to p$
Stöchiometrische Koeffizienten	$v_a = -2; \quad v_p = 1$
$q_\lambda = d\sum v_i \cdot \varepsilon_{i,\lambda}$	$d(\varepsilon_{p,\lambda} - 2\varepsilon_{a,\lambda})$
$A_{\lambda,0}; \quad A_{\lambda,\infty}$	$A_{\lambda,0} = a_0\varepsilon_{a,\lambda}d; \quad A_{\lambda,\infty} = \dfrac{a_0}{2}\varepsilon_{p,\lambda}d$
Zeitgesetz, allgemein	$\dfrac{dx}{dt} = k_2(a_0 - 2x)^2$
Zeitgesetz, Extinktion	$\dfrac{dA_\lambda}{dt} = \dfrac{4k_2}{q_\lambda}(A_{\lambda,\infty} - A_\lambda)^2$

$$\frac{1}{A_{\lambda,\infty} - A_\lambda} - \frac{1}{A_{\lambda,\infty} - A_{\lambda,0}} = \frac{4k_2}{q_\lambda}\cdot t \tag{126}$$

Integriertes Zeitgesetz (126)

$A_{\lambda,\infty} - A_{\lambda,0} \qquad \dfrac{a_0}{2}q_\lambda$

$$\frac{A_\lambda - A_{\lambda,0}}{t} = 2k_2 a_0 A_{\lambda,\infty} - 2k_2 a_0 A_\lambda \tag{126a}$$

Umformung von (126)

Auswertung	$(A_\lambda - A_{\lambda,0})/t$ gegen A_λ
Spezialfälle	1) $\varepsilon_{a,\lambda} \neq 0;\quad \varepsilon_{p,\lambda} = 0;\quad A_{\lambda,\infty} = 0$

$$q_\lambda = -2\varepsilon_{a,\lambda}d$$

$$\frac{1}{A_\lambda} - \frac{1}{A_{\lambda,0}} = \frac{2k_2}{\varepsilon_{a,\lambda}d} \cdot t \tag{126b}$$

$$\frac{A_{\lambda,0} - A_\lambda}{t} = 2k_2 a_0 \cdot A_\lambda \tag{126c}$$

2) $\varepsilon_{a,\lambda} = 0;\quad \varepsilon_{p,\lambda} \neq 0;\quad A_{\lambda,0} = 0;$

$$A_{\lambda,\infty} = \frac{a_0}{2}\varepsilon_{p,\lambda}d;\quad q_\lambda = \varepsilon_{p,\lambda} \cdot d$$

$$\frac{A_\lambda}{A_{\lambda,\infty} - A_\lambda} = 2k_2 a_0 \cdot t \tag{126d}$$

$$\frac{A_\lambda}{t} = 2k_2 a_0 A_{\lambda,\infty} - 2k_2 a_0 A_\lambda \tag{126e}$$

Reaktionstyp b)	$a + b \to p \quad a_0 = b_0$
Stöchiometrische Koeffizienten	$\nu_a = \nu_b = -1;\quad \nu_p = 1$
$q_\lambda = d \sum \nu_i \varepsilon_{i,\lambda}$	$d(\varepsilon_{p,\lambda} - \varepsilon_{a,\lambda} - \varepsilon_{b,\lambda})$
$A_{\lambda,0};\quad A_{\lambda,\infty}$	$A_{\lambda,0} = a_0\varepsilon_{a,\lambda}d + a_0\varepsilon_{b,\lambda}d;\quad A_{\lambda,\infty} = a_0\varepsilon_{p,\lambda}d$
Zeitgesetz, allgemein	$\dfrac{dx}{dt} = k_2(a - x)^2$

Zeitgesetz, Extinktion	$\dfrac{dA_\lambda}{dt} = \dfrac{k_2}{q_\lambda}(A_{\lambda,\infty} - A_\lambda)^2$	(127)
Integriertes Zeitgesetz	$\dfrac{1}{A_{\lambda,\infty} - A_\lambda} - \dfrac{1}{A_{\lambda,\infty} - A_{\lambda,0}} = \dfrac{k_2}{q}t$	(127a)
$A_{\lambda,\infty} - A_{\lambda,0}$	$a_0(\varepsilon_{p,\lambda} - \varepsilon_{a,\lambda} - \varepsilon_{b,\lambda}) \cdot d = a_0 q_\lambda$	
Umformung von (127a)	$\dfrac{A_\lambda - A_{\lambda,0}}{t} = k_2 a_0 A_{\lambda,\infty} - k_2 a_0 A_\lambda$	(127b)
Auswertung (Beispiel s. [6])	$(A_\lambda - A_{\lambda,0})/t$ gegen A_λ;	
Spezialfälle	analog zu Reaktionstyp a)	

Reaktionstyp c)	$a + b \to p;\quad a_0 \neq b_0;\quad b_0 > a_0$
Stöchiometrische Koeffizienten	$\nu_a = \nu_b = -1;\quad \nu_p = 1$
$q_\lambda = d \sum \nu_i \varepsilon_{i,\lambda}$	$d(\varepsilon_{c,\lambda} - \varepsilon_{a,\lambda} - \varepsilon_{b,\lambda})$
$A_{\lambda,0};\quad A_{\lambda,\infty}$	$A_{\lambda,0} = a_0\varepsilon_{a,\lambda}d + b_0\varepsilon_{b,\lambda}d;$
	$A_{\lambda,\infty} = [a_0\varepsilon_{p,\lambda} + (b_0 - a_0)\varepsilon_{b,a}]d$

Zeitgesetz, allgemein $\quad \dfrac{dx}{dt} = k_2 (a_0 - x)(b_0 - x)$

Zeitgesetz, Extinktion $\quad \dfrac{dA_\lambda}{dt} = \dfrac{k_2}{q_\lambda}(A_{\lambda,\infty} - A_\lambda)(A'_{\lambda,\infty} - A_\lambda)$

$A'_{\lambda,\infty}$ (Rechengröße) [5] $\quad A'_{\lambda,\infty} = |b_0 \varepsilon_{p,\lambda} - (b_0 - a_0)\varepsilon_{a,\lambda}|d$

Integriert (Partialbruch-
zerlegung) [7, 8]

$$\ln\dfrac{A'_{\lambda,\infty} - A_\lambda}{A_{\lambda,\infty} - A_\lambda} = \ln\dfrac{A'_{\lambda,\infty} - A_{\lambda,0}}{A_{\lambda,\infty} - A_{\lambda,0}} + (A'_{\lambda,\infty} - A_{\lambda,\infty})\dfrac{k_2}{q_\lambda}\, t \tag{128}$$

7.1.2.2 Reaktionen 3. Ordnung

Reaktionstyp a) $\qquad 3a \rightarrow p$

Stöchiometrische $\qquad v_a = -3; \quad v_p = 1$
Koeffizienten

$q_\lambda = d\sum v_i \varepsilon_{i,\lambda} \qquad d(\varepsilon_{p,\lambda} - 3\varepsilon_{a,\lambda})$

$A_{\lambda,0}; \quad A_{\lambda,\infty} \qquad A_{\lambda,0} = a_0 \cdot \varepsilon_{a,\lambda} d; \quad A_{\lambda,\infty} = \dfrac{a_0}{3}\varepsilon_{p,\lambda} d$

Zeitgesetz, allgemein $\qquad \dfrac{dx}{dt} = k_3 (a_0 - 3x)^3$

Zeitgesetz, Extinktion $\qquad \dfrac{dA_\lambda}{dt} = \dfrac{27 k_3}{q_\lambda^2}(A_{\lambda,\infty} - A_\lambda)^3$

Integriertes Zeitgesetz
$t = 0; \quad A_\lambda = A_{\lambda,0}$

$$\dfrac{1}{(A_{\lambda,\infty} - A_\lambda)^2} - \dfrac{1}{(A_{\lambda,\infty} - A_{\lambda,0})^2} = \dfrac{54 k_3}{q_\lambda^2}\cdot t \tag{129}$$

Spezialfälle $\qquad$ 1) $A_{\lambda,\infty} = 0; \quad q_\lambda = -3\varepsilon_{a,\lambda}\cdot d;$

$\qquad\qquad A_{\lambda,0} = a_0 \varepsilon_{a,\lambda}\cdot d;$

$$\dfrac{1}{A_\lambda^2} - \dfrac{1}{A_{\lambda,0}^2} = \dfrac{54 k_3}{q_\lambda^2}\cdot t \tag{129a}$$

bzw. $\quad \dfrac{1}{\left(\dfrac{A_{\lambda,0}}{A_\lambda}\right)^2 - 1} = \dfrac{1}{6 k_3 a_0^2}\cdot\dfrac{1}{t}$

2) $A_{\lambda,0} = 0; \quad q_\lambda = \varepsilon_{p,\lambda} d; \quad A_{\lambda,\infty} = \dfrac{a_0}{3}\varepsilon_{p,\lambda} d$

nach Umformung über Kehrwert von (129):

$$\dfrac{1}{2\left(\dfrac{A_\lambda}{A_{\lambda,\infty}}\right) - \left(\dfrac{A_\lambda}{A_{\lambda,\infty}}\right)^2} = \dfrac{1}{6 k_3 a_0^2}\cdot\dfrac{1}{t} + 1 \tag{129b}$$

Reaktionstyp b) $\qquad 2a + b \rightarrow p; \quad a_0 = 2b_0$

Stöchiometrische $\qquad v_a = -2; \quad v_b = -1; \quad v_p = 1$
Koeffizienten

$q_\lambda = d\sum v_i \varepsilon_{i,\lambda} \qquad q_\lambda = d(\varepsilon_{p,\lambda} - 2\varepsilon_{a,\lambda} - \varepsilon_b)$

$A_{\lambda,0}; \quad A_{\lambda,\infty} \qquad A_{\lambda,0} = a_0 \varepsilon_{a,\lambda} d + b_0 \varepsilon_{b,\lambda} d; \quad A_{\lambda,\infty} = \dfrac{a_0}{2}\varepsilon_{p,\lambda} d$

Zeitgesetz, allgemein	$\dfrac{dx}{dt} = \dfrac{1}{2} k_3 (a_0 - 2x)^3$
Zeitgesetz, Extinktion	$\dfrac{dA_\lambda}{dt} = \dfrac{4 k_3}{q_\lambda^2} (A_{\lambda,\infty} - A_\lambda)^3$

$$\text{Integriertes Zeitgesetz} \qquad \frac{1}{(A_{\lambda,\infty} - A_\lambda)^2} - \frac{1}{(A_{\lambda,\infty} - A_{\lambda,0})^2} = \frac{8 k_3}{q^2} \cdot t \qquad (130)$$

Spezialfälle	1) $A_{\lambda,\infty} = 0;\quad \varepsilon_{p,\lambda} = 0;\quad q_\lambda = -(3\varepsilon_{a,\lambda} + \varepsilon_b)\, d$
	2) $A_{\lambda,0} = 0;\quad \varepsilon_{a,\lambda} = \varepsilon_{b,\lambda} = 0;\quad q_\lambda = \varepsilon_{p,\lambda} \cdot d$
	analog zu Reaktionstyp b) 3. Ordnung

Reaktionstyp c)	$a + b + c \rightarrow p \quad a_0 = b_0 = c_0$
Stöchiometrische Koeffizienten	$\nu_a = \nu_b = \nu_c = -1;\quad \nu_p = 1$
$q_\lambda = d \sum \nu_i \varepsilon_{i,\lambda}$	$q_\lambda = d(\varepsilon_{p,\lambda} - \varepsilon_{a,\lambda} - \varepsilon_{b,\lambda} - \varepsilon_{c,\lambda})$
$A_{\lambda,0};\quad A_{\lambda,\infty}$	$A_{\lambda,0} = a_0 \varepsilon_{a,\lambda} d + a_0 \varepsilon_{b,\lambda} d + a_0 \varepsilon_{c,\lambda} d;$ $A_{\lambda,\infty} = a_0 \varepsilon_{p,\lambda} d$
Zeitgesetz, allgemein	$\dfrac{dx}{dt} = k_3 (a_0 - x)^3$
Zeitgesetz, Extinktion	$\dfrac{dA_\lambda}{dt} = \dfrac{k_3}{q_\lambda^2} (A_{\lambda,\infty} - A_\lambda)^3$

$$\begin{array}{l} \text{Integriertes Zeitgesetz} \\ t = 0;\quad A_\lambda = A_{\lambda,0} \end{array} \qquad \frac{1}{(A_{\lambda,\infty} - A_\lambda)^2} - \frac{1}{(A_{\lambda,\infty} - A_{\lambda,0})^2} = \frac{2 k_3}{q_\lambda^2} \cdot t \qquad (131)$$

Spezialfälle	1. $A_{\lambda,\infty} = 0;\quad \varepsilon_{p,\lambda} = 0;$ $\quad q_\lambda = -(\varepsilon_{a,\lambda} + \varepsilon_{b,\lambda} + \varepsilon_{c,\lambda})\, d$
	2. $A_{\lambda,0} = 0;\quad \varepsilon_{a,\lambda} = \varepsilon_{b,\lambda} = 0;$ $\quad q_\lambda = \varepsilon_{p,\lambda} \cdot d$
	analog zu Reaktionstyp b) 3. Ordnung

Der Reaktionstyp $a + b + c \rightarrow p$ mit $a_0 \neq b_0 \neq c_0$ ist, wie allgemein bei Reaktionen 3. Ordnung, sehr selten, so daß hier auf eine weitere Betrachtung verzichtet werden kann; siehe aber [5].

7.1.2.3 Reaktionen pseudo-1. Ordnung

Bei vielen, besonders bimolekularen Reaktionen ist eine Komponente der Edukte oft in großem Überschuß vorhanden, so daß sich die Konzentration dieses Stoffes während der Reaktion praktisch nicht ändert; die Reaktionsgeschwindigkeit wird allein durch die Konzentration der zweiten Komponente bestimmt, d.h., die Reaktion kann als Reaktion 1. Ordnung aufgefaßt werden. Man spricht dann von einer Reaktion „Pseudo-1. Ordnung". Beispiele für derartige Reaktionen sind Hydrolyse- bzw. Solvolysereaktionen, die oft durch Protonen und Hydroxylionen katalysiert werden. In diesen Fällen schreibt sich das Zeitgesetz in der Form:

$$\frac{dx}{dt} = k_2(a_0 - x) \cdot b_0 = k_1'(a_0 - x) \tag{132}$$

mit $\quad k_1' = k_2 \cdot b_0$.

Dies führt zurück auf Gl. (125a, b). Die bei der Auswertung erhaltene Geschwindigkeitskonstante k_1' ist aber von der Konzentration b_0 abhängig bzw. vom pH-Wert bei Säure- oder Basekatalysierten Reaktionen.

Ein Beispiel für eine derartige Reaktion wird in Abschn. 7.4 besprochen.

7.1.2.4 Folgereaktionen

Diese sind im einfachsten Fall vom Typ $a \xrightarrow{k_1} b \xrightarrow{k_2} p$, d.h. jeder Schritt erfolgt als Reaktion 1. Ordnung und ist *irreversibel*. Eine komplizierte Reaktion liegt vor, wenn b nach a rückreagiert, d.h., daß ein *reversibler* Reaktionsschritt mit Gleichgewichtseinstellung beteiligt ist:

$$a \underset{k_{-1}}{\overset{k_1}{\rightleftharpoons}} b \rightarrow p;$$

derartige Reaktionen treten häufig bei Photoreaktionen auf, z.B.

$$\text{trans} \rightleftharpoons \text{cis} \rightarrow \text{Cyclisierungsprodukt.}$$

Eine analoge Reaktion stellt auch der schnelle Übergang eines angeregten Moleküls $^1M^*$ in den Triplettzustand $^3M^*$ mit anschließender Desaktivierung zum Singulettgrundzustand $^1M^0$ dar:

$$^1M^* \xrightarrow{k_{isc}} {}^3M^* \xrightarrow{k_{PM}} {}^1M^0.$$

Allen Reaktionen dieses Typs ist gemeinsam, daß die zeitliche Änderung der Konzentration an b (cis, $^3M^*$) zu einem Zeitgesetz führt, das eine inhomogene Differentialgleichung darstellt:

$$\frac{db}{dt} = k_1 a - k_2 b.$$

Da a nach einer Teilreaktion 1. Ordnung gegeben ist zu

$$a = a_0 e^{-k_1 t}$$

folgt:

$$\frac{db}{dt} = a_0 e^{-k_1 t} - k_2 b. \tag{133}$$

Die Integration dieser inhomogenen Differentialgleichung (133) findet sich bei Fromherz [7]. Eine allgemeine Behandlung von reversiblen Folgereaktionen geben Frost und Pearson [3] sowie Mauser [5], Schwetlick u.a. [4] und Ebisch u.a. [9].

In einer neueren Arbeit beschäftigen sich Derauleau und Dübler [10] mit der spektralphotometrischen Analyse einer Folgereaktion unter Berücksichtigung einer Zwischenverbindung. Sie diskutieren dabei zwei Fälle: die Geschwindigkeitskonstanten k_1 und k_2 sind identisch ($k_1 = k_2$) bzw. nicht identisch ($k_1 \neq k_2$). Der Verlauf der Extinktionszeitkurven wird für diese Fälle diskutiert.

7.1.2.5 Parallelreaktionen

Besprochen sei kurz der einfachste Typ: $a \xrightarrow{k_1} b$; $a \xrightarrow{k_2} c$.

Bei den Teilschritten sind die Umsatzvariablen x_1 und x_2 zuzuordnen, zwischen denen die Beziehung besteht [5]:

$$\frac{x_2}{x_1} = \frac{k_2}{k_1} = n, \quad x_2 = n \cdot x_1. \tag{134}$$

Aus der formalen Beschreibung dieser Reaktion folgt zunächst das Zeitgesetz:

$$\frac{da}{dt} = -k_1 a - k_2 a = -(k_1 + k_2) a = -k \cdot a \tag{135}$$

mit

$$k = k_1 + k_2.$$

Für die Konzentrationen gilt:

$$a = a_0 - x_1 - x_2, \quad b = x_1 \text{ und } c = x_2.$$

Die Extinktion zu einem beliebigen Zeitpunkt t ergibt sich dann unter Berücksichtigung von (143) zu:

$$A_\lambda = a_0 \varepsilon_{a,\lambda} d - (1 + n) \varepsilon_{a,\lambda} x_1 d + x_1 \varepsilon_{b,\lambda} d + n x_1 \varepsilon_{c,\lambda} d$$

sowie

$$A_\lambda - A_{\lambda,0} = q_\lambda \quad \text{mit} \quad q_\lambda = d(\varepsilon_{b,\lambda} + n\varepsilon_{c,\lambda} - (1 + n)\varepsilon_a).$$

Für $t \to \infty$ ergibt sich $A_{\lambda,\infty} = a_0(\varepsilon_{b,\lambda} + n\varepsilon_{c,\lambda}) d$.

Setzen wir wieder an:

$$\frac{1}{q_\lambda} \cdot \frac{dA_\lambda}{dt} = \frac{dx_1}{dt} = k(a_0 - x_1),$$

so erhalten wir mit $x_1 = \dfrac{A_\lambda - A_{\lambda,0}}{q_\lambda}$ und dem Ausdruck q_λ

$$\frac{dA_\lambda}{dt} = k(A_{\lambda,\infty} - (1 + n) A_{\lambda,t}).$$

Die Integration führt zu der Lösung $(t = 0 \rightarrow A_\lambda = A_{\lambda,0})$:

$$\ln \frac{A_{\lambda,\infty} - (1 + n)\, A_\lambda}{A_{\lambda,\infty} - (1 + n)\, A_{\lambda,0}} = -(1 + n)\, k\, t. \tag{136}$$

Zur Auswertung benötigt man die Werte $A_{\lambda,\infty}$ und $n = k_2/k_1$. Da n jedoch unmittelbar das Konzentrationsverhältnis der Produkte wiedergibt, ist es erforderlich, dieses Verhältnis während oder nach Beendigung der Reaktion spektralphotometrisch zu bestimmen, was die Kenntnis der Extinktionskoeffizienten $\varepsilon_{b,\lambda}$ und $\varepsilon_{c,\lambda}$ voraussetzt. Damit ist dann auch $A_{\lambda,\infty}$ gegeben, so daß Gl. (136) unmittelbar ausgewertet werden kann. Das hier besprochene System stellt ein zeitlich inkonstantes Mehrkomponentensystem dar, auf das bereits in Abschn. 4.2 hingewiesen wurde [11]. Ist n bekannt und a_0 vorgegeben, so kann auf Grund der zu jedem Zeitpunkt der Reaktion geltenden Beziehung $c/b = n$ die Reaktion über die Messung von c oder b verfolgt werden.

Allgemein gilt für jeden Zeitpunkt der Reaktion bei der Wellenlänge λ

$$A_\lambda = (a_0 - (1 + n)\, b)\, \varepsilon_{a,\lambda} d + b \cdot \varepsilon_{b,\lambda} d + n b \varepsilon_{c,\lambda} d.$$

Wenn b und c bei der Wellenlänge λ nicht absorbieren $(\varepsilon_{b,\lambda} = \varepsilon_{c,\lambda} \neq 0)$, ergibt sich:

$$A_\lambda = a_0 \varepsilon_{a,\lambda} d - (1 + n)\, b \varepsilon_{a,\lambda} d,$$

$$A_{\lambda,0} - A_\lambda = (1 + n)\, b \cdot \varepsilon_{a,\lambda} d$$

und somit

$$b = \frac{A_{\lambda,0} - A_\lambda}{(1 + n)\, \varepsilon_{a,\lambda} \cdot d} \quad \text{sowie} \quad c = n\, \frac{A_{\lambda 0} - A_\lambda}{(1 + n)\, \varepsilon_{a,\lambda} d}.$$

In diesem Fall kann die Reaktion über die Abnahme der Extinktion des Eduktes a verfolgt werden. Voraussetzung ist, daß n bestimmt werden kann.

7.2 Zahl der linear unabhängigen Teilreaktionen

Bei der Darstellung der verschiedenen Reaktionen mit ihren Zeitgesetzen sind wir davon ausgegangen, daß es sich um einheitliche, linear unabhängige Reaktionen handelt. Bei der praktischen Messung und der Auswertung der als Funktion der Zeit erhaltenen Extinktionen (ebenso auch anderer physikalischer Meßgrößen) muß man jedoch stets überprüfen, ob eine einheitliche Reaktion mit linear unabhängigen Teilreaktionen vorliegt. Hierfür eignet sich die Matrix-Rang-Analyse, die von Sternberg, Ainsworth u.a. auf kinetische Messungen angewandt wurde [12, 13, 14, 15, 16].

Im Falle der Verfolgung einer Reaktion über Extinktionsmessungen bei mehreren Wellenlängen (Reaktionsspektren) kann man die Meßgröße $\Delta A_{\lambda,t}$ $(\Delta A_{\lambda,t} = A_{\lambda,t} - A_{\lambda,0}$, s. Abschnitt 7.1.1) in Form einer Matrix schreiben.

Von dieser Darstellung der Meßwerte haben wir bereits in Abschn. 6.3.2, Gl. (104), Gebrauch gemacht. Dort galt es, die Einheitlichkeit eines Komplexbildungsgleichgewichtes festzustellen. Die variablen Parameter waren dort Wellenlänge λ und Konzentration c. Bei der kinetischen Messung sind es Wellenlänge λ und Zeit t.

Für p verschiedene Wellenlängen und q verschiedene Zeiten ergibt sich die experimentelle Matrix $\Delta A_{\lambda,t}$ zu:

$$\Delta A_{\lambda,t} = \begin{vmatrix} \Delta A_{11} & \Delta A_{12} & \Delta A_{13} & \dots & \Delta A_{1q} \\ \Delta A_{21} & \Delta A_{22} & \Delta A_{23} & \dots & \Delta A_{2q} \\ \dots\dots\dots\dots\dots\dots\dots\dots\dots\dots \\ \Delta A_{p1} & \Delta A_{p2} & \Delta A_{p3} & \dots & \Delta A_{pq} \end{vmatrix}. \tag{137}$$

Ermittelt man den Rang der Matrix (s. z. B. [8, 17]), so kann man eine Aussage über die Zahl der linear unabhängigen Reaktionen machen, und zwar ergibt sich:

Rang s = 1: eine linear unabhängige Reaktion,
Rang s = 2: zwei linear unabhängige Reaktionen,
Rang s = 3: drei linear unabhängige Reaktionen.

Beispiele hierfür sind:

$s = 1$; *eine linear unabhängige Reaktion*

$$a \rightarrow b$$
$$a + b \rightarrow c$$
$$a + b \rightarrow c + d$$

$$a \nearrow^{b}_{\searrow c} \quad \text{bzw. } a \rightarrow b + c$$

$s = 2$; *zwei linear unabhängige Reaktionen*

$$a \rightarrow b \rightarrow c$$
$$a \rightleftarrows b \rightarrow c$$
$$a + b \rightarrow c \rightarrow d + e$$

$s = 3$; *drei linear unabhängige Reaktionen*

$$a \rightarrow b \rightarrow c \rightarrow d$$
$$a + b \rightleftarrows c + d \rightarrow e \rightarrow f$$

Bei größeren Matrizen, die hier stets vorliegen, kann nur bei fehlerfreien Meßwerten der Rang einer Matrix mit entsprechenden Computerprogrammen genau bestimmt werden. Da jedoch die experimentell erstellte pxq-Matrix (i. allg. ist $p \neq q$) stets mit Meßfehlern behaftet ist, ist die numerische Matrix-Rang-Analyse in der Praxis nur dann anwendbar, wenn man zusätzlich statistische Kriterien angibt, über deren Vor- und Nachteile immer noch diskutiert wird [18, 19, 20].

Diese Schwierigkeiten kann man umgehen, wenn man die von Mauser [21] im Zusammenhang mit einer allgemeinen Theorie der isosbestischen Punkte entwickelten graphischen Verfahren einer sogenannten *graphischen Matrix-Rang-Analyse* zur Analyse der kinetischen Messungen heranzieht. In den Abschn. 6.2, 6.3.2 und 6.3.3 wurde bereits auf die graphische Matrixrang-Analyse im Zusammenhang mit der photometrischen Titration und der Untersuchung von Komplexbildungsgleichge-wichten hingewiesen. Für die Anwendung bei kinetischen Messungen sollen die

Kriterien der graphischen Matrix-Rang-Analyse daher nur kurz zusammengestellt werden.

a) *Isosbestische Punkte:*

Bei der zeitlich wiederholenden Registrierung eines Absorptionsspektrums über einen größeren Wellenlängenbereich ist es möglich, daß sich diese sogenannte *Reaktionsspektren* bei einer oder mehreren Wellenlängen genau in einem Punkt schneiden; sogenannter *isosbestischer Punkt,* siehe Abb. 60 und 63. Wenn dies der Fall ist, ist es sehr wahrscheinlich, daß die Reaktion einheitlich abläuft, d. h., es liegt i. allg. *eine linear unabhängige* Reaktion vor (Rang s = 1). Schneiden sich dagegen die Spektren in einem Bereich, ohne durch einen isosbestischen Punkt zu gehen, so läuft die Reaktion nicht einheitlich ab, selbst wenn in anderen Bereichen isosbestische Punkte auftreten. Treten überhaupt keine isosbestischen Punkte auf, so ist eine Aussage über die Einheitlichkeit der Reaktion *nicht* möglich.

b) *Extinktions-Zeit-Diagramm:* $A_{\lambda,t} = f(t)$

Hierbei werden die bei einer Wellenlänge λ gemessenen Extinktionen gegen die Zeit aufgetragen. In Verbindung mit den in Abschn. 7.1 zusammengestellten Ausdrücken, die durch Integration der entsprechenden Zeitgesetze gewonnen worden waren, ist es möglich, die Reaktionsordnung und den Mechanismus zu beweisen und die Geschwindigkeitskonstante zu bestimmen. Bei einer einheitlichen Reaktion muß die Auswertung bei unterschiedlichen Wellenlängen innerhalb der Fehlergrenzen zu identischen Ergebnissen führen.

c) *Extinktions-Diagramme:* $A_i(t) = f(A_1(t))$

Trägt man die gemessenen Extinktionen bei einer Wellenlänge λ_i gegen die bei einer

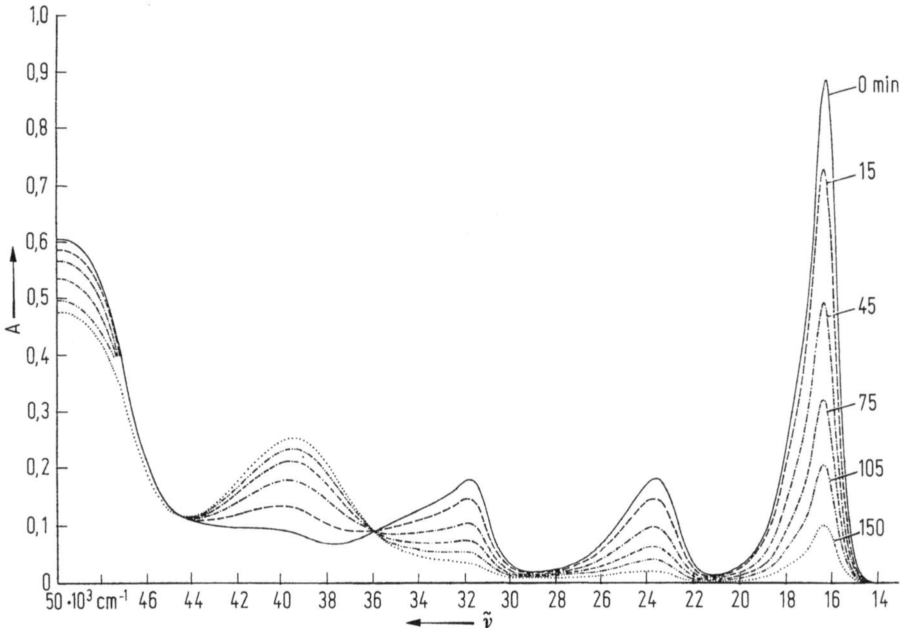

Abb. 60. Reaktionsspektren der alkalischen Hydrolyse des Malachitgrüns 50% H_2O/50% Puffer pH = 9; $c_0 = 1{,}657 \cdot 10^{-5}$ M; Raumtemperatur; Gerät: Perkin-Elmer 320, automatisches Zeitprogramm; Tandemküvette d = 0,876 cm

Wellenlänge λ_1 gemessenen Extinktionen auf, so ergeben sich Geraden, wenn es sich um eine einheitliche Reaktion (Rang s = 1) handelt. Ist der Rang s $\geq$ 2, so ergeben sich gekrümmte Kurven.

Wie von Mauser und Mitarbeitern gezeigt wurde, können aus den Extinktions-Diagrammen wichtige zusätzliche Informationen gewonnen werden [22, 23, 24]. Dies gilt besonders für Gleichgewichts- und Folgereaktionen. Gehen die Geraden eines A-Diagrammes durch den Nullpunkt, so kann daraus der Schluß gezogen werden, daß in dem zur Auswertung herangezogenen Wellenlängenbereich nur ein Stoff absorbiert.

d) *Extinktions-Differenzen-Diagramme:* $\Delta A_i(t) = f(\Delta A_1(t))$; ($\Delta A$-Diagramm)
Die Gleichung des Extinktions-Differenzen-Diagramms ist bereits in Abschn. 6.2, Gl. (86), dargestellt worden. Sie gilt in dieser Form für eine einheitliche Reaktion vom Rang s = 1. Für den Fall einer Reaktion 2. Ordnung (s = 1) ergibt sich:

$$A_1 = a_0 \cdot \varepsilon_{a1} \cdot d + b_0 \varepsilon_{b1} \cdot d + (\varepsilon_{c1} + \varepsilon_{d,1} - \varepsilon_{a1} - \varepsilon_{b1}) \cdot d \cdot x = A_1^0 + q_1 \cdot x,$$
$$\Delta A_1 = q_1 x,$$

$$A_i = a_0 \varepsilon_{ai} d + b_0 \varepsilon_{bi} \cdot d + (\varepsilon_{ci} + \varepsilon_{di} - \varepsilon_{ai} - \varepsilon_{bi}) \cdot d \cdot x = A_i^0 + q_i x,$$
$$\Delta A_i = q_i x.$$

Die Eliminierung von x aus beiden Gleichungen liefert

$$\Delta A_i = \Delta A_1 \cdot \frac{q_i}{q_1} = z_i \cdot \Delta A_1. \tag{138}$$

Trägt man für verschiedene Wellenlängen $\lambda_i (i = 2, 3 \ldots)$ die jeweiligen Werte von ΔA_i gegen $\Delta A_1 (\lambda_1 = $ Bezugswellenlänge) auf, so ergeben sich Nullpunktsgeraden, deren Steigungen durch das Verhältnis q_i/q_λ gegeben sind. Hiermit ist aber zugleich eine einfache Möglichkeit gegeben, jede Reaktion auf ihre Einheitlichkeit zu prüfen. Allerdings setzt dieses Verfahren voraus, daß möglichst viele Kombinationen bis ins weitere UV hinein über einen großen Spektralbereich aufgetragen werden. Für zwei und mehr linear unabhängige Teilreaktionen kann immer dann eine einheitliche Reaktion vom Rang s = 1 vorgetäuscht werden, wenn in dem zur Auswertung herangezogenen Spektralbereich nur eine Komponente absorbiert [25]. Ein anschauliches Beispiel hierfür ist die Hydrolyse des p-Nitrophenylacetats [26].

Entsprechend der Definition der q_λ-Werte kann bei Kenntnis der Extinktionskoeffizienten das Verhältnis q_i/q_1 berechnet und mit der aus dem Diagramm ermittelten Steigung verglichen werden [27]. Dies stellt zugleich eine Überprüfung dar, ob die Reaktion wie angenommen abläuft.

Häufig treten auch kurvenförmige Extinktions-Differenzen- bzw. Extinktions-Diagramme auf, wenn s $\geq$ 2 ist, die zum Teil bei s = 2 zwei lineare Teile erkennen lassen [27, 28, 29] und darauf hindeuten, daß die Teilreaktionen als Reaktionen 1. Ordnung ablaufen.

e) *Extinktions-Differenzen-Quotienten-Diagramme* (ΔAQ-Diagramm):
Betrachten wir ein System, in dem genau zwei linear unabhängige Teilreaktionen ablaufen, so gilt für die Extinktion bei einer Wellenlänge „1"

$$A_1 = [(a_0 - x_1 - x_2) \varepsilon_{a,1} + x_1 \varepsilon_{b,1} + x_2 \varepsilon_c] d.$$

Ordnet man nach den Koeffizienten von x_1 und x_2, so ergibt sich:

$$\Delta A_1 = A_1 - A_{01} = d(\varepsilon_{b,1} - \varepsilon_{a,1})\, x_1 + d(\varepsilon_{c,1} - \varepsilon_{a,1})\, x_2 = q_{11} x_1 + q_{12} x_2.$$

Analog ergeben sich für die Wellenlängen 2 und 3:

$$\Delta A_2 = q_{21} x_1 + q_{22} x_2,$$
$$\Delta A_3 = q_{31} x_1 + q_{32} x_2.$$

Wie in Abschn. 6.3 bereits gezeigt wurde, erhält man nach Auflösen der ersten beiden Gleichungen nach x_1 und x_2 und Einsetzen der Lösungen in die dritte Gleichung den Ausdruck:

$$\Delta A_3 = \frac{D_{23}}{D_{12}} \Delta A_1 + \frac{D_{13}}{D_{12}} \cdot \Delta A_2.$$

Bringt man ΔA_1 auf die linke Seite, so erhält man:

$$\frac{\Delta A_3}{\Delta A_1} = n + m \cdot \frac{\Delta A_2}{\Delta A_1} \tag{139}$$

mit

$$n = \frac{D_{23}}{D_{12}} \quad \text{und} \quad m = \frac{D_{13}}{D_{12}}.$$

$$D_{12} = q_{11} \cdot q_{22} - q_{12} q_{21}; \quad D_{23} = q_{31} q_{22} - q_{32} q_{21},$$
$$D_{13} = q_{11} q_{32} - q_{31} q_{12}.$$

Trägt man $\Delta A_3/\Delta A_1$ gegen $\Delta A_2/\Delta A_1$ auf, so erhält man bei zwei linear unabhängigen Teilreaktionen eine Gerade, was natürlich auch zum Nachweis der Zahl der Teilreaktionen herangezogen werden kann.

Eine sichere Entscheidung, ob $s = 2$ ist, ist nur dann gegeben, wenn möglichst viele Kombinationen in einem großen Spektralbereich bis ins UV zur Auswertung herangezogen werden. Ergibt sich ein lineares Diagramm, was durch den Koordinatenursprung geht, oder ergeben sich Parallelen zu einer der Achsen, so ist das $\Delta A Q$-Diagramm entartet und erlaubt keine Aussage über die Zahl der linear unabhängigen Teilreaktionen.

Dieses Verfahren kann man auf drei unabhängige Teilreaktionen ausdehnen [30].

Eine übersichtliche Darstellung der Methoden zur Auswertung spektralphotometrischer Messungen von Reaktionen gibt Gauglitz [30, 31]. In diesen Übersichtsarbeiten werden auch die Grenzen der verschiedenen Verfahren aufgezeigt.

7.3 Auswertung kinetischer Messungen

Die in 7.1 dargestellten Zeitgesetze und die angegebenen Lösungen erlauben prinzipiell die Auswertung kinetischer Messungen. Der Vorteil spektralphotometrischer Messungen gegenüber anderen kinetischen Meßmethoden liegt darin, daß man für ein und dasselbe Experiment an Hand der Reaktionsspektren eine größere Zahl von Wellenlängen zur Auswertung heranziehen kann, wodurch eine Verbesserung der Ergebnisse erzielt werden kann.

Außerdem bietet das Reaktionsspektrum auch die Möglichkeit, den geeignetsten Wellenlängenbereich für die Auswertung auszuwählen, was dann besonders vorteilhaft ist, wenn bei einer bestimmten Wellenlänge nur das Edukt oder das Produkt absorbiert. Auf diese Fälle wurde jeweils hingewiesen.

Die exakte Auswertung nach den oben erwähnten Gleichungen setzt aber oft die Kenntnis der $A_{\lambda,\infty}$-Werte und $A_{\lambda,0}$-Werte voraus. Während die Extinktion zu Beginn eines Experiments ($t = 0$) durch geeignete Durchführung (z.B. Benutzung einer Tandemküvette) oder bei Kenntnis der Anfangskonzentrationen und der Extinktions-koeffizienten der Edukte gemessen bzw. berechnet werden kann, ist dies für die $A_{\lambda,\infty}$-Werte ungleich schwieriger und oft nicht möglich.

Häufig liegt auch der Fall vor, daß die Anfangswerte einer Reaktion nicht genau genug vermessen werden können, so daß die Auswertung nach dem integrierten Zeitgesetz im Anfangsbereich zu stark streuenden Werten führen kann.

Aus diesem Grunde sind in der Literatur zahlreiche Verfahren beschrieben, die diese Schwierigkeiten umgehen. Eine Zusammenstellung findet sich bei Mauser [5], Kap. III. Kurz erwähnt seien an dieser Stelle wegen ihrer Bedeutung die auf Differenzengleichungen aufgebauten Auswerteverfahren [32].

Im allgemeinen Fall einer Reaktion 1. Ordnung gilt nach Gl. (125a)

$$A_{\lambda,\infty} - A_{\lambda,t} = (A_{\lambda,\infty} - A_{\lambda,0})\, e^{-k_1 t}. \tag{a}$$

Zur Zeit $t' = t + \Delta t$ gilt

$$A_{\lambda,\infty} - A_{\lambda,t+\Delta t} = (A_{\lambda,\infty} - A_{\lambda,0})\, e^{-k_1(t+\Delta t)}. \tag{b}$$

Bildet man die Differenz der beiden Gleichungen (a) $-$ (b), so erhält man:

$$A_{\lambda,t+\Delta t} - A_{\lambda,t} = (A_{\lambda,\infty} - A_{\lambda,0})\, e^{-k_1 t}(1 - e^{-k_1 \Delta t}). \tag{c}$$

Da

$$(A_{\lambda,\infty} - A_{\lambda,0})\, e^{-k_1 t} = A_{\lambda,\infty} - A_{\lambda,t},$$

erhält man schließlich den Ausdruck:

$$A_{\lambda,t+\Delta t} = A_{\lambda,\infty}(1 - e^{k_1 \Delta t}) + A_{\lambda,t}\, e^{-k_1 \Delta t}. \tag{140}$$

Hält man Δt konstant, so muß $A_{\lambda,t+\Delta t}$ gegen $A_{\lambda,t}$ aufgetragen, eine Gerade ergeben. Gleichung (140) entspricht der von Swinbourne angegebenen Gleichung zur Auswertung einer Reaktion 1. Ordnung [33].

Die Gl. (140) gestattet eine Auswertung ohne Kenntnis der Anfangswerte und des Wertes $A_{\lambda,\infty}$

In Gl. (140) ergibt sich dieser Wert für $t \to \infty$ zu $A_{\lambda,t+\Delta t} = A_{\lambda,t} = A_{\lambda,\infty}$.

Da die Steigung sich zu $e^{-k_1 \Delta t}$ ergibt, ist somit auch k_1 unmittelbar zugänglich.

Ausgehend von Gl. (c) oben kann man auch schreiben:

$$A_{\lambda,t+\Delta t} - A_{\lambda,t} = (A_{\lambda,0} - A_{\lambda,\infty})\,(e^{-k_1 \Delta t} - 1)\,e^{-k_1 t}.$$

Logarithmiert man diesen Ausdruck, so erhält man die von Guggenheim angegebene Beziehung zur Auswertung einer Reaktion 1. Ordnung [34]:

$$\ln\,[A_{\lambda,t+\Delta t} - A_{\lambda,t}] = -k_1 t + \ln\,[(A_{\lambda,0} - A_{\lambda,\infty})\,(e^{-k_1 \Delta t} - 1)]. \tag{141}$$

Wie man aus den Gln. (140) bis (141) ersieht, ist die Auswertung unabhängig von den $A_{\lambda,0}$- und $A_{\lambda,\infty}$-Werten, d.h. die Unsicherheit der Meßwerte zu Anfang und zum Ende der Reaktion ist eliminiert worden.

Für Reaktionen 2. Ordnung sind für die Fälle

$$2a \to p \quad \text{und} \quad a + b \to p\,(a_0 = b_0)$$

entsprechende Ausdrücke bereits zusammengestellt worden, die eine von $A_{\lambda,\infty}$ unabhängige Auswertung gestatten, siehe Gln. (126a, 127b). Eine ausführliche Darstellung der Auswertung spektralphotometrischer Messungen für Reaktionen 2. Ordnung ohne zusätzliche Informationen, d.h. auch ohne Kenntnis der Extinktionskoeffizienten, ist kürzlich von Mauser gegeben worden [35].

Eine weitere Möglichkeit der Auswertung kinetischer Messungen bietet die Methode der *formalen Integration* [36]. Für eine Reaktion 1. Ordnung gilt nach Gl. (125):

$$dA_{\lambda,t} = k_1 A_{\lambda,\infty}\,dt - k_1 A_{\lambda,t}\,dt.$$

Integriert man diese Gleichung formal zwischen den Grenzen t und t', so ergibt sich:

$$A_{\lambda,t'} - A_{\lambda,t} = k_1 A_{\lambda,\infty}\,(t' - t) - k_1 \int_t^{t'} A_{\lambda,t}\,dt$$

bzw.

$$\frac{A_{\lambda,t'} - A_{\lambda,t}}{t' - t} = k_1 A_{\lambda,\infty} - k_1 \frac{\displaystyle\int_t^{t'} A_{\lambda,t}\,dt}{t' - t}. \tag{142}$$

Trägt man die linke Seite von Gl. (142) gegen das durch die Zeitdifferenz $t' - t$ dividierte Integral auf, so erhält man eine Gerade, deren Neigung unmittelbar k_1 und deren Ordinatenabschnitt $A_{\lambda,\infty}$ ergibt, siehe Beispiel in 7.4.

Diese Methode der formalen Integration hat den Vorteil, daß sie weitgehend frei von Meßfehlern ist, während die unmittelbare Auswertung der Differentialgleichungen und ihrer Lösung dadurch erschwert bzw. unsicher wird. Gegenüber den weiter oben besprochenen graphischen Auswertemethoden hat sie ferner den Vorteil, daß die Integrationsgrenzen t' und t beliebig gewählt werden können und nicht einer konstanten Differenz Δt entsprechen müssen. Beispiele für die Anwendung dieser Methode auf Reaktionen 1. Ordnung finden sich bei Lachmann und Mitarbeitern [26].

Für eine Reaktion 2. Ordnung mit gleichen Anfangskonzentrationen $a_0 = b_0$ (s. Gl. 127) liefert die formale Integration

$$A_{\lambda, t'} - A_{\lambda, t} = \frac{k_2}{q_\lambda} A_{\lambda, \infty}^2 (t' - t) - 2 A_{\lambda, \infty} \frac{k_2}{q_\lambda} \int\limits_t^{t'} A_{\lambda, t} \, dt + \frac{k_2}{q_\lambda} \int\limits_t^{t'} A_{\lambda, t}^2 \, dt$$

bzw.

$$\frac{A_{\lambda, t'} - A_{\lambda, t}}{t' - t} = Z_1 - Z_2 \frac{\int\limits_t^{t'} A_{\lambda, t} \, dt}{t' - t} + Z_3 \frac{\int\limits_t^{t'} A_{\lambda, t}^2 \, dt}{t' - t}, \tag{143}$$

$$Z_1 = \frac{k_2}{q_\lambda} A_{\lambda, \infty}^2, \quad Z_2 = 2 A_{\lambda, \infty} \cdot \frac{k_2}{q_\lambda}, \quad Z_3 = \frac{k_2}{q_\lambda}.$$

Hieraus ergeben sich sofort Beziehungen für $A_{\lambda, \infty}$ und k_2

$$\frac{Z_1}{Z_3} = A_{\lambda, \infty}^2 \quad \text{bzw.} \quad \frac{Z_2}{2 Z_3} = A_{\lambda, \infty}. \tag{144}$$

Ausgehend von der Differentialgleichung (135) $(a_0 \neq b_0)$ ergibt sich ebenfalls Gl. (143); lediglich die Koeffizienten Z_1, Z_2 und Z_3 sind in diesem Falle wie folgt definiert:

$$Z_1 = \frac{k_2}{q_\lambda} A_{\lambda, \infty} \cdot A_{\lambda, \infty}', \quad Z_2 = \frac{k_2}{q_\lambda} (A_{\lambda, \infty} + A_{\lambda, \infty}'), \quad Z_3 = \frac{k_2}{q_\lambda}. \tag{144a}$$

Auch hieraus lassen sich wieder Ausdrücke für $A_{\lambda, \infty}$ und $A_{\lambda, \infty}'$ gewinnen, deren Auswertung jedoch oft zu sehr ungenauen Werten führt.

Die hier dargestellten Auswerteverfahren sowie die in 7.2 dargestellten Verfahren zur graphischen Matrix-Rang-Analyse erfordern eine hohe photometrische Genauigkeit, um sichere Aussagen über die Einheitlichkeit einer Reaktion machen zu können bzw. um zuverlässige Werte für die Geschwindigkeitskonstanten zu erhalten. Aus diesem Grunde ist von Lachmann ein universelles Reaktionssystem vorgeschlagen worden, das gut reproduzierbar ist und sich deshalb zur Erprobung eines UV-VIS-Spektralphotometers eignet [37]. Es handelt sich hierbei um die Hydrolyse des 2-Hydroxy-5-nitro-α-toluolsulfonsäure-sulton:

Die Geschwindigkeit der Hydrolyse hängt stark vom pH-Wert, der Pufferzusammensetzung und der Ionenstärke ab. Dies hat zur Folge, daß durch geeignete Wahl dieser Parameter die Halbwertzeit der Reaktion vom ms-Bereich bis zu mehreren Stunden variiert werden kann. Somit ist diese Reaktion zur Erprobung sowohl von konventionellen UV-VIS-Spektralphotometern wie auch von Stopped-flow-Spektralphotometern geeignet [38].

Bei allen kinetischen Untersuchungen mittels spektralphotometrischer Messungen müssen in zeitlichen Abständen die Extinktionen gemessen werden. Bei Verfolgung der Reaktion bei nur einer Wellenlänge sind die Meßwerte überschaubar und stehen in Form einer von Hand zu erstellenden Tabelle für die weitere Auswertung zur Verfügung. Die dargestellten Verfahren zur Auswertung ließen aber erkennen, daß diese Einzelauswertung oft unzureichend ist, da die Einheitlichkeit der Reaktion auf diesem Wege nicht zu bestimmen ist. Aus diesem Grunde ist es zweckmäßig, die Absorptionsspektren in einem möglichst großen Spektralbereich in zeitlichen Abständen wiederholt aufzunehmen. Man erhält dann die sogenannten Reaktionsspektren, die bei Vorliegen von isosbestischen Punkten bereits wahrscheinlich machen, daß eine einheitliche Reaktion vorliegt. Mit modernen registrierenden UV-VIS-Spektralphotometern ist die Aufnahme derartiger Spektren problemlos, da diese Geräte meistens Mikroprozessor-gesteuert sind, so daß die Widerholungszeiten entsprechend der Geschwindigkeit der Reaktion vorgegeben werden können. Für die Auswertung bedeutet dies, daß in kurzer Zeit sehr viele Meßwerte zur Verfügung stehen, die mit Hand in einer akzeptablen Zeit kaum auswertbar sind. Es ist deshalb zu empfehlen, einen Mikrocomputer zur weiteren Auswertung direkt mit dem Spektralphotometer zu kombinieren. Die meisten Spektralphotometer sind mit einer entsprechenden Schnittstelle hierfür vorbereitet. Für ältere Spektralphotometer sind verschiedene Vorschläge für den Anschluß von Computern gemacht worden [39, 40, 41].

7.4 Beispiele

Ein großer Teil aller Solvolyse- bzw. Hydrolysereaktionen läuft nach einer Reaktion pseudo-1. Ordnung ab. Als Beispiel soll zunächst die basenkatalysierte Reaktion des Malachitgrüns besprochen werden Malachitgrün geht in wäßriger Lösung bei pH = 9 in seine farblose Leukoform über:

Diese Reaktion läßt sich bei Raumtemperatur innerhalb von 4 Stunden spektralphotometrisch bequem verfolgen. Abbildung 60 gibt die Reaktionsspektren wieder, die bei $36\,000\,\mathrm{cm}^{-1}$, entsprechend 277,8 nm, einen deutlich ausgeprägten isosbestischen Punkt erkennen lassen, was bereits auf eine einheitliche Reaktion hinweist. Anhand der

Reaktionsspektren erkennt man, daß sich 4 Absorptionsmaxima und eine Schulter in der kurzwelligen Flanke der intensiven langwelligen Absorptionsbande zur Analyse anbieten: $\lambda_1 = 615\,nm$ $(16\,260\,cm^{-1})$; $\lambda_2(sh) = 575\,nm$ $(17\,400\,cm^{-1})$; $\lambda_3 = 425\,nm$ $(23\,530\,cm^{-1})$; $\lambda_4 = 315\,nm$ $(31\,750\,cm^{-1})$ und $\lambda_5 = 255\,nm$ $(39\,215\,cm^{-1})$.

Während bei den Wellenlängen λ_1 bis λ_4 die Extinktion ständig abnimmt, nimmt bei λ_5 die Extinktion ständig zu und ist außerdem zur Zeit $t = 0$ nicht gleich Null.

Für die Verfolgung der Reaktion wurde eine Tandemküvette benutzt. Zur Zeit $t = 0$ befanden sich die beiden Lösungen (Malachitgrün in H_2O und Lösung $pH = 9$) in den getrennten Kammern. Nach Einstellung der Temperatur ($T = 293\,K$) wurden die beiden Lösungen außerhalb des Gerätes schnell durchmischt, wieder in dem temperierten Küvettenhalter des Spektralphotometers eingesetzt und die Registrierung der Reaktionsspektren gestartet. Die Spektren wurden direkt registriert und außerdem über einen angeschlossenen Rechner (Apple II) auf einer Diskette gespeichert und anschließend als $A_{\lambda,t} = f(\lambda)$ ausgedruckt.

Die Überprüfung der Einheitlichkeit der Reaktion durch das Extinktionsdiagramm und das Extinktions-Differenzen-Diagramm ergibt eine einheitliche Reaktion vom Rang $s = 1$.

Für die Ermittlung der Geschwindigkeitskonstanten k_1 aus den Meßdaten wurde nach Gl. (125a) $\log A_{\lambda,t}$ gegen t aufgetragen. Wie aus Abb. 61 zu ersehen ist, ergeben sich für λ_1, λ_2 und λ_3 parallele Geraden, aus deren Steigung sich die k_1-Werte berechnen lassen. Für λ_5 ist diese einfache Auswertung nicht möglich. Hier wurde Gl. (125) herangezogen, wobei der erforderliche $A_{255,\infty}$-Wert durch Extrapolation der Meßwerte für $t \to \infty$ zu $A_{\lambda,\infty} = 0{,}3$ abgeschätzt wurde. Mit diesem Wert ergibt sich für $\ln(A_{\lambda,\infty} - A_{\lambda,t})$ gegen t aufgetragen ebenfalls eine Gerade. Wie aus Tab. 19 zu ersehen ist, stimmen die k_1-Werte gut überein. Dies gilt auch für die Auswertung der Meßdaten nach dem Differenzenverfahren von Swinbourne, Gl. (140). Abbildung 62 gibt die Auswertung mittels der Methode der formalen Integration wieder, Gl. (142). Hierbei wurde das Integral $\int_{t}^{t'} A_{\lambda,t}\,dt$ einmal in konstanten Schritten $\Delta t = 15\,min$ und zum anderen durch Aufsummieren mit wachsenden Δt ermittelt. Die Integrale wurden durch Anwendung der Trapezregel erhalten [42]. Aus Abb. 62 ist zu ersehen, daß im 1. Fall, $\Delta t = const = 15\,min$, die Werte gegen Ende der Reaktion mit einem systemati-

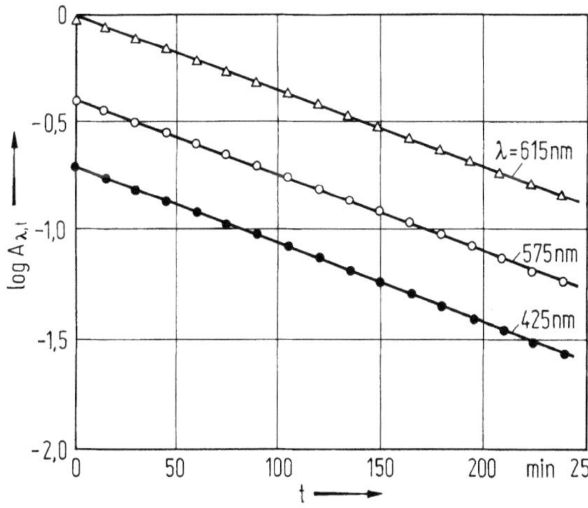

Abb. 61. Kinetische Auswertung der Melachitgrün-Hydrolyse nach Gl. (127a)

schen Fehler behaftet sind, denn die Extinktionswerte sind hier sehr klein, so daß der Fehler bei der Berechnung der Fläche unter der Kurve mit Hilfe der Trapezregel relativ groß ist. Dagegen liefert die Auswertung im 2. Fall wesentlich zuverlässigere Werte, wie aus Abb. 62 zu ersehen ist (Meßwerte als Kreuze).

Tabelle 19. k_1-Werte für die Malachitgrün-Reaktion Wasser pH = 9; T = 293 K

Auswertung nach:		k_1
Gl. (125a)	615 nm	$1,36 \cdot 10^{-4}\,s^{-1}$
	575 nm	$1,34 \cdot 10^{-4}\,s^{-1}$
	425 nm	$1,38 \cdot 10^{-4}\,s^{-1}$
Gl. (125) $A_{\lambda,\infty} = 0,300$	255 nm	$1,34 \cdot 10^{-4}\,s^{-1}$
Swinbourne Gl. (140)	615 nm	$1,34 \cdot 10^{-4}\,s^{-1}$
Formale Integration Gl. (142)	615 nm	$1,24 \cdot 10^{-4}\,s^{-1}$

Als ein weiteres Beispiel sei kurz die basenkatalysierte Lactonringspaltung der Coumarin-3-carbonsäure behandelt. Diese Reaktion ist vom Lösungsmittel, der OH-Ionenkonzentration und der Ionenstärke der Lösung abhängig [43] und verläuft nach dem folgenden Reaktionsschema:

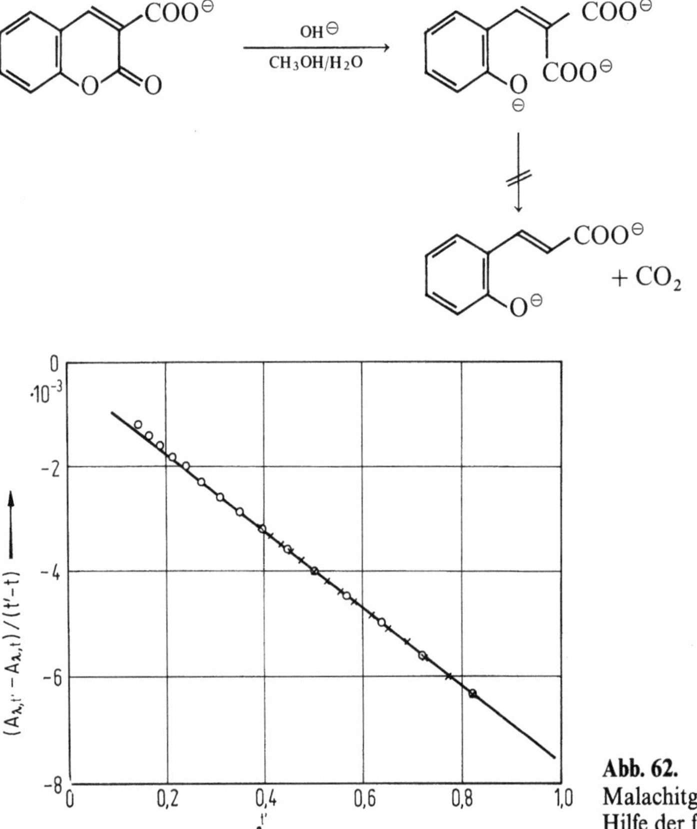

Abb. 62. Auswertung der Malachitgrün-Hydrolyse mit Hilfe der formalen Integration, Gl. (142)

Die Reaktionsspektren bei T = 293 K in Abb. 63 lassen zwei isosbestische Punkte bei $\lambda_1 = 333$ nm $(30\,030\ \mathrm{cm}^{-1})$ und $\lambda_2 = 277$ nm $(36\,100\ \mathrm{cm}^{-1})$ erkennen, woraus auf eine einheitliche Reaktion geschlossen werden kann.

Eine Decarboxylierung der Dicarbonsäure als Folgereaktion bei 293 K kann folglich ausgeschlossen werden. Auch die ΔA-Diagramme in Abb. 64 geben bei allen Wellenlängen Nullpunktsgeraden, wie es für eine einheitliche Reaktion vom Rang $s = 1$ zu erwarten ist. Die Auswertung der Meßwerte wurde nach Swinbourne Gl. (140) und Guggenheim Gl. (141) sowie nach der Methode der formalen Integration Gl. (142) bei 5 verschiedenen Wellenlängen vorgenommen. Die Ergebnisse sind in Tab. 20 zusammengestellt.

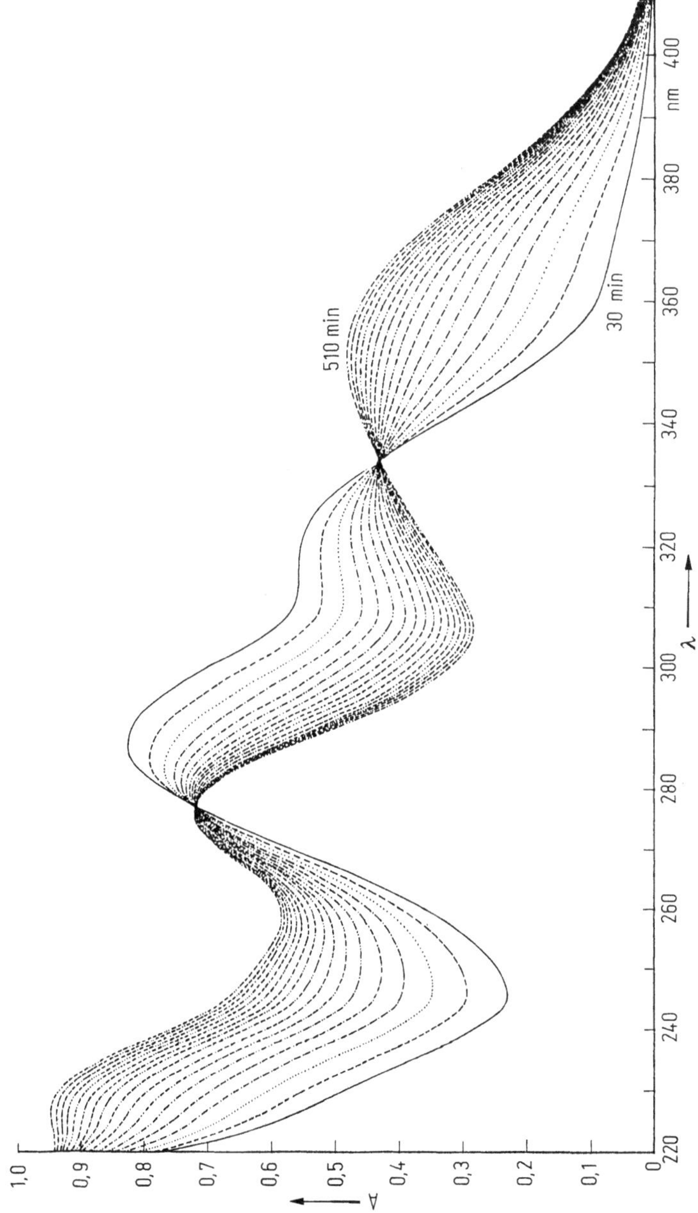

Abb. 63. Reaktionsspektren der alkalischen Lactonringspaltung der Coumarin-3-carbonsäure; $c = 1{,}638 \cdot 10^{-4}$ M; Lösungsmittel: 50% Methanol/50% 10^{-2} MNaOH; Tandemküvette $d = 0{,}876$ cm; Raumtemperatur; Gerät: Perkin-Elmer 320; automatischer Registrierintervall 30 min

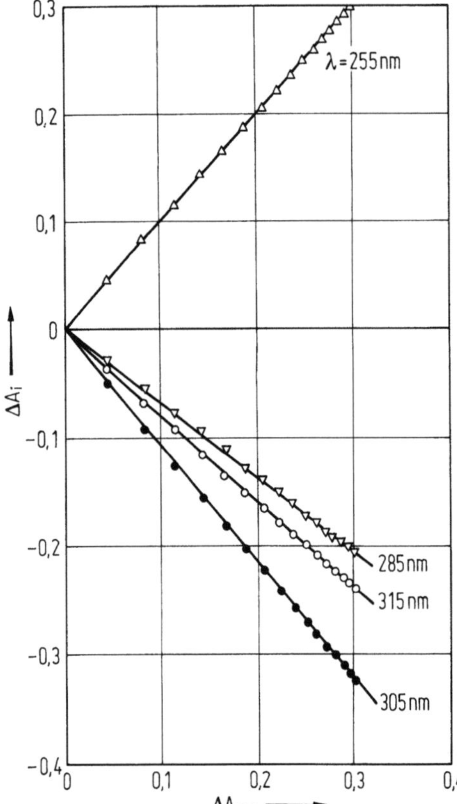

Abb. 64. ΔA-Diagramm der Reaktionsspektren in Abb. 63

Tabelle 20. k_1'-Werte für die Lactonringspaltung pseudo-1. Ordnung der Coumarin-3-carbonsäure; $T = 293\,K$; 50% CH_3OH + 50% NaOH ($10^{-2}\,M$)

$k_1' \cdot 10^5\,[s^{-1}]$ nach:			
$\lambda\,|nm|$	Gl. (140)	Gl. (141)	Gl. (142)
350	7,36	7,42	7,61
315	7,48	7,52	7,54
305	7,45	7,49	7,53
285	7,11	7,20	7,21
255	7,36	7,37	7,63
k_1'	7,35	7,45	7,50

Das hier besprochene Beispiel der Lactonringspaltung steht stellvertretend für die zahlreichen Coumarinderivate, die wegen ihrer Bedeutung kinetisch eingehend untersucht worden sind [43, 44, 45, 46]. Wie die genaue spektroskopische Untersuchung zeigt, lassen sich die meisten Reaktionen bezüglich des Coumarinderivates als eine Reaktion pseudo-1. Ordnung beschreiben.

Die Geschwindigkeitskonstante k_1 ist aber von der OH-Ionenkonzentration abhängig und die Gesamtreaktion ist von 2. Ordnung. Es gilt also

$$k_2 [\text{Coum.}] \cdot [\text{OH}^-] = k_1' \cdot [\text{Coum.}]$$

bzw.

$$k_2 = k_1' \cdot [OH^-]^{-1}.$$

Nach Einführung des Ionenprodukts des Wassers K_w und der H^+-Ionenkonzentration ergibt sich

$$k_2 = k_1' \frac{[H^+]}{K_w}$$

oder logarithmiert:

$$\log k_2 = \log k_1' + pK_w(T) - pH(T). \tag{145}$$

Nach Gl. (145) kann man somit für eine gegebene Temperatur k_2 aus k_1' berechnen. Will man die k_2-Werte aus den bei verschiedenen Temperaturen ermittelten k_1'-Werten berechnen, so bedingt die i. allg. nicht sehr genau bekannte Temperaturabhängigkeit der pH-Werte eine Unsicherheit der k_2-Werte. Die Temperaturabhängigkeit des pK_w-Wertes ist dagegen sehr genau bekannt [47]. Es ist daher zweckmäßig, die k_2-Werte nach einer weiteren Methode direkt zu bestimmen. Dies bedeutet aber, daß vergleichbare Konzentrationen der Reaktionspartner eingestellt werden müssen, die oft für spektralphotometrische Messungen zu hoch sind. Bei den hier kurz diskutierten Coumarinderivaten bieten sich dann Leitfähigkeitsmessungen für die Verfolgung einer Reaktion 2. Ordnung an [44].

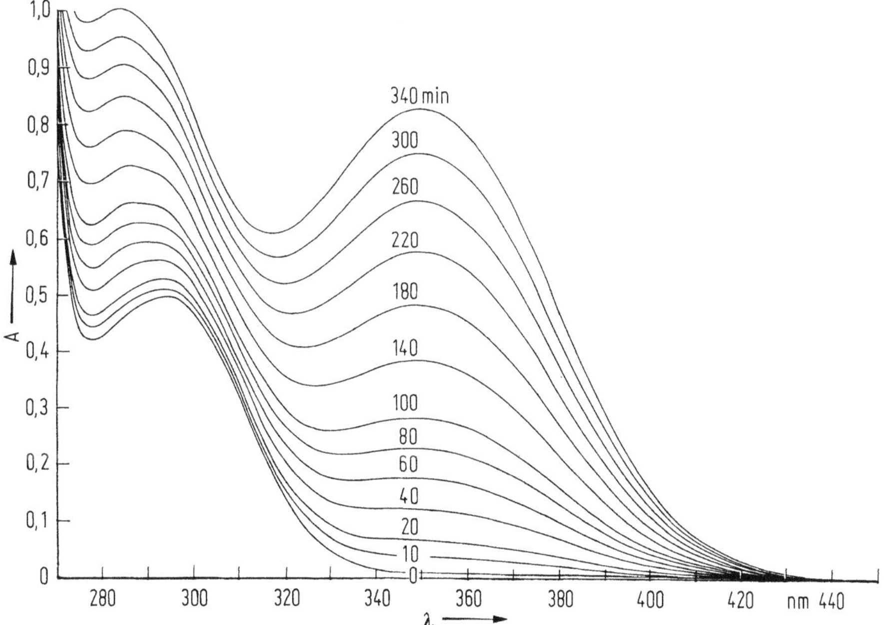

Abb. 65. Reaktionsspektren der Bildung der Schiffschen Base aus p-Hydroxyanilin (I) und Pyridin-4-aldehyd (II); $T = 293\,K$; Lösungsmittel: Methanol; $c_I = 3{,}96 \cdot 10^{-4}\,M$; $c_{II} = 3{,}96 \cdot 10^{-3}\,M$; Tandemküvette $d = 0{,}876\,cm$; Gerät: Perkin-Elmer 320; Registrierintervall 10, 20 und 40 min

Als Beispiel für eine Reaktion 2. Ordnung soll die Bildung der Schiffschen Base aus p-Hydroxyanilin (I) und Pyridin-4-aldehyd (II) kurz besprochen werden:

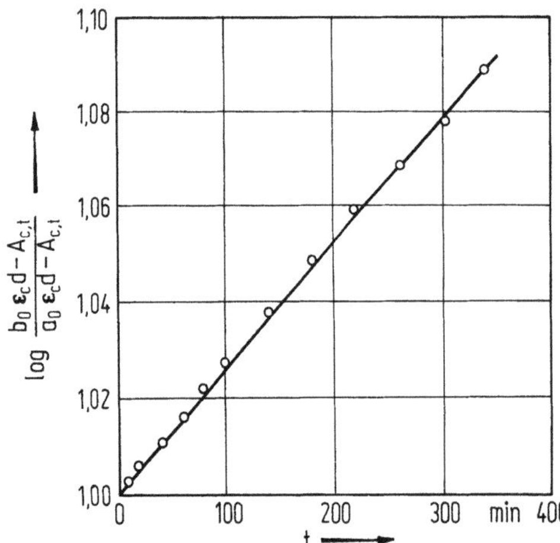

Die Reaktionsspektren bei $T = 293\,K$ sind in Abb. 65 für eine Verfolgung der Reaktion bis zu 340 min dargestellt. Mit den bekannten spektroskopischen Daten des Produkts (III) $\varepsilon_{max} = 11\,930\;l\;mol^{-1}\,cm^{-1}$ bei $\lambda_{max} = 350\,nm$ und der vorgegebenen Anfangskonzentration $a_0 = 3{,}96 \cdot 10^{-4}\,M$ errechnet sich $A_{350,\infty} = 4{,}138$. Verglichen mit der gemessenen Extinktion bei 350 nm nach 340 min ($A_{\lambda,t} = 0{,}8344$) entspricht dies einem Umsatz von ca. 20%. Die Spektren zeigen keinen isosbestischen Punkt. Das ΔA-Diagramm liefert dagegen Nullpunktsgeraden für fünf Wellenlängen im Bereich beider Absorptionsbanden, so daß daraus auf die Einheitlichkeit der Reaktion geschlossen werden kann.

Da in der langwelligen Absorptionsbande $\lambda_{max} = 350\,nm$ nur das Produkt (Schiffsche Base, III) absorbiert, kann nach Gl. (128) in der Form:

$$\lg \frac{A'_{c,\infty} - A_{c,t}}{A_{c,\infty} - A_{c,t}} = (b_0 - a_0)\,k_2 t + \lg \frac{b_0}{a_0}$$

ausgewertet werden, wie in Abb. 66 dargestellt ist. Aus der Neigung der Geraden erhält man die Geschwindigkeitskonstante zu $k_2 = 2{,}83 \cdot 10^{-3}\,s^{-1}\,mol^{-1}$. Zur Zeit $t = 0$ ergibt sich der Ordinatenabschnitt zu $\log(b_0/a_0)$; mit $a_0 = 3{,}96 \cdot 10^{-4}\,M$ und $b_0 = 3{,}96 \cdot 10^{-3}\,M$ erhält man $\log(b_0/a_0) = \log 10 = 1$. Wie man aus Abb. 66 ersehen kann, schneidet die Gerade die Ordinate bei $\log(b_0/a_0) = 1$.

Wie die Konzentrationsverhältnisse erkennen lassen, wurde mit einem zehnfachen Überschuß an Pyridin-4-aldehyd gegenüber dem p-Hydroxyanilin gearbeitet. Aus diesem Grunde kann man formal die Meßdaten auch als pseudo-1. Ordnung auswerten. Nach Gl. (125b) wird hierfür wieder der Wert $A_{\lambda,\infty}$ benötigt, der sich zu $A_{\lambda,\infty} = 4{,}138$ ($\lambda = 350\,nm$) ergab (s. o.). Bei der Auftragung von $\ln(A_{350,\infty} - A_{350,t})$

Abb. 66. Kinetische Auswertung der Reaktionsspektren in Abb. 65 nach Gl. (128); $\lambda = 350\,nm$

gegen die Zeit t erhält man wieder eine Gerade mit der Neigung $k_1' = k_2 b_0$, woraus sich $k_2 = 2.76 \cdot 10^{-3} s^{-1} \, 1 \, mol^{-1}$ in guter Übereinstimmung mit der Auswertung nach Gl. (128) ergibt.

7.5 Schnelle Reaktionen

7.5.1 Strömungsmethoden; Stopped-flow-Technik

Grundsätzlich bedingt bei jedem kinetischen Experiment die Durchmischung der verschiedenen Ausgangskomponenten eine gewisse Totzeit, die bis zum ersten kinetisch sicher zu erfassenden Meßpunkt vergeht. Bei den bisher besprochenen Reaktionen erfolgte der Mischvorgang der beiden Lösungen direkt in einer Küvette. Die Totzeit liegt hier bei ca. 5–10 s. Die Unterschreitung dieser Totzeit wird durch spezielle Mischvorrichtungen erreicht, die die Grundlage der *Strömungsmethoden* darstellen. Die Totzeit liegt hier bei 1–3 ms. Damit ist dann ein Anschluß an die Zeitskala der langsamen Reaktionen gegeben, d. h., es werden mit den sogenannten *Strömungsmethoden* Reaktionen erfaßt, die in der Zeitskala $10^{-3} < t < 60$ s liegen. Insgesamt ist damit eine Zeitskala von 10^{-3}–10^5 s erfaßbar, wobei der obere Zeitwert im wesentlichen durch die Langzeitstabilität der benutzten Meßanordnung begrenzt wird.

Bei den Strömungsmethoden kann man grundsätzlich zwei Fälle unterscheiden: Die Beobachtung der Reaktion erfolgt entweder bei konstanter Strömungsgeschwindigkeit der Reaktionsmischung an einer bestimmten Stelle des Strömungsrohres oder die Strömung wird plötzlich unterbrochen, sogenannte *Stopped-flow-Methode,* so daß man in der Beobachtungszone den Fortschritt der Reaktion weiter verfolgen kann. In beiden Fällen muß eine schnelle und wirksame Durchmischung der Edukte in speziell konstruierten Mischkammern erfolgen.

Das Strömungsrohr stellt ein offenes Reaktionssystem dar, durch das ein Reaktionsgemisch bekannter Anfangszusammensetzung mit konstanter Strömungsgeschwindigkeit geleitet wird. An einer bestimmten Stelle des Strömungsrohrs, der Reaktions- oder Beobachtungszone, wird die Zusammensetzung des Gemisches analytisch bestimmt.

Bezeichnen wir die Strömungsgeschwindigkeit mit u (Volumen pro Zeiteinheit), das Volumenelement, in dem die Reaktion weiter abläuft, mit $dV = Q \cdot dl$ (Zylindrischer Querschnitt), die Konzentration des Reaktionspartners i mit c_i beim Eintritt in dV und $c_i + dc_i$ beim Austritt aus dV, so kann man die grundlegende Gleichung für das Strömungsrohr gewinnen. Berücksichtigen wir ferner, daß innerhalb des Volumenelementes dV sich die Konzentration der Komponente i infolge der Reaktion ändert, deren Geschwindigkeit wir mit $\dot{c}_i$ bezeichnen wollen, so ergibt sich die zeitliche Änderung der Molzahl der Komponente i im Volumenelement zu:

$$\frac{dn_i}{dt} = \dot{c}_i \, dV - u \, dc_i . \tag{146}$$

Nach einer gewissen Zeit erreichen allgemein die Konzentrationen aller Reaktionspartner im Volumenelement konstante Endwerte. Innerhalb der betrachteten Reaktionszone liegt dann ein stationärer Zustand vor, d. h., $dn_i/dt = 0$ und es gilt:

$$\dot{c}_i \, dV = u \, dc_i .$$

Die Integration dieser Gleichung liefert:

$$\frac{V}{u} = \int_{c_0}^{c} \frac{dc_i}{\dot{c}_i}.$$

Nimmt man als Zeitgesetz z. B. das für eine Reaktion 1. Ordnung an, $\dot{c}_i = -k_1 c_i$, so erhält man schließlich nach Ausführung der Integration:

$$k_1 = \frac{u}{V} \cdot \ln \frac{c_0}{c}. \tag{147}$$

Da u in $cm^3 s^{-1}$ und V in cm^3 gegeben ist, ist u/V von der Dimension einer reziproken Zeit, so daß Gl. (147) dem Zeitgesetz einer Reaktion 1. Ordnung entspricht:

$$k_1 = \frac{1}{t} \cdot \ln \frac{c_0}{c}.$$

Allgemeiner läßt sich zeigen, daß für Reaktionen beliebiger Ordnung im Strömungsrohr ohne Rückvermischung das gleiche integrierte Zeitgesetz gilt wie im geschlossenen System, nur daß an Stelle der Zeit t der Quotient u/V als Variable auftritt. Da andererseits $V = Q \cdot l$, kann man auch sagen, daß an Stelle der Zeit als Variable die Wegkoordinate l als Variable auftritt. Damit ist aber ersichtlich, daß für die Verfolgung der Reaktionsgeschwindigkeit bei der Messung in einem Strömungsrohr mehrere Reaktionszonen in einem bestimmten Abstand l von der Mischkammer (entsprechend einem zeitlichen Abstand t) bei konstanter Strömungsgeschwindigkeit u gemessen werden müssen. Man erhält also bei dieser einfachen Anordnung immer nur einen Meßpunkt. Dies bedeutet, daß die Messungen in einem Strömungsrohr sehr zeitraubend sind.

Die hier nur kurz skizzierte Strömungsmethode ist seit 1923 in die Spektralphotometrie eingeführt worden [45–47].

Statt die Beobachtungszone zu verschieben, kann in einer Variante dieser Methode auch die Strömungsgeschwindigkeit kontinuierlich varriiert werden, so daß der Reaktionsablauf als Konzentrations-Zeit-Kurve verfolgt werden kann [48].

Gegenüber dem Strömungsrohr hat sich in den letzten Jahren im zunehmenden Maße die *Stopped-flow-Methode* durchgesetzt. Auch hierbei werden die getrennten Lösungen der reagierenden Komponenten in einer Mischkammer sehr schnell (innerhalb weniger ms) durchmischt und die Strömung plötzlich gestoppt. Eine einfache thermostatisierbare Ausführung, die als Zusatz praktisch in jedes Spektralphotometer eingesetzt werden kann, ist in Abb. 67 schematisch wiedergegeben [49].

Die Mischkammer ist hierbei eine Küvette mit sehr kleinem Volumen, die neben Absorptions- auch Fluoreszenzmessungen ermöglicht. Der Vorteil der Stopped-flow-Methode gegenüber dem Strömungsrohr ist, daß die Reaktion zeitlich laufend weiterverfolgt werden kann. Man kann deshalb mit einem Schuß eine gesamte Konzentrationszeit bzw. Extinktionszeitkurve gewinnen. Je nach Geschwindigkeit der Reaktion kann zur Darstellung der Meßkurven ein Oszillograph oder ein schneller Schreiber eingesetzt werden. Diese Technik ist von Chance [50] und Gibson [51] eingeführt worden. Umfassendere Darstellungen geben Caldin [52], Hague [53],

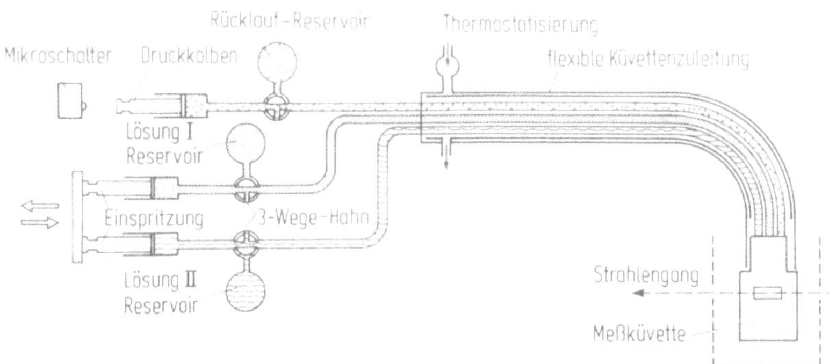

Abb. 67. Stopped-flow-Zusatz SFA-11 der Firma HI-TECH [49]

Roughton und Chance [54] und Chance [55]. Ein spezielles Stopped-flow-Spektrometer ist von Caldin u. a. beschrieben worden [56].

Neben der bereits erwähnten Sulton-Hydrolyse [37] ist die Reaktion von $FeCl_3$ mit KSCN, von Below und Mitarbeitern ausführlich beschrieben worden [57].

Besonders wichtig ist die Einbeziehung von Stopped-flow-Messungen, wenn eine Gesamtreaktion in ihrem Reaktionsablauf in mehrere Hauptabschnitte unterteilt werden muß. Dies tritt besonders häufig bei enzymkatalysierten Reaktionen auf, wie von Lachmann am Beispiel der durch α-Chymotrypsin katalysierten Hydrolyse von p-Zimtsäure-p-nitrophenylester gezeigt wurde [58, 59].

Der Nachteil der Stopped-flow-Methode, wie auch der Messung im Strömungsrohr, liegt darin, daß immer nur bei einer Wellenlänge gemessen werden kann und oft nur Einstrahlgeräte verwendet werden. In der Literatur sind daher sogenannte Doppelstrahlrapidspektrometer beschrieben worden, die die Aufnahme der Spektren im selben Reaktionsansatz ermöglichen. Diese Geräte arbeiten mit schnell bewegten optischen Elementen und gestatten die Aufnahme eines Reaktionsspektrums in 1–10 ms [60, 61, 62, 63].

Eine Variante stellen die Stopped-flow-Vidicon-Spektrometer dar. Bei diesen Geräten ist die Stopped-flow-Mischküvette mit einem Polychromator und einem zweidimensionalen Diodenarray (Vidicon) kombiniert [61, 64, 65]. Ein entsprechendes Vidicon-Spektrometer für die Routineanalytik wurde in Kap. 3 vorgestellt. Der Nachteil der Vidicon-Spetralphotometer liegt darin, daß die Küvette vor dem Eintrittsspalt angeordnet ist und somit das unzerlegte Licht mit voller Intensität auf die Probe fällt. Beim photochemisch instabilen Systemen kann dies eine erhebliche Störung verursachen. Für Messungen bei variablen Temperaturen im Bereich von $173 < T < 373 K$ ist das Stopped-flow-Spektrophotometer Hi-TECH SF-4 entwickelt worden [65].

7.5.2 Relaxationsspektroskopische Methoden

Für die Verfolgung von Reaktionen, die schneller verlaufen als die eben kurz besprochenen, stellt die notwendige Durchmischung der Reaktanden die entscheidende zeitliche Begrenzung dar. Bei der Untersuchung schnellerer Reaktionen ($t < 10^{-3}$ s) geht man daher von einem anderen Prinzip aus. Während bei den konventionellen kinetischen Messungen der Übergang vom Ausgangszustand ($t = 0$) zum Endzustand

($t \to \infty$) zeitlich verfolgt wird, benutzt man bei den sogenannten *Relaxationsverfahren* den Endzustand, i. allg. einen Gleichgewichtszustand, selbst als Ausgangszustand. Wird dieser Zustand *kurzzeitig* gestört, so wird das System das Bestreben haben, in den neuen Gleichgewichtszustand überzugehen, d. h. einen chemischen Relaxationsprozeß auszuführen. Auf diesem Prinzip sind eine Reihe von relaxationsspektroskopischen Methoden entwickelt worden. Da ein Gleichgewicht von den Variablen, Temperatur und Druck abhängt, haben sich besonders die sogenannten *Temperatursprung-* [66] und *Drucksprungmethoden* [67] durchgesetzt, wobei für Arbeiten in Lösung die Temperatursprung-Methode die gebräuchlichste ist. Eine übersichtliche Darstellung dieser Methoden geben Eigen und De Maeyer [68].

Die Temperatursprungmethode ist in ihren Grundlagen, Techniken und Anwendungen von Crooks [69] dargestellt worden.

Die allgemeine Anwendbarkeit des Temperatursprungverfahrens ist dadurch begründet, daß bei chemischen Umwandlungen die Reaktionsenthalpie ΔH_0 endlich ist, d. h., $\Delta H_0 \neq 0$. Eine Temperaturerhöhung hat daher i. allg. eine Gleichgewichtsverschiebung und damit eine Änderung der chemischen Zusammensetzung des Systems zur Folge. Die relative Änderung der Gleichgewichtskonstanten $\Delta K/K$ ist nach der van t'Hoffschen Gleichung gegeben. Im Falle kleiner Temperaturänderung ΔT gilt:

$$\frac{\Delta K}{K} = \frac{\Delta H_0}{RT} \cdot \frac{\Delta T}{T}. \tag{148}$$

Die relative Änderung der Gleichgewichtskonstanten ist somit der relativen Temperaturänderung proportional. Dies bedingt eine laufende Änderung der chemischen Zusammensetzung, bis sich das System auf den neuen Gleichgewichtszustand bei der Temperatur $T + \Delta T$ eingestellt hat. Der Effekt hängt somit von der Stöchiometrie und den ursprünglichen Konzentrationen der Edukte und Produkte ab [66].

Nehmen wir an, daß der Temperaturursprung in Form eines Rechteckprofils erfolgt, so stellt sich das Gleichgewicht nach einer einfachen Exponentialfunktion ein:

$$\frac{dc_t}{dt} = \frac{c_0 - c_t}{\tau}, \quad c_t = c_\infty (1 - e^{-t/\tau}). \tag{149}$$

c_t ist die Abweichung vom Gleichgewicht, c_0 stellt die zur Zeit $t = 0$ sprungartige Verschiebung des Gleichgewichtswertes dar, und τ stellt die Relaxationszeit dar. Die Relaxationszeit steht nun aber in Verbindung mit den Geschwindigkeitskonstanten k_{ij} der Reaktionsschritte, die in Richtung auf die Einstellung des neuen Gleichgewichtes ablaufen.

Für das einfache System

$$A + B \underset{k_{21}}{\overset{k_{12}}{\rightleftharpoons}} AB$$

ergibt sich:

$$\tau = \frac{1}{k_{21} + k_{12}(c_A + c_B)}, \quad \frac{1}{\tau} = k_{21} + k_{12}(c_A + c_B). \tag{150}$$

Für das obige Gleichgewicht gilt ferner:

$$K = \frac{c_{AB}}{c_A \cdot c_B} = \frac{k_{12}}{k_{21}}.$$

Mit $K = 10^5 \, l\,mol^{-1}$, $c_A = c_B = 10^{-5} \, mol\,l^{-1}$ und k_{12} als diffusionskontrollierte Geschwindigkeitskonstante des betrachteten Assoziationsgleichgewichtes mit $10^{10} \, l\,mol^{-1}\,s^{-1}$ ergibt sich aus Gl. (150) eine Relaxationszeit $\tau = 3 \cdot 10^{-6}\,s = 3\,\mu s$.

Dies zeigt, daß die Aufheizperiode in der Größenordnung von Mikrosekunden liegen muß, um diese schnelle Reaktion verfolgen zu können. Dies bedeutet, daß auch der Temperatursprung in einer sehr kurzen Zeitspanne erfolgen muß. Dies erreicht man durch die Entladung eines Kondensators in der Meßküvette selbst [66]. Je nach Ausführung der Anordnung (Hochspannung, Kapazität des Entladungskondensators, Abstand der Elektroden, Widerstand der Lösung und Volumen der Küvette) können bei dieser Methode Temperatursprünge zwischen 4–10 K in einer Zeit von wenigen Mikrosekunden erreicht werden. Um den Widerstand in der Lösung möglichst klein zu halten, wird ein inerter Elektrolyt zugesetzt, der natürlich die zu messende Reaktion nicht beeinflussen darf. Häufig wird hierfür $NaClO_4$ in einer Konzentration benutzt, die einer Ionenstärke von 0,1 M entspricht. In einer typischen Meßzelle mit Elektroden von 6 mm Durchmesser und einem Abstand von 10 mm und einer Inertsalzkonzentration von 0,1 M beträgt der Widerstand ca. $400\,\Omega$.

Die Aufheizzeitkonstante liegt in diesem Fall bei ungefähr $2\,\mu s$, wenn man von einer Kapazität von $0,01\,\mu F$ ausgeht ($\tau = R \cdot C/2$). Mit einer speziellen Konstruktion einer Temperatursprungzelle unter besonderer Beachtung der Verkleinerung des Innenwiderstandes konnten von Reich und Sutter Zeitkonstanten niedriger als 175 ns erreicht werden [70]. Eine weitere Variante besteht darin, die elektrische Energie über ein Koaxialkabel zuzuführen. Hierbei können Aufheizpulse von 80 ns erreicht werden [71].

Neben der konventionellen Zuführung der Energie in Form der elektrischen Energie (Jouleschen Wärme) sind weitere Varianten vorgeschlagen worden, die besonders dann einsetzbar sind, wenn die Leitfähigkeit der Probenlösung zu gering ist, wenn also Relaxationsvorgänge in Nichtelektrolyten untersucht werden sollen (nicht wäßrige Lösungen). Zu nennen sind die Mikrowellenaufheizung [72] und die Laseraufheizung [73].

Bei der von Holzwarth und Mitarbeitern angegebenen Technik [73a] wird ein Iod-Laser eingesetzt, der eine Emissionswellenlänge von $1,315\,\mu m$ mit einer Pulsenergie zwischen 1–20 J aufweist. Die Pulsdauer beträgt $2,4\,\mu s$ oder 3 ns. Dieser Laser ist besonders gut geeignet, um Wasser als Lösungsmittel aufzuheizen.

Zum Nachweis der zeitlichen Konzentrationsänderungen nach dem Temperatursprung benutzt man das Bouguer-Lambert-Beersche Gesetz in der Form:

$$A = -2,303 \cdot \ln \frac{I}{I_0} = \varepsilon_i d \cdot c_i. \tag{151}$$

Für eine differentielle Änderung der Konzentration infolge des Temperatursprungs erhält man:

$$\Delta A = -2,303 \cdot \Delta\ln I = \varepsilon_i d \cdot \Delta c_i,$$

woraus sich für Δc_i ergibt:

$$\Delta c_i = \frac{\Delta A}{\varepsilon_i l} = -\frac{2{,}303}{\varepsilon_i d} \cdot \frac{\Delta I}{I}. \tag{152}$$

Die Änderung der Lichtintensität ΔI wird mittels eines Photomultipliers gemessen und auf einem Oszillographen verfolgt bzw. in einem Datenerfassungssystem als Funktion der Zeit vom Beginn des Temperatursprungs an gespeichert. Da das Signal in Spannungswerten V beobachtet wird und $I \sim V$, erhalten wir mit Gl. (152)

$$\Delta c_i = -\frac{2{,}303}{\varepsilon_i d} \cdot \frac{\Delta V}{V}. \tag{153}$$

Die relative Signaländerung ist somit der Änderung der Konzentration der absorbierenden Species proportional, wenn $\Delta c_i/c_i$ klein ist.

In Abb. 68 ist schematisch eine Temperatursprungapparatur wiedergegeben, die für Unterrichtszwecke geeignet ist [74]. Die Probe befindet sich in einer Küvette zwischen zwei Elektroden. Ein Kondensator von $0{,}5\,\mu F$ wird mit einer Spannung von 4 KV aufgeladen. Das Volumen der Küvette beträgt 0,5 ml. Die Entladung liefert eine Energie von 4 Joule, was einem Temperatursprung von ca. 4 K in $100\,\mu s$ zur Folge hat. Entwicklungen für wissenschaftliche Zwecke arbeiten mit höheren Spannungen (ca. 20 KV) und kleineren Kapazitäten ($0{,}04$–$0{,}01\,\mu F$) und liefern Temperatursprünge von 6–10 k innerhalb weniger Mikrosekunden. Die Zeitskala, die mit derartigen Geräten erfaßt wird, reicht von $5 \cdot 10^{-6}$–$5 \cdot 10^{-1}$ s.

Reaktionen, die mit der Temperatursprungmethode untersucht werden können, sind z. B. Protontransferreaktionen, Metalligandreaktionen, Redoxreaktionen und Enzymsubstratreaktionen. Bei protolytischen Reaktionen, die direkt nicht spektral-photometrisch verfolgt werden können oder in einem meßtechnisch ungünstigen Spektralbereich liegen, kann das zu untersuchende Dissoziationsgleichgewicht mit einem Indikatorgleichgewicht gekoppelt werden. Im Fall dieses mehrstufigen Reaktionssystems im Vergleich zu dem vorher genannten einfachen Fall, ergeben sich kompliziorte-

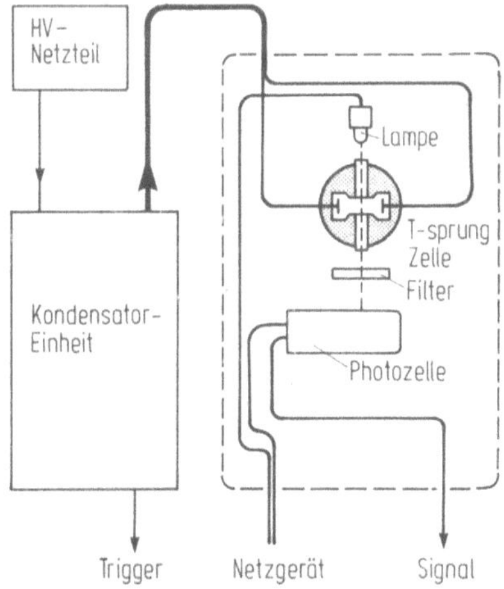

Abb. 68. Temperatursprungspektrometer TJ-1B, HI-TECH [74] für Einsatz im Praktikum

re Ausdrücke für die Konzentrationsabhängigkeit der einzelnen Komponenten und für die Relaxationszeiten [66, 75]. Die Kinetik des Protonentransfers ist sehr eingehend untersucht worden [76, 77, 78, 79]. Von Interesse ist die basekatalysierte Keto-Enol-Umwandlung von Aetylaceton, die von Ahrens, Eigen u.a. eingehend untersucht wurde [78]. Messungen an Lösungen von Acetylaceton bei Abwesenheit eines Protonendonators sind geeignete Testmessungen zur Einarbeitung in diese Methodik und zur Überprüfung der Meßanordnung [74]. An dieser Stelle sei auf die Darstellungen in der Originalliteratur verwiesen [78, 80, 81].

Ein weiteres Beispiel für die Anwendung der Temperatursprungmethode ist die Kinetik der Reaktion $Fe^{3+} + SCN^-$, die wir bei der Stopped-flow-Methode bereits erwähnt hatten [82, 83]. Auch diese Reaktion ist sehr häufig vermessen worden, wobei auch der Einfluß eines statischen variablen Druckes auf die beobachtbare Geschwindigkeitskonstante untersucht wurde [84, 85]. Für die Anwendung der Temperatursprungmethode bei variablen Drucken bis zu 4 Kbar ist von Jost eine entsprechende Zelle entwickelt worden [86]. Analoge Untersuchungen wurden z. B. zur Komplexbildung von Ni^{2+} mit Murexid in Wasser [87], zur Hydrolyse des Alizarin-Gelb GG mit OH^--Ionen [88], zur Untersuchung der Reaktion des 4-(p-nitrophenylazo)-resorzinols mit OH^--Ionen [89] und zur Selbstassoziation von Farbstoffen [90] durchgeführt.

Während die Temperatursprungmethode sich für die spektroskopische Verfolgung von chemischen Relaxationsprozessen im Bereich von 10^{-6} s–1 s als geeignete Methode erwiesen hat, wird bei der *Drucksprungmethode* [67] überwiegend die Änderung der Leitfähigkeit als Folge der plötzlichen Druckänderung verfolgt. Von Knoche wurde jedoch eine Drucksprungrelaxationstechnik mit spektroskopischer Detektion beschrieben [91]. Buschmann und Mitarbeitern untersuchten mit dieser Technik die reversible Hydratation von Carbonyl-Verbindungen [92].

Neben den hier erwähnten Verfahren sei noch das *Feldsprungverfahren* [93] erwähnt, das den Dissoziationsfeldeffekt [94] ausnutzt, wobei auch wieder die Messung der elektrischen Leitfähigkeit einer Elektrolytlösung als Detektionsmethode herangezogen wird. Eine knappe, aber übersichtliche Darstellung aller möglichen Methoden zur Untersuchung chemischer Relaxationen gibt De Maeyer [95].

Eine weitere spektroskopische Methode zur Verfolgung schneller Reaktionen ist die Blitzlichtphotolyse. Bei dieser Methode werden durch einen intensiven Lichtblitz kurzlebige Spezies erzeugt, deren Reaktionen dann unmittelbar spektralphotometrisch verfolgt werden können. Die Störpulse können bei Verwendung von gepulsten Lasern bis auf den Nano- bzw. Picosekundenbereich erniedrigt werden. Die Kinetik, die dann verfolgt werden kann, ist somit als Photokinetik zu verstehen.
Eine Darstellung der Blitzlichtphotolyse gibt Porter [96].

7.6 Photoreaktionen

Neben den bisher behandelten Dunkelreaktionen sind auch Photoreaktionen von erheblicher Bedeutung für den Chemiker. Eine Photoreaktion wird dann eingeleitet, wenn primär ein Molekül M ein Lichtquant geeigneter Energie hν absorbiert:

$$M + h\nu \rightarrow M^*.$$

Dabei entsteht die angeregte Spezies M*, von der aus anschließend die photochemische Reaktion starten kann. Im Idealfall verläuft diese Reaktion dann so lange, wie Licht entsprechender Energie eingestrahlt wird. Bei Unterbrechung der Belichtung bleibt die Reaktion stehen, vorausgesetzt, daß keine Dunkelreaktionen als Folge- oder Rückreaktionen stattfinden. Für diesen einfachsten Fall ist dann der photochemische Reaktionsablauf in der Dunkelphase direkt spektralphotometrisch verfolgbar. Es ist sofort ersichtlich, daß der Ablauf einer Photoreaktion ganz allgemein von der Belichtungsintensität und -dauer abhängen wird.

Die Photoreaktion stellt einen weiteren Desaktivierungsprozeß eines angeregten Molekülzustandes dar, so daß die photochemische Reaktion in Konkurrenz zu den physikalischen Primärprozessen steht, die wir in Abschn. 2.2 an Hand des Termschemas in Abb. 2 besprochen hatten.

Für die Beurteilung einer photochemischen Reaktion ist die Angabe der Quantenausbeute von entscheidender Bedeutung [97]. Man unterscheidet per Definition verschiedene Quantenausbeuten:

a) die scheinbare integrale Quantenausbeute,
b) die wahre integrale Quantenausbeute,
c) die scheinbare differentielle Quantenausbeute und
d) die wahre differentielle Quantenausbeute.

Die Quantenausbeuten a) bis c) hängen i. allg. in unübersichtlicher Weise von der Bestrahlungsdauer ab. Für die mathematische Behandlung von *einfachen Photoreaktionen ist die wahre differentielle* Quantenausbeute d) besonders wichtig [97].

Einfache Photoreaktionen sind Reaktionen, bei denen nur ein Stoff durch Lichtabsorption die Photoreaktion einleitet und bei denen alle Dunkelreaktionen so schnell ablaufen, daß man auf die instabilen Zwischenprodukte die Bodenstein-Hypothese [97] anwenden darf. Die übrigen Reaktionspartner können wohl Licht absorbieren, dürfen aber keine Photoreaktionen einleiten. Photoreaktionen, die eine der beiden Bedingungen nicht erfüllen, werden als komplizierte Photoreaktionen bezeichnet.

Die wahre differentielle Quantenausbeute ist wie folgt definiert:

$$\psi_b^a = \pm \frac{\dot{b}}{I_a} \cdot \tag{154}$$

$\dot{b} = d[b]/dt$ ist die zeitliche Änderung der Konzentration der Komponente b.

I_a sind die vom Stoff a absorbierten Mole Lichtquanten pro Volumen- und Zeiteinheit.

In ψ_b^a bedeutet die Indizierung, daß die Komponente a das Licht absorbiert, d.h. die Photoreaktion einleitet, und die Komponente b gebildet wird, deren Konzentrationsänderung dann gemessen wird. In diesem Fall gilt das positive Vorzeichen, während, wenn a verbraucht wird und über á verfolgt wird, das negative Vorzeichen gilt.

Aus Gl.(154) ergibt sich unmittelbar:

$$\dot{b} = \frac{d[b]}{dt} = \psi_b^a I_a \cdot \tag{155}$$

Eine einfache und einheitliche Reaktion, deren Quantenausbeute nach Gl.(155) zu beschreiben wäre, ist z.B. die Photoisomerisierung:

$$a \xrightarrow{\text{hv}} b.$$

Liegen kompliziertere Photoreaktionen vor, so ist es zweckmäßig, diese in Phototeilreaktionen zu zerlegen, die durch ebenfalls zeitlich konstante partielle Quantenausbeuten definiert sind.

$$\psi_k^{a_i} = \frac{\dot{x}_k}{I_{a_i}}, \quad \frac{dx_k}{dt} = \dot{x}_k = \psi_k^{a_i} \cdot I_{a_i}. \tag{154a}$$

Hierin bedeutet x_k die Umsatzvariable der k-ten Teilreaktion und a_i die Komponente, die durch Lichtabsorption die Photoreaktion einleitet [5].

Das Vorzeichen $+$ oder $-$ bezieht sich jeweils auf entstehende bzw. verschwindende Stoffe k.

Obwohl die Gln. (154), (155) und (154a) einfach sind, ist dennoch eine einfache Integration nicht möglich, da die absorbierte Lichtmenge I_a in komplizierter Weise vom Reaktionsort und der Bestrahlungszeit abhängt. Unter Beachtung bestimmter Voraussetzungen erhält man nach Mauser [5, 97] für Gl. (155) den Ausdruck:

$$\dot{b} = 1000 \, \psi_b^a \, \varepsilon_a' \, c_a \, I_0 \, \frac{1 - e^{-\sum_1^n (\varepsilon_i' c_i) d}}{d \sum \varepsilon_i' \cdot c_i}. \tag{156}$$

Führt man für $\sum (\varepsilon_i' c_i(t)) d$ die Extinktion $A' = \sum \varepsilon_i' c \cdot d = 2{,}303 \cdot A$ als die tatsächliche Meßgröße ein, so ergibt sich:

$$\dot{b} = \frac{d[b(t)]}{dt} = 1000 \, \psi_b^a \, \varepsilon_a' \, c_a \, I_0 \, \frac{1 - e^{-A'(t)}}{A'(t)}. \tag{156a}$$

Den Ausdruck $(1 - e^{-A'})/A' = F(A')$ definiert man als den *photokinetischen Faktor*, der, falls die Quantenausbeute konzentrations- und intensitätsunabhängig ist, in allen photokinetischen Gleichungen berücksichtigt werden muß.

Soll nach (156a) die Quantenausbeute bestimmt werden, müssen folgende Voraussetzungen erfüllt sein:

1. der Reaktionsmechanismus einer Photoreaktion muß bekannt sein;
2. die Extinktionskoeffizienten bei der Bestrahlungswellenlänge λ_e müssen gemessen werden können (beachte $\varepsilon' = 2{,}303 \cdot \varepsilon$!);
3. die Konzentrationsänderung der betrachteten Komponente muß verfolgbar sein;
4. die Intensität der Lichtquelle an der Oberfläche I_0 muß in Einstein/cm$^2 \cdot$ s zur Bestimmung der absorbierten Lichtmenge I_a ermittelt werden können bei der Wellenlänge λ_e.

Für die Verfolgung einer Photoreaktion ist nach 4. somit die Bestrahlungsstärke I_0 der benutzten Lichtquelle bei der Einstrahlungswellenlänge λ_e zu ermitteln. Dieses kann mit Hilfe von physikalischen oder chemischen Methoden erfolgen.

Obwohl die physikalischen Detektoren (Photoelement, Photodiode, Photozelle, Photomultiplier) eine einfache Messung der Bestrahlungsstärken gestatten, ist eine Absolutmessung stets mit einem relativ großen Aufwand verbunden [100, 101]. Aus diesem Grunde haben sich in der Photochemie zur Messung der Bestrahlungsintensität die *chemischen Aktinometer* erfolgreich behauptet. Die Forderungen, die an ein *chemisches* Aktinometer gestellt werden, sind von Gauglitz ausführlich dargestellt [100, 101].

Das bekannteste chemische Aktinometer ist das Eisenoxalat-Aktinometer nach Parker und Hatchard [102, 103]. Die praktische Durchführung der Messungen mit diesem Aktinometer ist in der Literatur ausführlich beschrieben [104–106].

Bei diesem Aktinometer entsteht bei Belichtung in saurer Lösung aus dem Fe(III)-Salz das Fe(II)-Salz mit einer nahezu wellenlängenunabhängigen Quantenausbeute von $\psi_{II}^{III} \cong 1{,}25$ im Bereich von 254–436 nm. Die Konzentration des Fe(II) wird nach der Photo-Reaktion über den 1,10-Phenanthrolin-Komplex photometrisch bei 510 nm bestimmt. Der Nachteil dieses Aktinometers liegt darin, daß die Lösungen bei Rotlicht angesetzt werden müssen und daß die Komplexbildung einen Zeitbedarf von etwa einer Stunde hat. Bei jedem Ansatz wird nur ein Intensitätswert ermittelt, der somit erst einige Zeit nach der Aktinometrie bestimmt werden kann. Dies bedeutet, daß der Reaktionsumsatz nicht während der Aktinometrie bestimmt werden kann, was der Nachteil bei fast allen klassischen Aktinometern ist.

Neuere Untersuchungen zu diesem Aktinometer beschäftigen sich dann auch mit Verbesserungsvorschlägen für die praktische Durchführung der Messungen [107, 108]. Von Bowman und Doemas [108] wurde sehr nachdrücklich auf die systematischen Fehler dieses Aktinometers hingewiesen.

Aus diesen Gründen sind Aktinometer entwickelt worden, die es gestatten, den Umsatz direkt photometrisch zu verfolgen, die Aktinometerlösung direkt in der Apparatur für die photometrische Reaktion zu messen, das Ergebnis unmittelbar nach der Aktinometrie zu berechnen und nach Möglichkeit mehrere Intensitätsmeßwerte für jede aktinometrische Messung zu erhalten. Diese Forderungen setzen eine einheitliche und möglichst einfache Photoreaktion voraus.

Eine Photoreaktion, die diese Forderung erfüllt, ist die Isomerisierung von *Azobenzol* [109]. Von Mauser [36] und Gauglitz [110] wurde diese Photoreaktion ausführlich untersucht, so daß hiermit ein geeignetes Aktinometer im Bereich von 220–280 nm zur Verfügung steht [111].

Für den Bereich von 300–370 nm wurde die reversible Photooxidation von Heterocoordianthron (HCD) zu seinem Endoperoxid vorgeschlagen [112]. Von Frank und Gauglitz wurde im Zusammenhang mit den Untersuchungen zum Azobenzol auch das 2,2′,4,4′-Tetraisopropylazobenzol für den Bereich von 350–390 nm als Aktinometersubstanz empfohlen [113]. Weitere Aktinometersubstanzen sind:
Aberchrome 540: Bereich 450–550 nm [114],
Epoxid des HCD: Bereich 400–440 nm und 470–600 nm [115, 116],
Mesodiphenylhelianthren: Bereich 470–620 nm [115, 117].

Für die beiden letztgenannten Verbindungen wurde eine wellenlängenunabhängige Quantenausbeute festgestellt. Außerdem sind Standardlösungen im Handel erhältlich [118].

Wie man aus der Zusammenstellung ersieht, stehen somit geeignete Aktinometersubstanzen im Bereich von 220–620 nm zur Verfügung.

Die Untersuchungen zur Kinetik photometrischer Reaktionen kann man grundsätzlich in drei Schritte aufgliedern:

I.   Die Aufnahme der Reaktionsspektren in Abhängigkeit von der Belichtungszeit in der Dunkelphase zwecks Erkennen isosbestischer Punkte (Hinweise auf die Einheitlichkeit).

II. Auswertung der Extinktionen bei mehreren Wellenlängen in Abhängigkeit von der Belichtungszeit zwecks Anwendung der graphischen Matrix-Rang-Analyse zur Bestimmung der Anzahl der linear unabhängigen Teilreaktionen.

III. Aufstellung und Lösung der Konzentrationszeitdifferentialgleichungen.

Während die Punkte I. und II. bereits in Abschnitt 7.2 ausführlich dargestellt wurden, ist für Punkt III. ein kurzer Hinweis notwendig, da die einfache Integration, wie bei den Zeitgesetzen in Abschn. 7.1 gezeigt, auf Komplikationen stoßen kann.

Die Lösungsfunktionen sind nämlich so beschaffen, daß ohne zusätzliche Kenntnis von Reaktionsparametern, z.B. den photostationären Endkonzentrationen oder den Geschwindigkeitskonstanten, ein graphischer oder numerischer Test kaum möglich ist. Als vorteilhaft hat sich daher erwiesen die Methode der formalen Integration, die in Abschn. 7.3 beschrieben wurde, auch auf die Lösung von Zeitgesetzen bei photochemischen Reaktionen anzuwenden [119].

Für die praktische Durchführung der Messungen ist nach Hezel [27] in dem Ausdruck für den photokinetischen Faktor eine Korrektur anzubringen, die berücksichtigt, daß das aus der Küvette austretende eingestrahlte Licht der Wellenlänge λ_e am Austrittsfenster teilweise zurückreflektiert wird und dann am Eintritts- und Austrittsfenster Mehrfachreflektion erleidet [120].

Der photokinetische Faktor ergibt sich dann zu:

$$F'(A) = \frac{1 - 10^{-A}}{A} \cdot \frac{1 - R}{1 - R \cdot 10^{-A}} = F(A) \cdot r(A). \tag{157}$$

Hierin ist R der Reflexionsgrad für die Grenzfläche Quarz/Luft. In den entsprechenden Gleichungen ist dies jeweils zu berücksichtigen.

Für den Fall, daß die Photoisomerisierung reversibel ist, müssen wir dies im Ansatz berücksichtigen. Wir haben dann den einfachsten Fall einer komplizierten einheitlichen Photoreaktion vorliegen. Die Rückreaktion kann als Dunkelreaktion oder auch als Photoreaktion mit der entsprechenden partiellen Quantenausbeute erfolgen. Im letzteren Fall

$$a \xrightarrow{hv} b,$$

$$b \xrightarrow{hv} a$$

können wir für die zeitliche Änderung der Konzentrationen „a" und „b" ansetzen:

$$\frac{d[a]}{dt} = -\psi_b^a I_a + \psi_a^b I_b,$$

$$\frac{d[b]}{dt} = \psi_b^a I_a - \psi_a^b I_b.$$

Die Quantenausbeuten ψ_b^a und ψ_a^b können wieder mit der Methode der formalen Integration ermittelt werden, wie am Beispiel der Photoisomerisierung des trans-Azobenzols gezeigt wurde [27, 36, 121].

Wird die Photoreaktion des Azobenzols in Schwefelsäure durchgeführt, so erfolgt nach der trans-cis-Isomerisierung in einem weiteren Schritt eine Photocyclisierung mit anschließender Dehydrierung als Dunkelreaktion zum aromatischen Ringsystem dem

Benzo(c)-cinnolin. Azobenzol wirkt dabei selbst als Oxidationsmittel [122]. Von Mauser und Mitarbeitern wurde diese Reaktion ausführlich kinetisch untersucht, und es konnte gezeigt werden, daß praktisch nur das cis-Azobenzol für die Dehydrierung wirksam ist [123]. Die in dieser Arbeit behandelte Photoreaktion des Azobenzols in schwefelsaurer Lösung stellt ein anschauliches Beispiel für die Durchführung der kinetischen Analyse einer komplizierten Photoreaktion dar.

Photocyclisierungsreaktionen als Folge einer photochemischen trans cis-Isomerisierung sind an Stilben ($\rightarrow$ Phenanthren) [23, 123, 124] und seinen Azaderivaten, wie 1-pyridyl-2-phenylethen ($\rightarrow$ Mono-Azaphenanthrene) [125], Dipyridyl-ethene ($\rightarrow$ Di-Azaphenanthrene) [126], 1-pyridyl-2-(1-naphtyl)-ethene ($\rightarrow$ Mono-Azachrysene) [127], 1-pyridyl-2-(9-phenanthryl)ethen ($\rightarrow$ Mono-aza-dibenzanthracene) [128], 1-pyridyl-2-|4-chinolyl|-ethene ($\rightarrow$ Di-Azachrysene) [129], Styryldiazine ($\rightarrow$ Di-Azaphenanthrene, beide N in einem Ring) [130] häufig untersucht worden.

An Stilben wurde von Schulte-Frohlinde u.a. eingehend auch der Einfluß von Substituenten in 4- und 4′-Stellung auf die Photoisomerisierung behandelt [131].

Ersetzt man in der $-CH=CH-$Doppelbindung des Stilbens die Methingruppen nacheinander durch Stickstoff, so kommt man über die Schiffschen Basen Benzalanilin zum Azobenzol. Auch die Benzalaniline mit ihren aza-Analogen sind photochemisch untersucht worden [132]. Zahlreiche andere Photoreaktionen, wie z.B. sensibilisierte Photoisomerisierungen, Photoadditionen, Photodimerisierungen, Photoreduktionen, Photofolgereaktionen, Photoparallelreaktionen als einfache einheitliche, einfache nicht einheitliche, komplizierte einheitliche und komplizierte nicht einheitliche Photoreaktionen sind von Mauser [132] mit ihren möglichen Mechanismen und den daraus abzuleitenden kinetischen Grundgleichungen ausführlich dargestellt.

Die praktische Messung der Reaktionsspektren bei einer Photoreaktion kann prinzipiell mit jedem UV-VIS-Spektralphotometer in der Dunkelphase vorgenommen werden. Nach dieser sogenannten Intervallmethode unterbricht man die Bestrahlung jeweils nach einer bestimmten Zeit und überführt die bestrahlte Küvette in das Spektralphotometer, belichtet anschließend wiederum eine bestimmte Zeit und sofort. Neben den Reaktionsspektren als $A = f(\lambda)$ muß jeweils bei der Bestrahlungswellenlänge λ_e die Extinktion $A_{\lambda e}$ der Lösung mitgemessen werden. Bei dieser Arbeitsweise sind die Bestrahlungs- und Meßapparatur voneinander getrennt. Allerdings setzt diese Arbeitsweise voraus, daß in der Dunkelphase die Photoreaktion nicht durch eine störende Dunkelreaktion überlagert ist. Grundsätzlich besser ist es, eine kombinierte Meß- und Bestrahlungsapparatur zu verwenden. Dies bedingt lediglich, daß der Probenraum des benutzten Spektralphotometers entsprechend umgebaut wird. Entsprechende Vorschläge für eine Intervallbestrahlungs- und Dauerbestrahlungsanordnung sind von Mauser u.a. [133] in Verbindung mit einem PMQ II mit Monochromator MM 12 gemacht worden. In dieser Arbeit wird auch auf die Fehler hingewiesen, die bei derartigen Messungen auftreten können.

Für weitergehende Darstellungen der Photochemie sei auf die einschlägige Literatur verwiesen [105, 134, 135, 136, 137]. Im Handbook of Photochemistry von Murov sind zahlreiche, für photochemische Reaktionen wichtige, physikalische und speziell molekülphysikalische Daten in umfangreichen Tabellen zusammengestellt [138].

Literatur

1 Wedler, G.: Lehrbuch der Physikalischen Chemie. Weinheim, Deerfield Beach, Florida, Basel: Verlag Chemie 1982

2 Barrow, G. M.: Physikalische Chemie, Gesamtausgabe. Heidelberg, Wien: Bohmann; Braunschweig: Vieweg 1973

3 Frost, A. A.; Pearson, R. G.: Kinetik und Mechanismus homogener Reaktionen. Weinheim: Verlag Chemie 1964

4 Schwetlick, K.; Dunken, H.; Pretzschner, G.; Scherzer, K.; Tieler, H.-J.: Chemische Kinetik, Fachstudium Chemie, Lehrbuch 6. Weinheim: Verlag Chemie 1974

5 Mauser, H.: Formale Kinetik. Düsseldorf: Bertelsmann Universitätsverlag 1974

6 Mauser, H.; Polster, J.: Z. physik. Chem. NF *91*, 108 (1974)

7 Fromherz, H.: Physikalisch-chemisches Rechnen in Wissenschaft und Technik, 3. Aufl. Weinheim: Verlag Chemie 1966, S. 269 ff.

8 a) Zachmann, H.-G.: Mathematik für Chemiker. Weinheim: Verlag Chemie 1972, S. 231–234
   b) Alexitz, G.; Fenyö, St.: Mathematik für Chemiker. Leipzig: Akad. Verlagsges., Geest u. Portig 1962, S. 184–191

9 Ebisch, R.; Fanghämel, E.; Habicher, W.-D.; Hahn, R.; Unverfehrt, K.: Chemische Kinetik, Fachstudium der Chemie, Arbeitsbuch 6, 1. Aufl. Weinheim: Verlag Chemie 1980

10 Derauleau, D. A.; Dubler, D.: Anal. Biochem. *114*, 411 (1981)

11 Fahr, E.; Schmied, M.: Fresenius Z. Anal. Chem. *300*, 381 (1980)

12 Ainsworth, S.: J. Phys. Chem. *65*, 1968 (1961); *67*, 1613 (1963)

13 Hugus, Z. Z.; El-Awady, A. A.: J. Phys. Chem. *75*, 2945 (1971)

14 Katakis, D.: Anal. Chem. *37*, 876 (1965)

15 Sternberg, J. C.; Stillo, H. S.; Schwandemann, R. H.: Anal. Chem. *32*, 84 (1960)

16 Weber, G.: Nature *190*, 27 (1961)

17 a) Kowalsky, H. J.: Lineare Algebra. Berlin: de Gruyter 1971
   b) Zurmühl, R.: Matrizen, 2. Aufl. Berlin, Göttingen, Heidelberg: Springer 1958, § 7, S. 83 ff.

18 Magar, M. E.: Data Analysis in Biochemistry and Biophysics. New York: Academic Press 1972, Kap. 9

19 Bruhner, J. T.; Shurwell, H. F.: J. Phys. Chem. *77*, 256 (1973)

20 Leggett, D. J.: Anal. Chem. *9*, 276 (1977)

21 Mauser, H.: Z. Naturforsch. *23b*, 1021, 1025 (1968)

22 Mauser, H.; Polster, J.; Wenck, H.: Chimia *26*, 361 (1972)

23 Mauser, H.; Niemann, H. J.; Kretschmar, R.: Z. Naturforsch. *27b*, 1350 (1972)

24 Mauser, H.; Starrock, V.; Niemann, H.-J.: Z. Naturforsch. *27b*, 1353 (1972)

25 Mauser, H.: loc. cit. [5], Kap. IV, 2.c), S. 310 ff.

26 Lachmann, H.; Mauser, H.; Schneider, F.; Wenk, H.: Z. Naturforsch. *26b*, 629 (1971)

27 Hezel, U.: Dissertat. Tübingen, 1969

28 Lachmann, G.; Lachmann, H.; Mauser H.: Z. Phys. Chem. NF *120*, 19 (1980)

29 Lachmann, G.; Lachmann, H.; Mauser, H.: Z. Phys. Chem. NF *120*, 9 (1980)

30 Gauglitz, G.: GIT Fachz. Lab. *26*, 205 (1982)

31 Gauglitz, G.: GIT Fachz. Lab. *26*, 597 (1982)

32 Swinbourne, E. S.: Auswertung und Analyse kinetischer Messungen, Taschentext 37. Weinheim: Verlag Chemie 1975

33 Swinbourne, E. S.: J. Chem. Soc. *473*, 2371 (1960)

34 Guggenheim, E. A.: Philos. Mag. (7) *2*, 538 (1926)

35 Mauser, H.: Z. Naturforsch. *38a*, 359 (1983); *19a*, 767 (1964)

36 Mauser, H.; Hezel, U.: Z. Naturforsch. *26b*, 203 (1971)

37 Lachmann, H.: Fresenius, Z. Anal. Chem. *301*, 148 (1980)

38 Lachmann, G.; Lachmann, H.: Fresenius, Z. Anal. Chem. *290*, 118 (1978)

39 Hezel, U.: Zeiss Mitteil. *5*, 316 (1971)

40 Gauglitz, G.: GIT Fachz. Lab. *25*, 537 (1981)

41 Gauglitz, G.; Klink, T.; Lorch, A., in: 13. Spektrometertagung (Hrsg. Koch, K. H.; Massmann, H.). Berlin, New York: de Gruyter 1981, S. 137–151

42 Asmus, E.: Einführung in die Höhere Mathematik, 3. Aufl. Berlin: de Gruyter 1959

43 Orlow, Y. E.; Piskareva, R. V.: Khim. Prir. Soedin *10*, 87 (1974); C. A. *80*, 119877h (1974)

44 Ursin, B.: Diplomarbeit, Düsseldorf, 1980; Ursin, B.; Perkampus, H.-H., in Vorbereit.

45 Harbridge, H.; Roughton, F. J. W.: Proc. Roy. Soc. *A104*, 376 (1923)

46 Roughton, F. J. W.; Millikan, G. A.: ibid. *A115*, 258 (1936)

47 Millikan, G. A.: ibid. *A155*, 277 (1936)

48 Chance, B.: J. Franklin Inst. *229*, 455, 737 (1940); J. Biol. Chem. *179*, 1249 (1949); *180*, 865 (1949)

49 SFA-11 Rapid Kinetics Acessory, HI-TECH, Scientific, Ltd. Vertretung Deutschland, AMKO GmbH, Gärtnerweg 49, D-2082 Tornesch

50 Chance, B.: Rev. Sci. Instr. *22*, 619 (1951)

51 Gibson, Q. H.: Disc. Faraday Soc. *17*, 137 (1954)

52 Caldin, E. F.: Fast Reactions in Solution, Kap. 3. Oxford: Blackwell 1964

53 Hague, D. N.: Fast Reactions, Kap. 2. London: Wiley 1971

54 Roughton, F. J. W.; Chance, B., in: Investigations of Rates and Mechanisms of Reactions, Kap. 14 (Eds. Fries, S. L.; Lenis, E. S.; Weinberger, A.). New York: Interscience 1963

55 Chance, B.: Investigations of Rates and Mechanisms of Reactions (Ed. Hannes, G. G.), 3. Ed. Techniques of Chemistry Servies, Vol. VI, Kap. 2. New York: Wiley 1974

56 Caldin, E. F.; Crooks, J. E.; Quenn, A.: J. Phys. E. (Sci. Instruments) *6*, 930 (1973)

57 Below, J. F.; Counick, R. F.; Coppel, C. P.: J. Amer. Chem. Soc. *80*, 2961 (1958)

58 Lachmann, H.; Mauser, H.: Hoppe-Seyler's Z. physiol. Chem. *353*, 730 (1972)

59 Lachmann, H.: Habilitationsschrift, Univers. Tübingen, 1982

60 Lübbers, D. W.; Wodick, R.: Appl. Optics *8*, 1055 (1969)

61 Santini, R. E.; Milano, M. J.; Pardue, H. L.: Anal. Chem. *45*, 915A (1973)

62 Hollaway, M. R.; Whik, H. A.: Biochem. J. *149*, 221 (1975)

63 Papadakis, N.; Coolen, R. B.; Dye, J. L.: Anal. Chem. *47*, 1644 (1975)

64 Talmy, Y.: Anal. Chem. *47*, 658A (1975); Talmy, Y. (Ed.) Multichannel Image Detectors. Washington: Amer. Chem. Soc. 1979

65 HI-TECH Scientific Ltd. s. [49]

66 Czerlinsky, G.; Eigen, M.: Z. Elektrochem. Ber. Bunsenges. Physik. Chem. *63*, 652 (1959) Czerlinksi, G.; Diebler, H.; Eigen, M.: Z. Physik. Chem. NF *19*, 246 (1959)

67 Strehlow, H.; Becker, M.: Z. Elektrochem. Ber. Bunsenges. Physik. Chem. *63*, 457 (1959)

68 Eigen, M.; de Maeyer, L., in: Technique of Organic Chemistry (Ed. Weißberger, A.), 2. Aufl., Vol. VIII, 2. New York: Interscience 1963

70 Reich, R. M.; Sutter, J. R.: Anal. Chem. *49*, 1081 (1977)

71 Hoffmann, G. W.: Rev. Sci. Instrum. *42*, 1643 (1971)

72 Caldin, E. F.: Crooks, J. E.: J. Sci. Instrum. *44*, 449 (1967) Buchwald, H. E.; Ruppel, H.: J. Phys. E: Sci. Instrum. *4*, 105 (1971)

73 Caldin, E. F.; Crooks, J. E.; Robinson, B. F.: J. Phys. E: Sci. Instrum. *4*, 165 (1971) Turner, D. H.; Flynn, G. W.; Sutin, N.; Beitz, J. V.: J. Am. Chem. Soc. *94*, 1554 (1972) Aubard, J.; Meyer, J. J.; Dubois, J. E.: Chem. Instrum. *8*, 1 (1977)

73a Holzwarth, J. F., in: Techniques and Applications of Fast Reactions in Solutions (Eds. Gettins, W. J.; Wyn-Iones, E.). Dordrecht: Reidel Publishing Comp. 1978, S. 47–59 Frisch, W.; Schmidt, A.; Holzwarth, J. F.; Volk, R., in: Techniques and Applications of Fast Reactions in Solution (Eds. Gettins, W. J.; Wyn-Jones, E.). Dordrecht: Reidel Publishing Comp. 1979, S. 61–70 Gruenwald, B.; Frisch, W.; Holzwarth, J. F.: Biochim. Biophys. Acta *641*, 311 (1981) Mareandalli, B.; Winzek, C.; Holzwarth, J. F.: Ber. Bunsenges. Phys. Chem. *88*, 368 (1984)

74 Temperatur-Jump Spectrometer, Type TJ-1B; HI-TECH Scientific Salisbury, England, s. [49]

75 Bernasconi, C. F.: Relaxation Kinetics. New York: Academic Press 1976

76 Eigen, M.: Angew. Chem. *75*, 489 (1963)

77 Ahrens, M. L.; Maass, G.: Angew. Chem. *80*, 848 (1966)

78 Ahrens, M. L.; Eigen, M.; Kruse, W.; Maass, G.: Ber. Bunsenges. Physik. Chem. *74*, 380 (1970)

79 Crooks, J. E., in: Proton-Transfer-Reactions (Eds. Gold, V.; Caldin, E. F.). London: Chapmann and Hall 1975, S. 153–177

80 Schwarzenbach, G.; Felder, E.: Helv. Chim. Acta *XXVII*, 1701 (1944)

81 Eigen, M.; Ilgenfritz, G.; Kruse, W.: Chem. Ber. *98*, 1623 (1965)

82 Goodall, D. M.; Havnson, P. W.; Hardy, J. J.; Kirk, C. J.: J. Chem. Educ. *49*, 675 (1972)

83 Cavasino, F. P.; Eigen, M.: Ricerca Scientifica *4*, 509 (1964)

84 Jost, A.: Ber. Bunsenges. Phys. Chem. *80*, 316 (1976)

85 Doss, R.; van Eldick, R.; Kelm, H.: ibid. *86*, 925 (1982)

86 Jost, A.: ibid. *78*, 300 (1974)

87 Jost, A.: ibid. *79*, 850 (1975)

88 Liphard, K. G.; Jost, A.: Ber. Bunsenges. Phys. Chem. *82*, 707 (1978)

90 Ohling, W.: ibd. *88*, 109 (1984)

91 Knoche, W.; Wiese, G.: Rev. Sci. Instrum. *47*, 220 (1976)

92 Buschmann, H.-H.; Dutkiewicz, E.; Knoche, W.: Ber. Bunsenges. Phys. Chem. *86*, 129 (1982)

93 Eigen, M.; De Maeyer, L.: Z. Elektrochem. Ber. Bunsenges. Phys. Chem. *59*, 986 (1955)

94 Wien, M.; Chiele, J.: Z. Physik *32*, 545 (1931)

95 De Maeyer, L.: Z. Elektrochem. Ber. Bunsenges. Phys. Chem. *64*, 65 (1960)

96 Porter, G.; West, M. A., in: Investigations of Rates and Mechanisms of Reaction of Chemistry, (Ed. Hammes, G. G.), 3. Ed., Vol. VI. New York: Wiley 1974

97 Mauser, H.: Z. Naturforsch. *22b*, 367 (1967)

98 Bodenstein, M.: Z. Phys. Chem. *85*, 329 (1913)

99 Hellma GmbH, D-7840 Müllheim/Baden

100 Gauglitz, G.: Habilitationsschrift, Univers. Tübingen, 1978

101 Gauglitz, G.: Praktische Spektroskopie. Tübingen: Attempto 1983, S. 119 ff.

102 Parker, C. A.: Proc. Roy. Soc. (London) *A220*, 104 (1953)

103 Hatchard, C. G.; Parker, C. A.: ibid. *A235*, 518 (1956)

104 Parker, C. A.: Photoluminescence of Solutions. London: Elsevier 1968

105 Calverts, J. G.; Pitts, J. N.: Photochemistry. New York: Wiley 1966

106 Frank, R.; Gauglitz, G.: Chemie u. Anlagen, Verfahren, Juli 1978, S. 19

107 Curien, K. C.: J. Chem. Soc. B 2081 (1971)

108 Bowman, W. D.; Demas, J. N.: J. Phys. Chem. *80*, 2434 (1976)

109 Stegemeyer, H.: Dissertation, TU Hannover, 1961

110 Gauglitz, G.; Lüddeke, E.; Fresenius Z. f. Anal. Chem. *280*, 105 (1976)

111 Gauglitz, G.; Hubig, S.: J. Photochem. *15*, 255 (1981)

112 Brauer, H. D.; Drews, W.; Schmidt, R.: s. Gauglitz, loc. cit. [101]

113 Frank, R.; Gauglitz, G.: J. Photochem. *7*, 355 (1977)

114 Heller, H. G.; Langau, J. R.: J. Chem. Soc, Perkin I, 1981, 341

115 Gauglitz, G.; Hubig, S.: Proc. IX. JUPAC-Symp. Photochem., Pau (Frankreich) 1982

116 Brauer, H. D.; Drews, W.; Schmidt, R.: J. Photochem. *12*, 293 (1980)

117 Brauer, H. D. et al.: J. Photochem. *20*, 335 (1982)

118 AMKO GmbH [49]

119 Niemann, H.-J.; Mauser, H.: Z. Physik. Chem. NF *82*, 295 (1972)

120 Mauser, H.; Francis, D. J.; Niemann, H.-J.: Z. Physik. Chem. NF *82*, 318 (1972)

121 Mauser, H.: loc. cit. [5], Kap. IV, 4, S. 353 ff.

122 Badger, G. M.; Drewer, R. J.; Lewis, G. E.: Austral. J. Chem. *19*, 643 (1966)

123 Stegemeyer, H.: Z. Naturforsch. *17b*, 153 (1962)

124 Saltiel, J.; D'Agostino, J. T.: J. Am. Chem. Soc., *94*, 6445 (1972)
   Saltiel, J.; Chang, D. W. L. et al.: Pure Appl. Chem. *41*, 559 (1975)
   Saltiel, J.; D'Agostino, J. T. et al.: Org. Photochem. *3*, 1 (1973)
   Saltiel, J.; Charlton, J. L.: cis-trans-Isomerisation of Olefine in: Rearrangements in Ground- and Excited States (Ed. de Mayo, P.). New York: Academic Press 1980

125 Bartocci, G.; Mazzucato, U.; Masetti, F.: J. Phys. Chem. *84*, 847 (1980)
   Bortolus, P.; Cauzzo, G.; Mazzucato, U.; Galiazzo, G.: Z. Phys. Chem. NF, *63*, 29 (1969)

126 Whitten, D. G.; Lee, Y. C.: J. Am. Chem. Soc. *94*, 9142 (1972); Perkampus, H.-H.; Kasseber, G.; Müller, P.: Ber. Bunsenges. Phys. Chem. *71*, 40 (1967)

127 Bartocci, G.; Mazzucato, U.; Bortolus, P.: J. Photochem. *6*, 309 (1976/77)

128 Aloisi, G. G.; Mazzucato, U.; Spalletti, A.: Z. Phys. Chem. NF, *133*, 107 (1983)

129 Ursin, B.: Disseration Univers. Düsseldorf 1984

130 Fehn, H.; Perkampus, H.-H.: Tetrahedron *34*, 1971 (1978)

131 Bent, D. V.; Schulte-Frohlinde, D.: J. Physic. Chem. *78*, 446, 451 (1954)
   Schulte-Frohlinde, D.; Bent, D. V.: Molec. Photochem. *6*, 315 (1974)
   Borrell, P.; Schulte-Frohlinde, D.: Ber. Bunsenges. Physik. Chem. *79*, 662 (1975)
   Görner, H.; Schulte-Frohlinde, D.: ibid. *87*, 713 (1977)

132 Mauser, H.: loc. cit. [5], S. 137–166

133 Mauser, H.; Gauglitz, G.; Niemann, H.-J.: Z. Physik. Chem. NF *82*, 309 (1972)

134 Turro, N. J.: Molecular Photochemistry. New York, Amsterdam: Benjamin 1965

135 Cundall, R. B.; Gilbert, A.: Photochemistry. London: Nelson 1970

136 Becker, H. G. O. und Co-Autoren: Einführung in die Photochemie, 2. Aufl. Stuttgart, New York: Thieme 1983

137 Barltrop, J. A.; Coyle, J. D.: Principles of Photochemistry. Chichester, New York, Brisbane, Toronto: Wiley 1978

138 Murov, St. L.: Handbook of Photochemistry. New York: Dekker 1973

8 Spezielle Auswertungen von UV-VIS-Spektren

In Kap. 2 hatten wir kurz auf die grundsätzlichen theoretischen Zusammenhänge der Elektronenanregungsspektren hingewiesen und dabei auf wesentliche molekülphysikalische Informationen aufmerksam gemacht, die aus diesen Spektren zu gewinnen sind. Danach entsprechen die Absorptionsmaxima den Termdifferenzen ($=$ Anregungsenergien) vom Grundzustand aus; die Intensitäten, angegeben in ε_λ, stehen im Zusammenhang mit der Oszillatorenstärke f, und die Struktur der Absorptionsbanden ist auf die Überlagerung mit der Schwingungsanregung zurückzuführen. Genaue experimentelle Daten sind aber notwendig, wenn diese mit theoretisch berechneten korreliert werden sollen. Häufig sind UV-VIS-Absorptionsspektren, in Lösung gemessen, unstrukturiert oder weisen nur schwach ausgeprägte Schultern auf, so daß eine eindeutige Zuordnung von Anregungsenergien, $\Delta E = hc \cdot \tilde{\nu}_{max}$, oft erschwert oder überhaupt nicht möglich ist. In derartigen Fällen ist auch eine Ermittlung der Oszillatorenstärke f nach Gl. (5) unsicher. Aus diesem Grunde sollen in diesem Kapitel einige wichtige ergänzende Auswertungen kurz dargestellt werden.

8.1 Oszillatorenstärke und Übergangsmoment

Die Oszillatorenstärke f bzw. die Intensität einer elektronischen oder vibronischen Absorptionsbande ist nach Gl. (5) definiert zu [1, 2]:

$$f = \frac{2,303\,m\,c^2}{\pi\,e^2\,N_L\,n} \int\limits_{Bande} \varepsilon_{\tilde{\nu}}\,d\tilde{\nu}. \tag{158}$$

Hierin bedeuten (s. auch Gl. (5)):
m: die Masse des Elektrons, c: die Lichtgeschwindigkeit, e: die Elementarladung, N_L: die Loschmidtsche Zahl, n: der Brechungsindex, und $\varepsilon_{\tilde{\nu}}$: der molare dekadische Extinktionskoeffizient bei der Wellenzahl $\tilde{\nu}$ in $l\,mol^{-1}\,cm^{-1}$.

Das Integral in Gl. (158) ist über die entsprechende Elektronenanregungsbande mit Schwingungsteilbanden zu erstrecken.

Setzt man in (158) die Zahlenwerte ein, so erhält man die Beziehung:

$$f = \frac{4,39 \cdot 10^{-9}}{n} \int\limits_{Bande} \varepsilon_{\tilde{\nu}}\,d\tilde{\nu}. \tag{159}$$

Der Brechungsindex wird üblicherweise bei der praktischen Anwendung gleich 1 gesetzt, d.h. i.allg. nicht berücksichtigt [3]. Die Ermittlung der Oszillatorenstärke verlangt eine genaue Bestimmung des Integrals über $\varepsilon_{\tilde{v}}\,d\tilde{v}$.

In Abb. 69 ist die langwellige Absorptionsbande des Anthracens, die sogenannte ^1L_a-Bande nach der Plattschen Nomenklatur [4], als $\varepsilon = f(\tilde{v})$ dargestellt. Die Integration dieser Bande im Bereich von $25\,000 \rightarrow 37\,000\ \mathrm{cm}^{-1}$ wurde auf drei Wegen durchgeführt:

1. Die von der Absorptionskurve umschlossene Fläche wurde durch Wägung der ausgeschnittenen Fläche ermittelt.
2. Die Fläche unter der Absorptionskurve wurde planimetriert.
3. Die Fläche wurde mittels numerischer Integration mit Hilfe der Trapezregel bestimmt.

Das Integral ergibt sich dann in der Einheit $|\mathrm{l\,mol^{-1}\,cm^{-2}}|$, da der Zahlenfaktor in (159) die Dimension $\mathrm{l^{-1}\,mol\,cm^2}$ besitzt, erhält man die Oszillatorenstärke als dimensionslose Größe.

In Tab. 21 sind die Ergebnisse der drei Auswertungen zusammengestellt:

Tabelle 21. $\displaystyle\int_{\text{Bande}} \varepsilon_{\tilde{v}}\,dv$ und $f(^1L_a)$ für Anthracen

Methode	$\displaystyle\int \varepsilon_{\tilde{v}}\,d\tilde{v}$ $\lvert\mathrm{l\,mol^{-1}\,cm^{-2}}\rvert$	$f(^1L_a)$ (159)	$f_{\text{Lit.}}$ [5]
Wägung	$23{,}74\cdot10^6$	0,102	
Planimetrie	$23{,}11\cdot10^6$	0,0997	0,10
Numerische Integration	$22{,}44\cdot10^6$	0,096	

Die Bedeutung der Oszillatorenstärke liegt darin, daß sie über die Theorie mit dem Dipolübergangsmoment in Verbindung steht [1, 3, 6, 7].

Für einen Übergang aus dem Zustand 1 in den Zustand k ergibt sich für die Oszillatorenstärke:

$$f_{1,k} = \frac{8\pi^2 \cdot m \cdot c\tilde{v}_{1,k}}{3\cdot h\cdot e^2}\, G\,|\bar{M}_{1,k}|^2 . \tag{160}$$

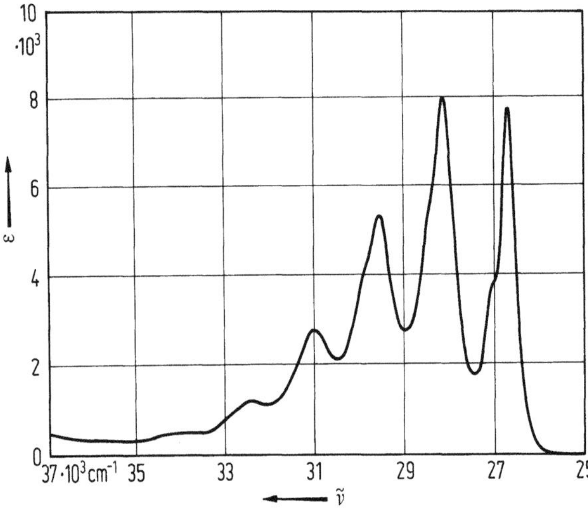

Abb. 69.
^1L_a-Bande des Anthracens; Lösungsmittel: Methanol; $c = 10^{-4}$ M; $d = 1$ cm; Perkin-Elmer 320

Hierin ist $\tilde{v}_{l,k}$ die Wellenzahl des Bandenschwerpunktes bzw. des 0-0-Überganges und G das statistische Gewicht, das bei der Elektronenanregung gleich „1" gesetzt werden kann. Mit den Zahlenwerten ergibt sich analog zu Gl. (158):

$$f_{l,k} = 4{,}70 \cdot 10^{29}\, \tilde{v}_{l,k} \cdot |\bar{M}_{l,k}|^2 . \tag{161}$$

$\bar{M}_{l,k}$ ist das mittlere Dipolübergangsmoment in der Einheit E.S.E. $\cdot$ cm.

Mit dem oben bestimmten Wert der Oszillatorenstärke $f = 0{,}1$ und der Wellenzahl des 0-0-Überganges beim Anthracen $\tilde{v}_{0,0} = 26\,600\,\mathrm{cm}^{-1}$ ergibt sich somit nach (161):

Anthracen: $\quad |\bar{M}_{1L_a}| = 2{,}4$ Debye.

Für den Fall, daß die Banden in einem Absorptionsspektrum eindeutig bestimmten Elektronenübergänge zugeordnet werden können, die keine Überlappung zeigen, ist die Ermittlung der Oszillatorenstärke aus den Meßwerten relativ einfach durchführbar, so daß eine Korrelation mit der Theorie vorgenommen werden kann. Mit der Frage dieser Korrelationen und der quantenchemischen Berechnung der Oszillatorenstärke hat sich in neueren Arbeiten Klessinger [8] eingehend beschäftigt.

Da das Übergangsmoment eine gerichtete Größe darstellt, können wir es durch seine Komponenten in den drei Raumrichtungen darstellen:

$$|\vec{M}_{l,k}| = \sqrt{\vec{M}_x^2 + \vec{M}_y^2 + \vec{M}_z^2} . \tag{162}$$

Legen wir die Molekülebene mit den Koordinaten x und y fest, so sind die Komponenten $\vec{M}_x$ und $\vec{M}_y$ in dieser Ebene orientiert und $\vec{M}_z$ senkrecht dazu. Bei planaren Molekülen kann i. allg. die Komponente $\vec{M}_z \perp$ zur x-y-Ebene bei Singulettübergangen vernachlässigt werden ($\vec{M}_z = 0$). In diesem Fall entspricht das Übergangsmoment der Anregung der Elektronen in der Molekülebene. Die Richtung dieses Übergangsmomentes ist dann gleich dem des resultierenden Moments $\vec{M}_{l,k}$ aus den Komponenten $\vec{M}_x$ und $\vec{M}_y$ und ergibt sich zu:

$$\tan\alpha = \frac{\vec{M}_y}{\vec{M}_x} . \tag{163}$$

Für den Fall, daß eine der Komponenten M_x oder M_y gleich Null ist, liegt ein nur in einer Richtung polarisierter Elektronenübergang vor, und wir stellen eine ausgeprägte Anisotropie der Lichtabsorption fest.

Dies ist z. B. bei den kondensierten aromatischen Kohlenwasserstoffen der Fall, wie durch die klassischen Arbeiten von Coulson [9] sowie Klevens und Platt [5] schon früh gezeigt wurde.

Für Anthracen als Beispiel ergibt sich die Zuordnung der Übergänge wie folgt:

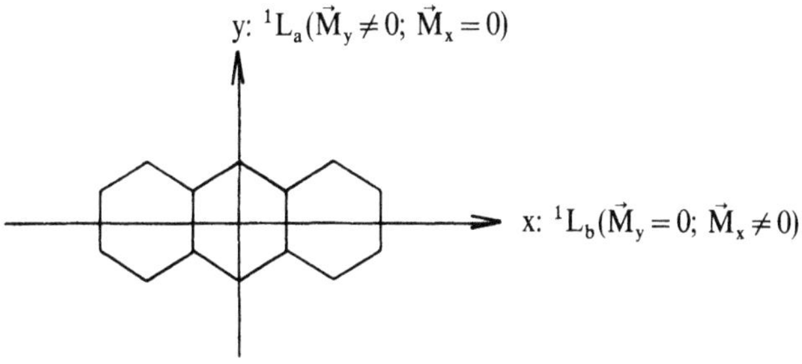

Danach ist der ^1L_a-Übergang (langwellige Bande) in der kurzen Molekülachse (y) und der ^1L_b-Übergang (verbotener Übergang) in der Längsachse (x) orientiert. Eine derartige Anisotropie der Übergangsmomente gilt auch für die intensiven Absorptionsbanden um $40000\,cm^{-1}$, wie von Craig und Hobbins [10] experimentell nachgewiesen wurde.

Der experimentelle Nachweis der Anisotropie von Elektronenübergangen bzw. die Richtung eines Übergangsmomentes, bezogen auf die Molekülgeometrie, kann mit Hilfe von Absorptionsmessungen unter der Verwendung von polarisiertem Licht durchgeführt werden. Voraussetzung für diese Messungen ist jedoch daß die Orientierung des Moleküls relativ zur Ebene des polarisierten Lichtes bekannt ist oder sich während der Messungen nicht ändert.

Ideale Systeme für derartige Untersuchungen sind z.B. Molekül-Einkristalle, bei denen alle Moleküle parallel angeordnet sind. Gerade dieser Fall ist bei vielen aromatischen Kohlenwasserstoffen realisiert [11], so daß die Spektren von Aromateneinkristallen sehr früh auch in dieser Hinsicht untersucht worden sind [12]. Häufig wird bei diesen Untersuchungen auch ein sogenannter Wirtskristall mit einem Gastmolekül dotiert, so daß dann die spektroskopischen Eigenschaften eines „gelösten Moleküls" allerdings in der Umgebung der Wirtsmoleküle untersucht werden können [13].

Mit dieser Methode wurde an einem Stilben/Dibenzyl-Mischeinkristall von Dyck und McClure [14] nachgewiesen, daß in trans-Stilben die langwellige Bande in der Längsrichtung polarisiert ist.

Eine andere und leicht realisierbare Methode zur Messung der Anisotropie der Lichtabsorption in Verbindung mit konventionellen UV-VIS-Messungen geht von Lösungen in Polymerfilmen aus. Werden derartige feste Filme gestreckt, so erfolgt eine Orientierung der langkettigen Polymermoleküle in der Streckrichtung, wobei auch die gelösten Moleküle vorzugsweise in der Streckrichtung mit ausgerichtet werden. Besonders gut ist diese Orientierung bei Molekülen zu erreichen, die in der Längsrichtung eine größere Ausdehnung als in der Querrichtung aufweisen. Als Polymere haben sich für diese Technik besonders Polyvinylalkohol (PVA) und Polyäthylen bewährt [15, 16, 17].

Beim PVA kann man die Filme, ausgehend von einer 10–20%igen Lösung von PVA in Wasser, zu der die zu untersuchende Substanz in wäßriger oder ethanolischer Lösung zugemischt wird, durch Ausgießen auf einer Glasplatte herstellen. Nach Verdunsten des überschüssigen Wassers erhält man Filme, die sich leicht handhaben und bei Erwärmung mit einem Föhn strecken lassen.

Für die eigentliche Absorptionsmessungen wird hinter dem Austrittsspalt des Monochromators ein Polarisator (z.B. ein Glan-Thomson-Prisma oder eine Polarisationsfolie im Sichtbaren) angebracht. Die gestreckte PVA-Folie wird am Küvettenhalter befestigt, und die Spektren werden bei den Polarisatoreinstellungen parallel und senkrecht zur Streckrichtung nacheinander gegen eine reine ungestreckte Vergleichsfolie aufgenommen.

Von Scheibe und Mitarbeitern wurde diese Methode am Beispiel einiger Cyaninfarbstoffe angewandt [15]. Perkampus und Mitarbeiter bestimmten an gestreckten PVA-Filmen die Richtung des Übergangsmomentes für die langwelligen Banden der 1,2-Dipyridyl-ethene [16]. Die Absorptionsspektren der Polyene, Cyanine und Vitamin B_{12} wurden ebenfalls schon früh an gestreckten Folien nach dieser Methodik untersucht [17].

Anthracen und seine Azaanalogen, Acridin und Phenazin [18] sowie 9-Methylanthracen und 1-Hydroxaphenazin [19] wurden ebenfalls in gestreckten PVA-Folien untersucht. Von Hoshi und Mitarbeitern wurde eine Erweiterung dieser Untersuchungen an gestreckten Folien bei tiefer Temperatur beschrieben, wofür ein Shimadzu UV-360 Spektralphotometer entsprechend umgebaut wurde [20].

Neben PVA hat sich Polyethylen besonders gut bewährt. Dieses wird jedoch meistens als fertige Folie zur Verfügung gestellt. Aus diesem Grunde muß hier eine andere Präparationstechnik angewandt werden. Nach Eckert und Kuhn [18] werden Polyethylenfolien von 0,1 mm Dicke in einer Petrischale in eine fast gesättigte Lösung des zu untersuchenden Farbstoffs in Chlorbezol gelegt. Nach einigen Tagen hat sich bei Zimmertemperatur eine gleichmäßige Verteilung des Farbstoffes in der Folie eingestellt. Anschließend wird die eingefärbte Polyethylenfolie mit Alkohol abgespült und ohne Erwärmen gestreckt. Hierbei wird die Folie auf das Fünffache gedehnt.

Ausführliche Untersuchungen zu dieser Folientechnik wurden von Eggers und Mitarbeitern durchgeführt [21]. Hierbei wurde auch die Frage behandelt, wie weit die eingebetteten Moleküle beim Streckvorgang orientiert werden und wie der Vorgang der Orientierung detaillierter zu erklären ist. Einen Überblick gibt auch die Arbeit von Dekkers [22].

Eine ältere Methode sei noch kurz erwähnt. Wenn die Moleküle sehr groß sind, d.h. eine große Längsausdehnung besitzen, kann die Anisotropie der Lichtabsorption auch in einer strömenden Lösung gemessen werden. Am Beispiel des fadenförmigen Polymerassoziates eines Pseudoisocyaninfarbstoffes in wäßriger Lösung wurde diese Methode von Scheibe [23] eingeführt.

Auf eine weitere Meßtechnik für die Untersuchung der Anisotropie der Lichtabsorption wurde bereits in Abschn. 5.5 im Zusammenhang mit der Lumineszenzanregungsspektroskopie eingegangen. Im Gegensatz zu den bisher dargestellten Methoden benötigen diese Messungen jedoch speziell konstruierte Lumineszenzspektralphotometer [24]. Die Methode der Photoselektion sowie allgemeine theoretische und experimentelle Grundlagen der Spektroskopie mit polarisiertem Licht wurden von Dörr in einem Übersichtsreferat [25] beschrieben. In diesem Zusammenhang sei auch auf die allgemeine Darstellung von Feofilov [26] hingewiesen.

8.2 Bandenanalyse

8.2.1 Gauß- und Lorentz-Funktionen

Wie bereits im Zusammenhang mit der Ermittlung der Oszillatorenstärke erwähnt, sind die Absorptionsspektren im UV-VIS oft sehr breit und lassen anhand von mehr oder weniger ausgeprägten Schultern erkennen, daß die beobachtete Bande aus mehreren Subbanden besteht, die sich überlagern. In derartigen Fällen ist eine Angabe des Absorptionsmaximus als λ_{max} oder $\tilde{\nu}_{max}$ sowie des zugehörigen Extinktionskoeffizienten ε_{max} problematisch. Insbesondere ist in einem derartigen Fall die integrale Extinktion $\int \varepsilon_{\nu} d\nu$ kein echtes Intensitätsmaß mehr, da der Anteil der Unterlagerung nicht erfaßt werden kann. Von Vandenbelt und Henrich [27] wurde an einer Überlagerung von zwei Banden aufgezeigt, welchen Einfluß die beiden Parameter, Intensität der Teilbanden und der Abstand ihrer Maxima in $\Delta\lambda$, auf die resultierende Bandenform bezüglich der Lage des beobachteten Bandenmaximums und der Intensität der Gesamtbande haben. Eine genaue Aussage ist daher nur dann möglich, wenn eine derart überlagerte Bande einer Bandenanalyse unterworfen wird, die eine Separierung der Teil- und Subbanden gestattet.

In den meisten Fällen kann man die zu separierende Bande durch eine Gauß-Kurve annähern [28]. Dann läßt sich der Extinktionskoeffizient bzw. die Extinktion wie folgt darstellen:

$$A = A_{max} \cdot \exp\left\{-B(\tilde{v}_0 - \tilde{v})^2\right\} \tag{164}$$

($\tilde{v}_0$: Wellenzahl des Bandenmaximums).

Die Größe B hängt mit der Halbwertsbreite der Bande zusammen nach

$$B = \frac{4\ln 2}{\Delta\tilde{v}_{1/2}^2}. \tag{165}$$

Logarithmiert man Gl. (164) und zieht die Wurzel, erhält man:

$$\sqrt{\ln\frac{A}{A_{max}}} = \sqrt{B}\,\tilde{v} - \sqrt{B}\,\tilde{v}_0. \tag{166}$$

Diese Gleichung stellt die Basis für eine lineare Regression zur Anpassung an die experimentelle Kurve dar. Für die praktische Durchführung ist als Voraussetzung zu verlangen:

Es existiert im Spektrum ein Wellenzahl(Wellenlängen)-Intervall, das nur einer einzigen Bande zuzuordnen ist und von anderen Banden unbeeinflußt ist.

In Abb. 70 ist das Absorptionsspektrum des Farbstoffes Morin in 0,1 M HCl wiedergegeben. Aus diesem Spektrum ist zu ersehen, daß die langwellige Flanke des 1. Absorptionsmaximums als unbeeinflußt von den weiteren Banden angenommen werden kann, die zum kurzwelligen, d.h. nach größeren Wellenzahlen hin, als

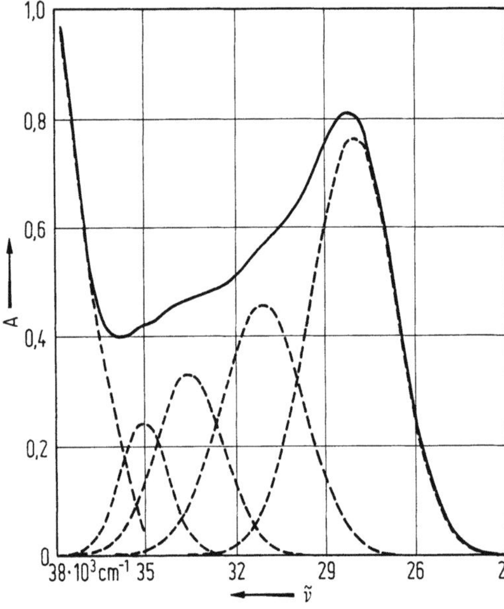

Abb. 70. Absorptionsspektrum des Morins in 0,1 M HCl, 1. Absorptionsbande. Bandenanalyse gestrichelte Kurve; Perkin-Elmer 320; Strukturformel des Morins, s. Abb. 8

Schultern zu erkennen sind. Der steile Abfall der Absorptionskurve im Bereich von $27\,500$–$23\,000\,cm^{-1}$ weist ferner darauf hin, daß die Bande in guter Näherung durch eine Gauß-Kurve dargestellt werden kann. Für das Absorptionsspektrum des Morins in Abb. 70 ergibt sich folgendes Vorgehen für die Bandenanalyse:

Begonnen wird mit einem Maximum kleinster Wellenzahl im Spektrum. Auf der ersten ansteigenden Flanke wird der Bereich gesucht, der unbeeinflußt ist. Dazu werden 3 Parameter variiert:

1. das Bandenmaximum A_{max},
2. die Start- und
3. die Endwellenzahl des ausgesuchten Intervalls.

Die berechneten Extinktionswerte A werden dann mit Hilfe einer linearen Regression entsprechend Gl. (166) an die experimentelle Kurve angepaßt. Aus dem Achsenabschnitt der Ausgleichsgeraden erhält man den Schwerpunkt der Bande $\tilde{v}_0(\lambda_0)$ und aus der Steigung der Ausgleichsgeraden ein Maß für die Halbwertsbreite der Gauß-Kurve. Für die Kurve wird die Summe der Fehlerquadrate bestimmt. Im nächsten Schritt werden A_{max} und das Wellenzahlintervall variiert. Jede Variation der Anpassungsparameter erzeugt einen neuen Wert der Fehlerfunktion:

$$F(A_{max}, \tilde{v}_1, \tilde{v}_n) = \sum_{i=1}^{n} (A_{i,\,gem} - A_i)^2; \quad [A(\tilde{v}_1) \cdots A(\tilde{v}_n)].$$

Eine gute Anpassung erhält man dann, wenn die Fehlerfunktion ein absolutes Minimum besitzt.

Ist mit einem Wellenzahlintervall so verfahren und die erste Gauß-Kurve erzeugt worden, wird diese von dem aufgenommenen Spektrum abgezogen und auf der jetzt errechneten ansteigenden Flanke der 2. Bande dieses Verfahrens wiederholt. Wie aus Abb. 70 zu ersehen, ergeben sich im Bereich der dargestellten Absorptionsbande vier Subbanden.

Für unsymmetrische Banden kann der Ansatz Gl. (164) um ein kubisches Glied erweitert werden [29]. Man erhält dann in logarithmierter Form

$$\ln \frac{A_{max}}{A} = b \cdot (\tilde{v}_0 - \tilde{v})^2 \, [1 + a(\tilde{v}_0 - \tilde{v})]. \tag{167}$$

Für die Konstanten b und a gilt, daß diese der Kurve entnommen werden können, wobei jedoch wieder eine Ausgleichsrechnung vorgeschaltet werden sollte. An der Stelle $\tilde{v}_h$ gilt, daß $A = A_{max}/2$; dann ist aber $\tilde{v}_0 - \tilde{v}_h = \frac{1}{2}\Delta\tilde{v}_{1/2}$, so daß wir die Konstante b ausdrücken können:

$$b = B \frac{2}{1 + a\,\Delta\tilde{v}_{1/2}}. \tag{168}$$

B ist wieder die mit Gl. (165) definierte Konstante, die mit der Halbwertsbreite der reinen Gauß-Kurve im Zusammenhang stand. Im Prinzip kann man daher in der gleichen Weise vorgehen, wie am Beispiel geschildert.

Neben der Gauß-Funktion wird die *Lorentz-Funktion* häufig zur Bandenanalyse herangezogen. Man verwendet sie in der folgenden Form:

$$A' = \frac{a}{(\tilde{v}_0 - \tilde{v})^2 + b^2} \quad \left(A' = \ln \frac{I_0}{I} \right). \tag{169}$$

Man erkennt, daß folgende Zusammenhänge bestehen:

$$\tilde{v} = \tilde{v}_0 \quad \text{und} \quad A' = A'_{max}$$

$$A'_{max} = \frac{a}{b^2}$$

und somit

$$A' = A'_{max} \cdot \frac{b^2}{(\tilde{v}_0 - \tilde{v})^2 + b^2}.$$

Für $A' = A'_{max}/2$ an der Stelle $\tilde{v}_h$ und somit $\tilde{v}_0 - \tilde{v}_h = \frac{1}{2}\Delta\tilde{v}_{1/2}$ ergibt sich

$$\Delta\tilde{v}_{1/2} = 2b.$$

Folglich kann Gl.(169) auch in der Form geschrieben werden:

$$A' = A'_{max} \frac{\Delta\tilde{v}_{1/2}^2}{4(\tilde{v}_0 - \tilde{v})^2 + \Delta\tilde{v}_{1/2}^2}. \tag{169a}$$

Diese Beziehung entspricht formal der ursprünglichen Lorentz-Beziehung zur Beschreibung einer Bandenform. Für die detaillierte Darstellung der Zusammenhänge sei auf die Monographie von Kortüm verwiesen [30] sowie auf Barker und Fox [30a].

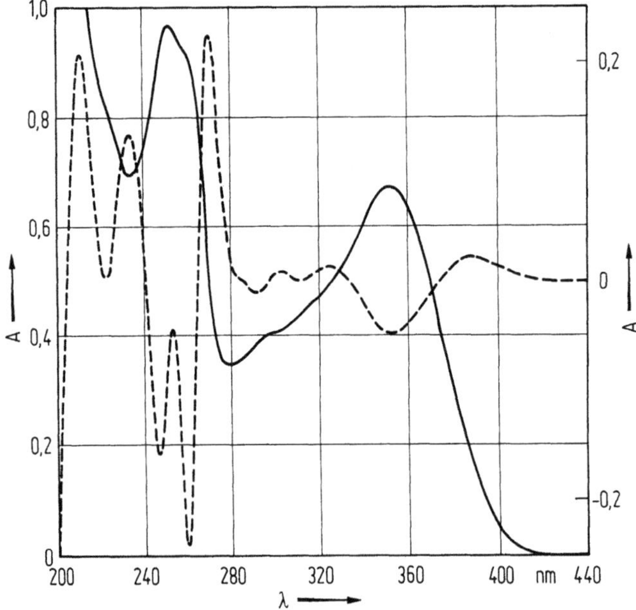

Abb. 71. Absorptionsspektrum des Morins in 0,1 M HCl; Derivativspektrum 2. Ordnung, gestrichelt, s. Text

8.2.2 Anwendung der Derivativspektren

Eine weitere einfache Möglichkeit, die Zahl der überlagerten Banden zu erkennen, bietet die Derivativspektroskopie, die wir in Abschn. 5.2 bereits besprochen hatten. Sie stellt zugleich eine gute Ergänzung bzw. auch Überprüfung der Bandenanalyse dar. In Abb. 71 ist das Absorptionsspektrum des Morins in 0,1 M HCl zusammen mit seinem Derivativspektrum 2. Ordnung dargestellt. Im Gegensatz zu Abb. 70 ist das Spektrum über der Wellenlänge registriert worden, was wegen der Aufnahme des Ableitungsspektrums aus apparativen Gründen erforderlich war. Da in diesem Beispiel auch die intensivere Bande unterhalb 270 nm erfaßt werden sollte, sind die Maxima und Minima in der langwelligen Bande relativ flach (Begründung s. später).

Es ist aber dennoch deutlich zu sehen, daß im Bereich der langwelligen Bande (420–270 nm) mindestens drei Banden zu erwarten sind. Eine vierte Bande, etwas oberhalb 280 nm, ist als Inflektion angedeutet. Bei einer Spreizung der Ordinate im Spektrum 2. Ordnung auf $-0,1 < A < 0,1$ wird dieses noch deutlicher. Die kurzwellige Bande läßt sehr scharf drei Banden erkennen. Insgesamt kann man daher im Absorptionsspektrum des Morins mit Hilfe der Derivativspektroskopie 7 Subbanden lokalisieren.

Zieht man die Bandenanalyse zum Vergleich heran, so stellt man eine gute Übereinstimmung fest, wobei aber gerade für die 4. schwache Bande bei ca. $35\,000\,\text{cm}^{-1}$, entsprechend 284 nm, ein relativ großer Fehlerfunktionswert im Vergleich zu den anderen Banden resultierte. Dieses Beispiel kann daher als Beleg dafür dienen, daß es durchaus empfehlenswert ist, diese voneinander unabhängigen Methoden miteinander zu kombinieren.

Die Derivativspektroskopie bietet ferner eine einfache Möglichkeit, eine Beziehung zwischen der Halbwertsbreite und dem Spektrum 2. Ordnung herzustellen. In Abb. 72 ist eine Bande 0. Ordnung als typisches Gauß-Profil zusammen mit dem Spektrum 2. Ordnung dargestellt. Im Spektrum 0. Ordnung liegt das Absorptionsmaximum bei λ_0; λ_h bezeichnet die Wellenlänge, die der halben maximalen Extinktion, bzw. Extinktionskoeffizienten entspricht. λ^* ist die Wellenlänge der Nullstelle der 2. Ableitung und λ^{**} entspricht der Wellenlänge, bei der das Spektrum der zweiten Ableitung seinen Minimalwert besitzt. Formulieren wir Gl. (164) über den Extinktionskoeffizienten ε, so können wir mit der Wellenlänge λ schreiben:

$$\varepsilon = \varepsilon_{\text{max}} \exp\left\{ -(\lambda_0 - \lambda)^2 \cdot \frac{4\ln 2}{\Delta\lambda_{1/2}^2} \right\} \tag{170}$$

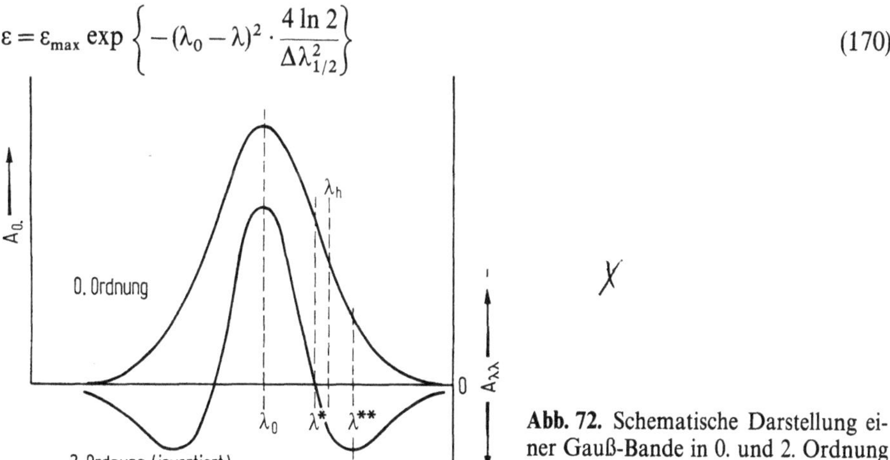

Abb. 72. Schematische Darstellung einer Gauß-Bande in 0. und 2. Ordnung (invertiert)

bzw. mit

$$B = \frac{4 \ln 2}{\Delta \lambda_{1/2}^2} = \frac{\ln 2}{(\lambda_0 - \lambda_h)^2}; \quad \left(\lambda_0 - \lambda_h = \frac{1}{2} \Delta \lambda_{1/2} \right),$$

$$\varepsilon = \varepsilon_{max} \exp \left\{ - B \cdot (\lambda_0 - \lambda)^2 \right\}. \tag{170a}$$

Differenzieren wir Gl.(170a) zweimal nach λ, so erhalten wir:

$$\frac{d^2 \varepsilon}{d\lambda^2} = \varepsilon_{\lambda\lambda} = 2 B \cdot \varepsilon \left[2 B (\lambda_0 - \lambda)^2 - 1 \right]. \tag{171}$$

Davon ausgehend ergibt sich die 3. Ableitung zu:

$$\frac{d^3 \varepsilon}{d\lambda^3} = \varepsilon_{\lambda\lambda\lambda} = 4 B^2 \varepsilon (\lambda_0 - \lambda) \left[2 B (\lambda_0 - \lambda)^2 - 3 \right]. \tag{172}$$

Nun gilt aber für das Spektrum 2. Ordnung an der Stelle λ^*, $\varepsilon_{\lambda\lambda} = 0$, und wir erhalten aus (171):

$$2 B (\lambda_0 - \lambda^*)^2 = 1, \quad (\lambda_0 - \lambda^*)^2 = \frac{(\lambda_0 - \lambda_h)^2}{2 \ln 2},$$

$$|\lambda_0 - \lambda^*| \sqrt{2 \ln 2} = |\lambda_0 - \lambda_h| = \tfrac{1}{2} \Delta \lambda_{1/2}. \tag{173}$$

Für das Minimum des Spektrums 2. Ordnung an der Stelle λ^{**} gilt $\varepsilon_{\lambda\lambda\lambda} = 0$, so daß aus Gl.(172) folgt:

$$2 B (\lambda_0 - \lambda^{**})^2 = 3$$

bzw.

$$|\lambda_0 - \lambda^{**}| \sqrt{\tfrac{2}{3} \ln 2} = |\lambda_0 - \lambda_h| = \tfrac{1}{2} \Delta \lambda_{1/2}. \tag{174}$$

Für ein *Lorentz-Profil* können wir, ausgehend von Gl.(169a), schreiben:

$$\varepsilon = \varepsilon_{max} \frac{1}{\left(\dfrac{\lambda_0 - \lambda}{\lambda_0 - \lambda_h} \right)^2 + 1} = \varepsilon_{max} \left[b (\lambda_0 - \lambda)^2 + 1 \right]^{-2} \tag{175}$$

mit $b = (\lambda_0 - \lambda_h)^{-2}$.

Für die Ableitungen $\varepsilon_{\lambda\lambda}$ und $\varepsilon_{\lambda\lambda\lambda}$ ergibt sich dann:

$$\varepsilon_{\lambda\lambda} = \varepsilon_{max} \frac{2 b \left[3 b (\lambda_0 - \lambda)^2 - 1 \right]}{\left[b (\lambda_0 - \lambda)^2 + 1 \right]^3}, \tag{176}$$

$$\varepsilon_{\lambda\lambda} = \varepsilon_{max} \frac{24\,b^2(\lambda_0 - \lambda)\,[b\,(\lambda_0 - \lambda)^2 - 1]}{[b\,(\lambda_0 - \lambda)^2 + 1]^4}. \tag{177}$$

Mit $\varepsilon_{\lambda\lambda} = 0$ bei λ^* ergibt sich aus (176)

$$3\,b\,(\lambda_0 - \lambda^*)^2 = 1 \quad \text{mit} \quad b = (\lambda_0 - \lambda_h)^{-2} \quad \text{folgt}$$

$$|\lambda_0 - \lambda^*|\sqrt{3} = |\lambda_0 - \lambda_h|. \tag{178}$$

Analog erhält man mit $\varepsilon_{\lambda\lambda\lambda} = 0$ bei λ^{**} aus (177)

$$|\lambda_0 - \lambda^{**}| = |\lambda_0 - \lambda_h|. \tag{179}$$

Stellen wir die Ergebnisse übersichtlich zusammen, so finden wir einfache Beziehungen zwischen λ_0, λ^*, λ^{**} und λ_h [31].

Gauß-Kurve:
$$|\lambda_0 - \lambda^*\,| = |\lambda_0 - \lambda_h| \cdot 0{,}85, \tag{173}$$
$$|\lambda_0 - \lambda^{**}| = |\lambda_0 - \lambda_h| \cdot 1{,}47. \tag{174}$$

Lorentz-Kurve:
$$|\lambda_0 - \lambda^*\,| = |\lambda_0 - \lambda_h| \cdot 0{,}58, \tag{178}$$
$$|\lambda_0 - \lambda^{**}| = |\lambda_0 - \lambda_h| \tag{179}$$
bzw.
$$\lambda^{**} = \lambda_h.$$

Der Abstand zwischen dem Bandenmaximum λ_0 und dem Nullpunkt des Spektrums 2. Ordnung λ^* ist bei einer Gauß-Kurve gleich dem 0,85fachen der halben Halbwertsbreite und bei einer Lorentz-Kurve gleich dem 0,58fachen. Das Minimum im Spektrum 2. Ordnung ist gleich $1{,}47|\lambda_0 - \lambda_h|$ bei einer Gauß-Kurve. Bei einem Lorentz-Profil ist dagegen $\lambda^{**} = \lambda_h$. Auf Grund dieser Tatsache sind die Banden in den Ableitungsspektren 2. Ordnung schärfer und treten somit deutlicher hervor.

Man sieht nun aber gleichzeitig, daß die Beziehungen (173), (174) und (178), (179) auch sehr nützlich für eine Bandenanalyse sind, da sie in gewissen Grenzen eine Unterscheidung zwischen Gauß- und Lorentz-Profil zulassen.

Aus Gl. (171) läßt sich sofort eine weitere Beziehung gewinnen. An der Stelle λ_0, d.h. im Bandenmaximum und im Minimum der 2. Ableitung, ergibt sich

$$\varepsilon_{\lambda\lambda}(\lambda_0) = -2\,B\,\varepsilon_{max} = -\frac{\varepsilon_{max}}{(\lambda_0 - \lambda_h)^2} \cdot 2\ln 2. \tag{180}$$

Das Minimum der 2. Ableitung $\varepsilon_{\lambda\lambda}(\lambda_0)$ ist dem Quadrat der halben Halbwertsbreite, $\lambda_0 - \lambda_h$, umgekehrt proportional.

Betrachtet man zwei Banden 0. Ordnung von vergleichbarer Intensität, aber ungleicher Breite, so ist das Verhältnis der Intensitäten in den Spektren 2. Ordnung nach Gl. (180):

$$\frac{\varepsilon_{\lambda\lambda,1}^{max}}{\varepsilon_{\lambda\lambda,2}^{max}} = \frac{(\lambda_{0,2} - \lambda_{h,2})^2}{(\lambda_{0,1} - \lambda_{h,1})^2} \cdot \frac{\varepsilon_{max,1}}{\varepsilon_{max,2}}. \tag{181}$$

Hierauf beruht die Tatsache, daß im Spektrum 2. Ordnung breite Banden zu Gunsten schmaler unterdrückt werden. Ein Beispiel zeigt das Spektrum des Chinolins in n-Heptan in Abb. 73. Das Spektrum 0. Ordnung zeigt die breite intensive ^1L_a-Bande neben der langwelligen schmalen, weniger intensiven ^1L_b-Bande. Dagegen zeigt das invertierte Spektrum 2. Ordnung nur noch gut strukturiert den ^1L_b-Übergang, während die ^1L_a-Bande fast völlig verschwunden ist. Der gleiche Effekt ist dafür verantwortlich zu machen, daß in Abb. 71 die langwellige breite Bande im Spektrum 0. Ordnung des Morins zu schwachen Signalintensitäten im Spektrum 2. Ordnung führt, während die kurzwelligere schärfere Bande außerordentlich stark ausgeprägt ist.

Mit Hilfe der hier für die Derivativspektren 2. Ordnung abgeleiteten Beziehungen läßt sich auch ein Ausdruck für die Oszillatorenstärke herleiten. Nach Gl. (164) läßt sich für die integrale Extinktion nach Erweitern mit $(c \cdot d)^{-1}$ schreiben:

$$\varepsilon = \varepsilon_{max} \exp\left\{ -B(\tilde{v}_0 - \tilde{v})^2 \right\}$$

und somit

$$\int \varepsilon_{\tilde{v}} d\tilde{v} = \varepsilon_{max} \int \exp\left\{ -B(\tilde{v}_0 - \tilde{v})^2 \right\} d\tilde{v}.$$

Geht man zur Wellenlänge λ über, so ergibt sich für das Integral

$$\int \varepsilon_{\tilde{v}} d\tilde{v} \doteq \frac{1}{\lambda_0^2} \int \varepsilon_\lambda d\lambda.$$

Einsetzen der Gauß-Funktion Gl. (170a) liefert das Integral

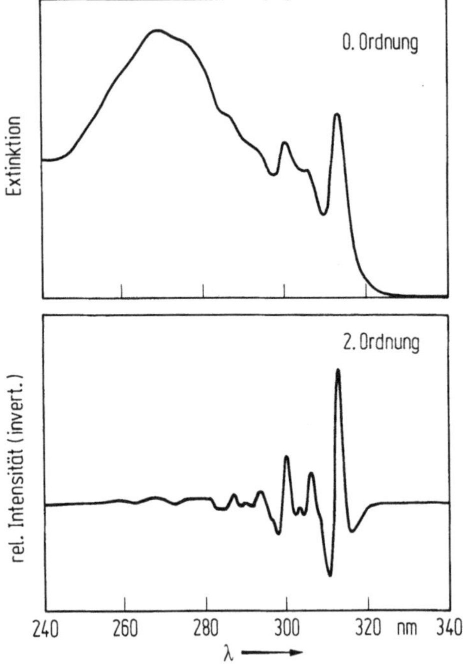

Abb. 73. Spektrum 0. und 2. Ordnung des Chinolins in n-Heptan

$$\frac{1}{\lambda_0^2} \int \varepsilon_{max} \, e^{-B(\lambda_0 - \lambda)^2} \, d\lambda \cong \varepsilon_{max} \cdot \frac{1}{\lambda_0^2} \sqrt{\frac{\pi}{B}},$$

mit $\quad B = \dfrac{\ln 2}{(\lambda_0 - \lambda_h)^2} \quad$ folgt somit

$$\frac{1}{\lambda_0^2} \int \varepsilon_\lambda \, d\lambda \sim \varepsilon_{max} \frac{|\lambda_0 - \lambda_h|}{\lambda_0^2} \sqrt{\frac{\pi}{\ln 2}}.$$

Daraus resultiert für die Oszillatorenstärke nach Gl. (159):

$$f = 4{,}319 \cdot 10^{-9} \cdot \varepsilon_{max} \frac{|\lambda_0 - \lambda_h|}{\lambda_0^2} \cdot \sqrt{\frac{\pi}{\ln 2}} \tag{182}$$

$$= k \cdot \varepsilon_{max} \cdot \frac{|\lambda_0 - \lambda_h|}{\lambda_0^2} \cdot \sqrt{\frac{\pi}{\ln 2}} \quad (k = 4{,}319 \cdot 10^{-9}).$$

Substitution von ε_{max} aus Gl. (180) liefert den Ausdruck:

$$f = -\frac{k}{2 \ln 2} \, \varepsilon_{\lambda\lambda}(\lambda_0) \frac{|\lambda_0 - \lambda_h|^3}{\lambda_0^2} \cdot \sqrt{\frac{\pi}{\ln 2}}. \tag{183}$$

Nach Gl. (173) können wir $|\lambda_0 - \lambda_h|$ durch $|\lambda_0 - \lambda^*|$ ersetzen und erhalten mit $|\lambda_0 - \lambda_h| = |\lambda_0 - \lambda^*| \sqrt{2 \ln 2}$:

$$f = -k \, \varepsilon_{\lambda\lambda}(\lambda_0) \cdot \frac{|\lambda_0 - \lambda^*|^3}{\lambda_0^2} \cdot \sqrt{2\pi}. \tag{184}$$

In Gl. (183) sowie in den vorhergehenden sind stets die Absolutbeträge der Wellenlängendifferenzen $\lambda_0 - \lambda_h$, $\lambda_0 - \lambda^*$, $\lambda_0 - \lambda^{**}$ formuliert, da λ_h, λ^* und $\lambda^{**} \lessgtr \lambda_0$ sein können, es aber nur auf die Absolutbeträge ankommt. $\varepsilon_{\lambda\lambda}(\lambda_0)$ ist dagegen, wie aus Abb. 72 zu ersehen ist, siehe auch Abb. 71, stets negativ.

Gleichung (184) kann bequem dazu benutzt werden, das Verhältnis von Oszillatorenstärken aus den Derivativspektren 2. Ordnung zu ermitteln, was immer dann von Interesse sein kann, wenn an einer Verbindung Einflüsse studiert werden, die eine Auswirkung auf die Intensität des Absorptionsspektrums haben. Hierher gehören z. B. Substituenteneinflüsse und Wechselwirkungen mit dem Lösungsmittel.

Nach Gl. (184) gilt dann für zwei Oszillatorenstärken f_1 und f_2:

$$\frac{f_1}{f_2} = \frac{\varepsilon_{\lambda\lambda}^1(\lambda_{0,1})}{\varepsilon_{\lambda\lambda}^2(\lambda_{0,2})} \cdot \frac{\dfrac{|\lambda_{0,1} - \lambda_1|^3}{\lambda_{0,1}^2}}{\dfrac{|\lambda_{0,2} - \lambda_2|^3}{\lambda_{0,2}^2}}. \tag{185}$$

Als ein Beispiel für die Anwendung von Gl. (185) sei die Beeinflussung der langwelligen Absorptionsbanden $(1A \rightarrow {}^1L_b)$ der Azaaromaten bei der Ausbildung einer Wasserstoffbrücke aufgezeigt [31, 32].

8.3 Schwingungsstruktur

Zahlreiche in Lösung gemessene UV-VIS-Spektren zeigen eine deutliche Schwingungsstruktur, wie z.B. die Spektren der Aromaten (Abb. 16: Anthracen, Tetracen, Pentacen) oder Azaaromaten (Abb. 17: 3,8- und 1–10-Phenanthrolin).

Oft hängt die Beobachtbarkeit dieser Struktur auch vom *Lösungsmittel* ab. Auch der *Temperatur* kommt für das Erkennen einer Struktur eine gewisse Bedeutung zu, da bei tieferer Temperatur die Schwingungsstruktur immer deutlicher hervortritt. Aus diesem Grunde sind entsprechende Tieftemperaturküvettenwechsler entwickelt worden, die die Messung der UV-VIS-Absorptionsspektren in glasig erstarrten Lösungsmitteln bis herab zur Temperatur des Siedepunktes des flüssigen Stickstoffs gestatten [30, 33]. Derartige Küvettensysteme sind zum Teil in konventionelle UV-VIS-Spektralphotometer leicht einzusetzen [33]. Empfehlenswert ist jedoch stets ein Eigenbau, der dann optimal für das jeweilige Spektralphotometer ausgelegt werden kann. Eine Zusammenstellung der geeigneten organischen Lösungsmittel, die glasig erstarren, findet man bei Derkosch [34] nach Angaben von Scott und Allison [35] sowie Meyer [36] mit einer Zusammenstellung der physikalischen Eigenschaften der glasig erstarrten Lösungsmittel in Verbindung mit anderen Matrixkomponenten für die Tieftemperatur-Spektroskopie.

Die Schwingungsstruktur einer Absorptionsbande zeigt i. allg. eine charakteristische Intensitätsabstufung der einzelnen Schwingungsbanden, wobei zwei Fälle zu unterscheiden sind:

a) Die erste langwellige Teilbande ist die intensivste (0-0-Übergang), die bei höheren Anregungsenergie liegenden Banden nehmen mit wachsender Anregungsenergie in ihrer Intensität stark ab.

b) Die zweite oder dritte Teilbande zeigt die größte Intensität, und die Teilbanden bei niederen bzw. höheren Anregungsenergien besitzen geringere Intensität.

Eine Erklärung dieser Intensitätsabstufung liefert das Franck-Condon-Prinzip, das eine Konsequenz der Born-Oppenheimer-Näherung darstellt [1, 2]. Der Zusammenhang zwischen Oszillatorenstärke $f_{l,k}$ und dem Dipolübergangsmoment $|\vec{M}_{l,k}|$ in Gl. (160) ist danach exakter gegeben zu:

$$f_{l,k} = 4{,}701 \cdot 10^{29}\, \tilde{\nu}_{l,k}\, S^2_{10,kv'}\, |\vec{M}_{l,k}|^2 \tag{186}$$

mit der Definition:

$$\vec{M}_{l,k} = \vec{M}_{l,k} \cdot S_{10,kv'} . \tag{186a}$$

Hierbei wird im Sinne der Born-Oppenheimer-Näherung ein Mittelwert für das Dipolübergangsmoment eingesetzt [1, 2]. Die Größe „$S_{10,kv'}$" stellt das Überlappungsintegral der an der Elektronenanregung beteiligten Schwingungszustände dar. Da bei Raumtemperatur auf Grund der Boltzmann-Verteilung sich die überwiegende Zahl der Moleküle im sogenannten schwingungslosen Zustand $v = 0$ befinden, erfolgen alle Übergänge aus dem elektronischen Grundzustand „l" von $v = 0$ aus, können aber im elektronisch angeregten Zustand „k" Schwingungszustände $v' = 0, 1, 2, \ldots$ erreichen. Die genauere theoretische Behandlung [1] zeigt nun, daß jeder Schwingungsteilbande

(0 → v′) bei einem Elektronenübergang (l → k) eine Oszillatorenstärke zugeordnet werden kann:

$$f_{10 \to kv'} = \frac{f_{lk} \cdot \tilde{v}_{10 \to kv'}}{\tilde{v}_{l,k}} \, |S_{10 \to kv'}|^2 . \tag{187}$$

Hierin bedeuten:

$f_{l,0 \to k,v'}$ Oszillatorenstärke der Teilbande $l,0 \to k,v'$ mit beliebigem v' im elektronisch angeregten Zustand k,

$f_{l,k}$ Gesamtoszillatorenstärke des Übergangs $l \to k$, (186),

$\tilde{v}_{l,0 \to k,v'}$ Wellenzahl des Maximums der jeweiligen Schwingungsbande,

$\tilde{v}_{l \to k}$ Wellenzahl des Maximums des 0-0-Überganges bzw. des Bandenschwerpunktes,

$S_{l,0 \to k,v'}$ Überlappungsintegral der Schwingungsfunktion im Grundzustand $v = 0$ und einer beliebigen Schwingungsfunktion v' im elektronisch angeregten Zustand k.

Dem Überlappungsintegral kommt daher eine zentrale Bedeutung für die Intensitätsabstufung zu, da es sehr stark von der Geometrie der beteiligten elektronischen Zustände abhängt.

Für den Fall, daß die Geometrie sich bei der Elektronenanregung nicht ändert, d. h., die Minima der Potentialkurven bzw. bei drei- und vielatomigen Molekülen der Potentialhyperflächen genau übereinander liegen, ist der Übergang $l,0 \to k,0$ der intensivste, da $S_{l,0 \to k,0}$ seinen größten Wert annehmen kann. Bei diesem sogenannten *senkrechten* Übergang zwischen den Potentialkurven liegt eine optimale räumliche Überlappung der beiden beteiligten Schwingungsfunktionen vor. Dies liegt daran, daß die größte Aufenthaltswahrscheinlichkeit des schwingenden Moleküls stets im Gleichgewichtszustand gegeben ist. Da nach der Born-Oppenheimer-Näherung der Elektronenübergang so schnell erfolgt, daß in dieser Zeit keine Änderung der Lagekoordinaten der Kerne zu berücksichtigen ist, gilt auch für den Zustand k mit $v' = 0$, daß die Aufenthaltswahrscheinlichkeit im Gleichgewichtszustand am größten ist, d. h., die beteiligten Schwingungsfunktionen sind nahezu deckungsgleich. Übergänge nach k mit $v' \geq 1$ sind daher unter diesem Postulat nur möglich von Molekülen, die im Zustand l mit $v = 0$ sich nicht im Gleichgewichtszustand aufhalten. Dies sind aber stets weniger, so daß auch weniger Moleküle einen senkrechten Übergang vollziehen können und die Intensität folglich geringer ist.

Für den zweiten Fall, daß die Geometrie im angeregten Zustand verschieden von der des Grundzustandes ist, sind die Konsequenzen sofort einzusehen. Im allgemeinen kann man davon ausgehen, daß der Gleichgewichtsabstand im elektronisch angeregten Zustand bei größeren Bindungsabständen liegt. Ein maximales Überlappungsintegral $S_{l,0 \to k,v'}$ kann deshalb nur dann resultieren, wenn der Übergang von $v = 0$ in einem höheren Schwingungszustand $v' \geq 1$ erfolgt, d. h. aber, daß der Übergang $v = 0 \to v' = 0$ eine geringere Intensität aufweisen wird. Diese beiden Fälle des Franck-Condon-Prinzips sind in Abb. 74a dargestellt.

Als anschauliche Konsequenz für die Beurteilung von nicht aufgelösten Absorptionsbanden folgt daraus, daß im Prinzip zwei charakteristische Bandenformen zu unterscheiden sind, wie in Abb. 74b dargestellt. Spektrum a) entspricht dann dem Fall gleicher Geometrie im Grund- und Anregungszustand. Die Enveloppe der Schwin-

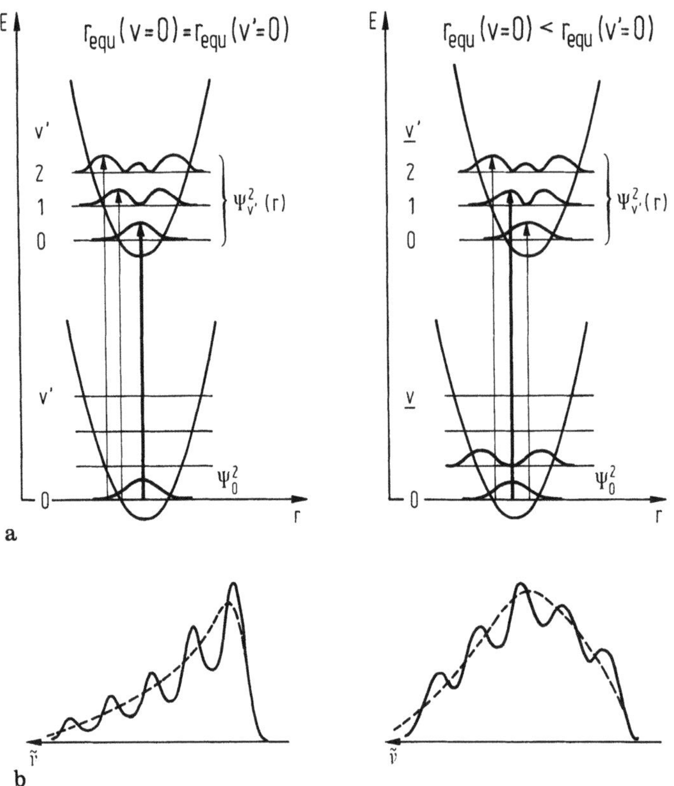

Abb. 74. a Darstellung des Franck-Condon-Prinzips, siehe Text;   **b** charakteristische Bandenformen für nicht aufgelöste Absorptionsbanden

gungsteilbanden (gestrichelt) zeigt einen steilen Anstieg von kleinen Wellenzahlen kommend und einen flachen Auslauf zu größeren Wellenzahlen hin. Im zweiten Fall, Spektrum b) (gestrichelt), resultiert dagegen eine breite Bande, die nahezu eine Gaußkurve darstellt, woraus in Näherung auf eine unterschiedliche Geometrie im Grund- und Anregungszustand geschlossen werden kann. Diese Folgerungen sind jedoch nur dann zu ziehen, wenn die UV-VIS-Spektren über der Wellenzahl aufgetragen worden sind, da die Überlagerung stets der Überlagerung von nicht aufgelösten Anregungsenergien entspricht. Die Darstellung über der Wellenlänge würde daher eine Verzerrung dieser Bandenform zur Folge haben.

In Verbindung mit der Bandenanalyse einer Schwingungsstruktur kann Gl. (187) unmittelbar angewandt werden. Bei Kenntnis von $f_{1,k}$ für die gesamte Bande, und der Bestimmung von $f_{1,0 \rightarrow k,v'}$ für die einzelnen isolierten Schwingungsteilbanden, kann mit dem aus den Spektren direkt zu entnehmenden Werten $\tilde{v}_{1,k}$ und $\tilde{v}_{1,0 \rightarrow k,v'}$ das Überlappungsintegral $S_{1,0 \rightarrow k,v'}$ somit aus experimentellen Werten ermittelt werden.

Für eine Analyse der Schwingungsstruktur in einem Absorptionsspektrum ist die Frage zu stellen, welche Normalschwingungen mit der Elektronenanregung koppeln. In einigen Fällen ist dies aus den Lösungsspektren direkt zu ersehen. So zeigt z. B. das UV-Absorptionsspektrum des Oktatriin-2,4,6 in n-Heptan eine gut ausgeprägte Schwingungsstruktur [37]. Die einzelnen Maxima entsprechen Wellenzahldifferenzen von $\Delta\tilde{v} \sim 2100$–$2200\,\mathrm{cm}^{-1}$, was mit dem Schwingungsquant einer $\tilde{v}_{c \equiv c}$-Valenzschwingung vergleichbar ist. In der Reihe der Polyine $CH_3-|C \equiv C|_n-CH_2-CH_3$

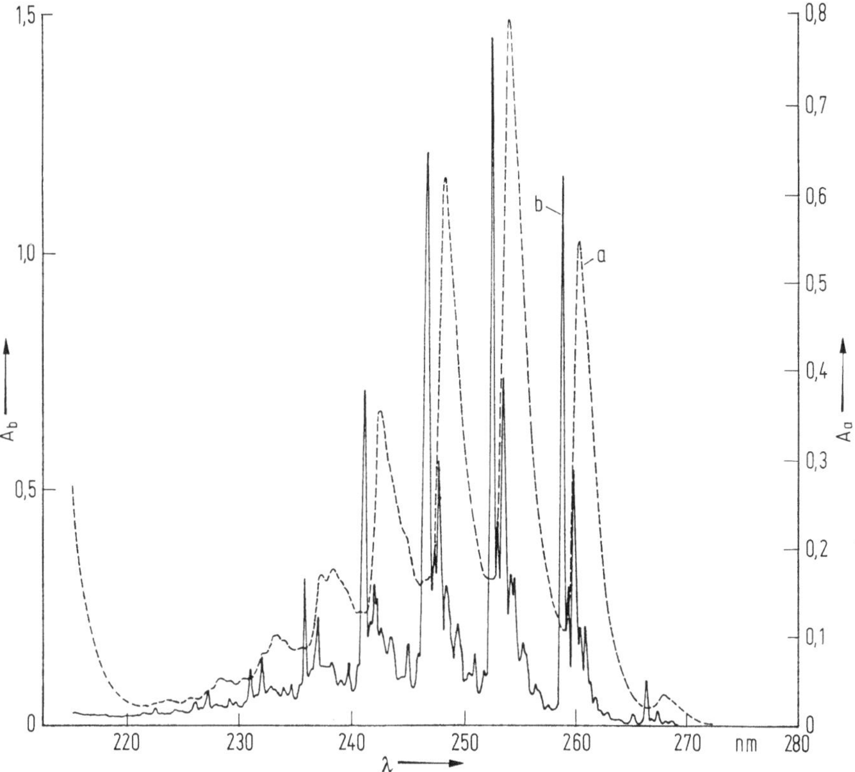

Abb. 75. Absorptionsspektrum des Benzols (^1L_b-Bande). *a* in Lösung: n-Heptan, *b* in Dampf. Gerät: Perkin-Elmer 320, $\Delta\lambda = 0,5\,\text{nm}$

mit n = 2, 3, 4, 5 und 6 bleibt diese Progression erhalten [37]. Auch bei den Polyenen beobachtet man ein $\Delta\tilde{v} \sim 1500$–$1600\,\text{cm}^{-1}$ [38, 39], was hier der Kopplung einer C = C-Valenzschwingung mit der Elektronenanregung entspricht.

Beim Benzol in Abb. 75 beobachtet man im Lösungsspektrum in n-Heptan eine Progression von $\Delta\tilde{v} \sim 930\,\text{cm}^{-1}$. Diese entspricht der totalsymmetrischen Atmungsschwingung v_2 des Benzols, die aus dem Ramanspektrum zu $993\,\text{cm}^{-1}$ zugeordnet wurde [40]. Beim Vergleich dieser Angaben muß beachtet werden, daß die Angaben aus dem Absorptionsspektrum sich auf die Schwingungsquanten des elektronisch angeregten Zustandes beziehen, während Daten aus den IR- bzw. Ramanspektren stets für den elektronischen Grundzustand gültig sind.

Während Absorptionsspektren in Lösung bei Raumtemperatur i. allg. eine einfache Schwingungsstruktur zeigen, werden die Verhältnisse wesentlich komplexer, wenn Gasspektren vermessen werden. Abbildung 75b gibt das Gasspektrum des Benzols wieder. Im Vergleich zum Lösungsspektrum erkennt man eine Vielzahl von scharf ausgeprägten Schwingungsübergängen wieder mit der dominierenden Progression von $\sim 930\,\text{cm}^{-1}$.

Das in Abb. 75 wiedergegebene Gas- bzw. besser Dampfspektrum des Benzols ist schon früh bezüglich der Schwingungsstruktur ausführlich analysiert worden [41, 42]. Eine Darstellung findet sich bei Herzberg [40] und Murrell [2].

Die ausführliche Analyse der vibronischen Kopplung in den UV-VIS-Absorptionsspektren setzt die Kenntnis der Symmetrieeigenschaften der an dem Übergang beteiligten elektronischen und vibronischen Zustände des Moleküls voraus. Grundsätzlich ist dabei zu unterscheiden, ob es sich um einen *symmetrieerlaubten* oder einen *symmetrieverbotenen* Elektronenübergang handelt. Für diese beiden Fälle sind die Auswahlregeln für die vibronische Kopplung von Herzberg [43] ausführlich dargestellt. Weitere Hinweise findet man in den Darstellungen der Gruppentheorie, soweit hierbei spektroskopische Anwendungen berücksichtigt werden [44]. Die Analyse setzt jedoch voraus, daß das Schwingungsspektrum der jeweiligen Verbindung nicht nur bekannt, sondern auch bezüglich der Symmetrie der Normalschwingungen zugeordnet ist, wozu i. allg. eine Normalkoordinatenanalyse erforderlich ist. Obwohl Normalkoordinatenanalysen sehr häufig durchgeführt werden, ist die Zahl der Moleküle, deren Schwingungsspektren genau zugeordnet sind, immer noch klein gegenüber der großen Zahl von Molekülen, deren UV-VIS-Absorptionsspektren bekannt sind. Auch ist die Zahl der Verbindungen, die sich als Gas- oder Dampfspektren sehr genau mit hoher Auflösung vermessen lassen, auf diejenigen beschränkt, die sich unzersetzt in den Gas- oder Dampfzustand überführen lassen. Der weitaus größte Teil aller im UV-VIS absorbierenden Verbindungen wird dagegen in Lösung vermessen. Derartige Spektren zeigen im allgemeinen eine einfache Schwingungsstruktur. Die Zuordnung der Schwingung erfolgt dann rein empirisch im Vergleich zu den charakteristischen Schwingungen, so wie es bei den oben aufgeführten Beispielen dargestellt worden ist.

Literatur

 1 Birks, J. B.: Photophysics of Aromatic Molecules, Kap. 3. London, New York, Sydney, Toronto: Wiley 1970, S. 50 ff.
 2 Murell, J.: Elektronenspektren organischer Moleküle, Bd. 250/250a, B. I. Hochschultaschenbücher, Kap. I.3 und II. Mannheim: Bibliographisches Institut 1967
 3 Mulliken, R. S.: J. Chem. Phys. *7*, 14 (1939)
 4 Platt, J. R.: J. Chem. Phys. *17*, 484 (1949)
 5 Klevens, H. B.; Platt, J. R.: ibid. *17*, 470 (1949)
 6 Förster, Th.: Fluoreszenz organischer Verbindungen, IV. § 12. Göttingen: Vandenhock & Ruprecht 1951
 7 Jaffeé, H. J.; Orchin, M.: Theorie and Application of Ultraviolet Spectroscopy, Kap. 6. London, New York: Wiley 1962
 8 Klessinger, M.: Farbensymposium in Baden-Baden, 1982; und priv. Mitteilung
 9 Coulson, C. A.: Pr. phys. Soc. (London) *60*, 257 (1948)
10 Craig, D. P.; Hobbins, P. C.: J. Chem. Soc. 539 (1955)
11 Montheat, J.; Robertson, J. M.: Organic Crystals and Molecules. Ithree, New York: Cornell University Press 1953
12 McClure, D. S.: Electronic Spectra of Molecules and Ions in Crystals. New York, London: Academic Press, Solid State Reprints 1959
13 Sidman, J.: J. Chem. Phys. *25*, 115, 122 (1956); ibid. *24*, 757 (1956); McClure, D. S.: J. Chem. Phys. *22*, 1668 (1954); *24*, 1 (1956)
14 Dyck, R. H.; McClure, D. S.: J. Chem. Phys. *36*, 2326 (1962)
15 Scheibe, G.; Kern, J.; Dörr, F.: Z. Elektrochem. Ber. Bunsenges. Physik. Chem. *63*, 117 (1959)
16 Perkampus, H.-H.; Senger, P.; Kassebeer, G.: Ber. Bunsenges. Physik. Chem. *67*, 703 (1963)
17 Eckert, R.; Kuhn, H.: ibid. *64*, 356 (1960)
18 Inoue, H. et al.: ibid. *75*, 441 (1971)
19 Hoshi, T. et al.: ibid. *75*, 891 (1971)
20 Hoshi, T. et al.: ibid. *86*, 330 (1982)

21 Eggers, J. H.; Thulstrup, E. W.; Have, B. P.; Hansen, L. H.; Swandström, P.: Lecture at 8th. European Congress on Molecular Spectroscopy, Copenhagen, 1965
   Thulstrup, E. W.; Eggers, J. H.: Chem. Phys. Letters *1*, 690 (1968)
   Thulstrup, E. W.; Michl, J.; Eggers, J. H.: J. Phys. Chem. *74*, 3868 (1970)
   Michl, J.; Thulstrup, E. W.; Eggers, J. H.: ibid. *74*, 3878 (1970); Ber. Bunsenges. Physik. Chem. *78*, 575 (1974)

22 Dekkers, J. J.: Academische Proefschrift, Freie Univers. Amsterdam, 1979

23 Scheibe, G.: Kolloid Z. *82*, 2 (1938)
   Scheibe, G., in: Optische Anregung organischer Systeme, Z. Internat. Farbensymposium, Schloß Elmau, 1964. Weinheim: Verlag Chemie 1966, S. 109–142

24 Dörr, F.; Held, M.: Angew. Chem. *72*, 287 (1960)

25 Dörr, F.: Polarized Light in Spectroscopy and Photochemistry in Creation and Detection of Excited State, Vol. I, A, (Ed. Lamola, A. L.). New York: Dekker 1971

26 Feofilov, P. P.: The Physical Basis of Polarized Emission, aus dem Russischen. New York: Consultants Bureau 1961

27 Vandenbelt, J. M.; Henrich, C.: Appl. Spectroscopy *7*, 176 (1953)

28 Kuhn, N.; Braun, E.: Z. Physik. Chem. *B8*, 283 (1930)

29 Siebert, H.; Linhard, M.: Z. Physik. Chem. N.F. *11*, 308 (1957)

30 Kortüm, G.: Kolorimetrie, Photometrie und Spektrometrie, 4. Aufl. I, 7. Berlin, Göttingen, Heidelberg: Springer 1962, S. 47ff.

30a Barker, B. E.; Fox, M. F.: Chem. Soc. Rev. *9*, 143 (1980)

31 Juffernbruch, J.: Dissertation, Univers. Düsseldorf, 1982

32 Juffernbruch, J.; Perkampus, H.-H.: Spectrochim. Acta *39A*, 905 (1983)

33 Lippert, E.; Luder, W.: ibid. *15*, 378 (1959)

34 Derkosch, J.: Absorptionsspektralanalyse im ultravioletten, sichtbaren und infraroten Spektralbereich. Frankfurt/M.: Akadem. Verlagsges. 1967

35 Cott, D. R.; Allison, J. B.: J. physic. Chem. *66*, 561 (1962)

36 Meyer, B.: Low Temperature Spectroscopy. New York: American Elseviers 1971

37 Perkampus, H.-H.; Bohlmann, F., in: DMS-UV-Atlas. (Hrsg. Perkampus, H.-H.; Sandemann, U.; Timmons, C. J. Weinheim: Verlag Chemie, London: Butterworths 1966, Vol. I, A8/1 und A12/T1a

38 Ziegenbein, W., in: DMS-UV-Atlas, A11/1 s. loc. cit. [37]

39 Merz, J. H.; Straub, P. A.; Heilbronner, E.: Chimia *19*, 302 (1965)
   Zechmeister, L.: Fortschr. Chemie Org. Naturstoffe *18*, 223 (1960)
   Weadon, B. C.: ibid. *27*, 81 (1969)
   Vetter, W.; Englert, G.; Rigani, N.; Schwieter, U.: ibid. *27*, 189 (1969)

40 Herzberg, G.: Molecular Spectra and Molecular Structure, III. Electronic Spectra and Electronic Structure of Polyatomic Molecules. Princeton, Toronto, New York, London: van Nostrand 1966

41 Sponer, H.; Nordheim, G.; Sklar, A. L.; Teller, E.: J. chem. Phys. *7*, 207 (1939)

42 Sponer, H.; Teller, E.: Rev. Med. Phys. *13*, 75 (1948)

43 Herzberg, G.: loc. cit. [40], Kap. II,2, S. 142ff.;
   Herzberg, G.: Einführ. in die Molekülspektroskopie, Wissenschaftliche Forschungsberichte, Reihe IA, Band 74. Darmstadt: Steinkopff 1973, S. 142ff.

44 Schonland, D.: Molecular Symmetry. New York, Amsterdam: Benjamin 1966

Verzeichnis der dargestellten Absorptionsspektren

Anilin 37
Anthracen 57, 184

Benzaldehyd 39
Benzaldehyd-N-Phenyl-semicarbazon 39
Benzaldehydoxim 39
Benzaldehydsemicarbazon 39
Benzol 199

Chinoaxalin 125, 126
Chinolin 194
Coumarin-3-carbonsäure 163

2,7-Diazaphenanthren 106
1,2,7,8-Dibenzacridin 80, 128

EDA-Komplex Durol/Chloranil 132
EDA-Komplex Naphthalin/
   Tetracyanoethylen 134

Hexaaquo-Kupfer(II)-Ion 20

Iso-Chinolin 79

Kupfer(II)-4-hydroxyacridin 20

Kupfer(II)-8-hydroxychinolin 20

Malachitgrün 154
Morin 188

NAD 42
NADH 42
Nitrat-Ion 71
Nitrit-Ion 71
Nitrophenol(o-, m-, p-) 57

Pentacen 57
Phenanthren 59
1,10-Phenanthrolin 58
3,8-Phenanthrolin 58
Phenylhydrazin 37
Phenylhydrazon des Acetaldehyds 37
Pyridin 78

cis-Stilben 59
trans-Stilben 59

Tetracen 57
Trimethylacetophenon-phenylhydrazon 37

Sachverzeichnis

Aberchrome 540 als Aktinometersubstanz 176
Ableitungsspektren 1. Ordnung 76, 77
Ableitungsspektren 2. Ordnung 76, 77
Ableitungsspektren höherer Ordnung 77
Absorbance 3
Absorption, spezifische 21, 26, 27, 28
Absorptionskoeffizient 82, 89
Absorptionsmessungen mit polarisiertem Licht 186, 187
Absorptions-Polarisation-Fluoreszenz-Spektrum (APF) 106
— — — — des 2,7 Diazaphenanthrens 106
Absorptions-Polarisations-Phosphoreszenz-(APPh)-Spektrum 106
Absorptionsspektrum 3
Acceptor 124
Acridin 127
Äquiabsorptionsmethode 70
Äquiextinktionsmethode 70
Aktinometer, chemisches 175, 176
Aktivitätskoeffizient 113, 115, 119, 133
Aldehyd-Dehydrogenase 47
Aldehydnachweis 39, 40
Algebraische Komplemente 52
Alkoholbestimmung, enzymatisch 46, 47
Alkohol-Dehydrogenase (ADH) 46
Analyse der Schwingungsstruktur 198, 199
Anisotropie der Lichtabsorption 8, 105, 185
Anregungsspektrum der verzögerten Fluoreszenz 105
Anthracen 184
—, Anisotropie der Lichtabsorption 185
—, Dipolübergangsmoment, ^1L_a-Bande 185
—, Oszillatorenstärke, ^1L_a-Bande 184
Assoziationsgleichgewichte 123
Assoziationskonstanten des 1,2,7,8 Dibenzoacridins mit Protonendonatoren 129
Aufheizkonstante 171
Auflösungsvermögen 12,13
Ausgleichsgerade 135
Auswahlregeln für vibronische Kopplung 200

Auswertung kinetischer Messungen 157
— — —, formale Integration 158, 159, 162, 163, 164
— — —, nach Guggenheim 158, 163, 164
— — —, nach Swinbourne 157, 161, 163, 164
— — —, nach Zeitgesetz 1. Ordnung 161
— — —, nach Zeitgesetz 2. Ordnung 166
Azobenzol-Aktinometer 176
— -Isomerisierung 177
— -Photocyclisierung 178

Bandenanalyse 187, 193
— mit Derivativspektren 191
— mit Gauß-Funktionen 188
— mit Lorentz-Funktionen 189, 190
— des Morinspektrums 188
— bei unsymmetrischen Banden 189
—, Voraussetzung 188
Benesi-Hildebrand-Gleichung 131, 135, 137, 140
2,3-Benzoacridin 127
5,6-Benzochinolin 127
5,6-Benzoisochinolin 127
Benzol, Dampfspektrum 199
Benzol, Lösungsspektrum 199
Benzoltricarbonsäure, pk-Wert 123
Bestrahlungsstärke 175
Blitzlichtphotolyse 173
Bohr-Einsteinsche Frequenzbeziehung 1
Borbestimmung mit Curcumin 30
Bouguer-Lambert-Beersches-Gesetz 3, 19, 43, 75, 81, 113, 171
BPPS-Schlüssel 60
— —, Beispiele 62
Bromphenolblau 138
Brutto-Stabilitätskonstante 138

Charakteristische Schwingungen 200
Charge-Transfer-Komplexe 130
Chinolin 127
Chinoxalin 125
Chromophores System 36
Coenzym 41
Coumarin-3-carbonsäure, basenkatalysierte Ringspaltung 162, 163, 164

CP Modell 93
Cramersche Regel 51
Curve-Fitting-Verfahren 123

Dauerbestrahlung 178
Debye-Hückel-Theorie 116, 119
Derivativspektren 191
— und analytische Anwendungen 79
— des Chinolins 194
— von 1,2,7,8-Dibenzacridin 80
— und H-Brücken 81
— von Isochinolin 79, 128
— des Morins 191, 194
— 1. Ordnung 76, 77, 78, 128
— 2. Ordnung 76, 77, 78, 194, 195
— höherer Ordnung (DSHO) 77
— von Pyridin 78
Derivativspektroskopie 13, 75, 191
Desaktivierungsmechanismen 90
—, strahlende 90, 102
—, strahlungslose 90
Detektoren, physikalische 175
1,2,7,8-Dibenzacridin 127, 129
Diethyl-dithiocarbamidat 22
Diethyl-p-phenylendiamin-
    Methode 34, 35
Differentiation, elektronische 77
Differenzengleichungen 157
— nach Guggenheim 158
— nach Swinbourne 157
Dihydronicotinamid-adenin-Dinucleotid-
    diphosphat (NADH o. NADPH) 41, 44
Diphenylcarbazid 22
Diphenylcarbazon 22
Dipolübergangsmoment 7, 8, 184, 185, 196
2,2'-Dipyridyl 22
Dissoziation 114
— einer aciden OH-Gruppe 114
— einer Carbonsäure 114
— einer Kationsäure 114
Dissoziationsgleichgewicht 114
Dissoziationsgrad 115, 120
Dissoziationskonstante, gemischte 116
—, klassische 116
—, thermodynamische 116, 120
Dissoziationssysteme 116
—, einstufige 116
—, zweistufige 122
—, mehrstufige 122
Dithizon 22
DMS-UV-Atlas 59
Donator 124
Doppelmonochromator 12
Doppelstrahlrapidspektrometer 169
Doppelwellenlängen-Spektrophotometer 75,
    77
Doppelwellenlängenspektroskopie 13, 69
— mit Komplexbildnern 73

— und streuender Untergrund 72, 73
— an trüben Lösungen 72, 73
— und Verstärkungsmethode 73, 74
Dreikomponentensystem 50, 54
—, Beispiel 55—57
—, mathematische Formulierung 51
Drucksprungmethode 170, 173
Dunkelphase 178
Dunkelreaktion 174
Durchlässigkeit 3, 14, 15, 16
Durol/Chloranil 132

EDA-Komplex 130
— —, Bildungsgleichgewicht 130, 131
Edukt 146
Eigenassoziation 124
Einstrahlgeräte 11
Einzelbestimmung, photometrisch 19, 20, 21
— —, Anionen 31—34
— —, Metalle 23—31
— —, organische Verbindungen 36—41
Eisenoxalat-Aktinometer 176
Elektronen-Acceptor 124
Elektronen-Donator 124
Elektronenübergänge, Zuordnung der 106
Emissions-Anregungs-Matrix 108
Empfindlichkeit der Empfänger 15
Empfindlichkeitsindex 21
Endwertmethode 42
Energieübertragung 100, 108
Enveloppe von Absorptionsbanden 197, 198
Enzymaktivität 44
Enzymatische Analyse 41 ff, 48, 49
Enzyme 41, 42, 48, 49 (Tab. 12)
Enzymeinheit, internationale 43
Enzymkinetik 42 ff
Enzymsubstratkomplex 45
Enzymsubstratreaktion 45, 172
Extinktion 3, 15, 16, 144, 145
— als Meßgröße in der Kinetik 144
—, scheinbare 72
—, wahre 72
Extinktions-Diagramm (AD) 121, 142
Extinktionsdifferenz 69
Extinktions-Differenzen-Diagramm   (ΔAD)
    121, 135, 141
Extinktions-Differenzen-Quotienten-
    Diagramm (ΔAQD) 141
Extinktionskoeffizient, molarer, dekadischer
    3, 20, 69, 76, 103, 191
Extinktions-Zeit-Diagramm 154
Extraktionsspektrophotometrie 26, 27, 28

Falschlicht 12
Falschlichtanteil 14, 15, 16
Farbkurve 86
Fehlerfunktion 189
Fehlerquadrat 189

Feldsprungverfahren 173
Filter 10, 11
Filterglas 95, 96
Flotationsspektrophotometrie 28, 29
Fluoreszenz 88
—, verzögerte 104
Fluoreszenzanregung, selektive 107
—, synchrone 107
Fluoreszenz-Anregungsspektro-
    skopie 105
— —, analytische Anwendungen 107
Fluoreszenz-Anregungs(FA)-
    Spektrum 105, 107
— — — von Anthracenfilmen 105
Fluoreszenzintensität 103
Fluoreszenz-Polarisations(FP)-
    Spektrum 106
Fluoreszenzspektrum 6,7,8
Folgereaktionen 150, 155
—, Zeitgesetz 150
Formaldoxim 22
Franck-Condon-Prinzip 7, 196, 198

Gauß-Funktion 188, 191, 193, 194
— —, 2. Ableitung 192
— —, 3. Ableitung 192
Gauß-Profil 191
Geometrie von Elektronenzuständen 197
Geschwindigkeitskonstante 144, 145, 150, 151,
    161, 162, 164, 166, 167
—, diffusionskontrolliert 171
Gittermonochromator 12
Gleichgewicht 113
Gleichgewichtskonstante 113
Gleichgewichtsverschiebung 170
β-D-Glucose-Bestimmung 47, 48
Glucose-6-Phosphat-Dehydro-
    genase 41, 44

Halbwertsbreite 7, 188, 189, 190, 191, 193
— und Derivativspektrum 193
Halogenamine 35
Halogene 34, 35
Halogenlampe 9
H-Brücken-Assoziationskonstanten IR und
    UV 129
H-Brücken-Assoziationskonstanten IR und
    UV, Lösungsmittelabhängigkeit 129
Helmholtz-Resonator 94
Henderson-Hasselbach-Gleichung 116, 119,
    126, 140
Heterocoordianthron-Aktinometer 176
1,1,1,3,3,3-Hexafluor-isopropanol als Proto-
    nendonator 127, 129
Hexokinase (HK) 44
Hydrolysekonstante 54
Hydrolysereaktionen 149, 159, 160
p-Hydroxyanilin 165

2-Hydroxy-5-nitro-α-toluolsulfon-säure-
    sulton 159
4-Hydroxy-Phenazin, pk-Werte 122

Inhomogenes Gleichungssystem 51
— —, überbestimmt 52
Integrale Absorption 7
Integrationskugel 84, 85
—, Zusatz für Spektralphotometer 84, 85
Integriertes Zeitgesetz 146—149
Intensitätsabstufung der Schwingungsstruktur
    196, 197
Interkombinationsübergang 5
Internal Conversion 5, 88, 89
Intersystem crossing 5
Intervallbestrahlung 178
Ionenassoziate 26, 28, 29, 31
Ionenprodukt des Wassers 165
Iso-Chinolin 127
Isosbestischer Punkt 121, 154, 163

Jobsche Methode 137
Jod-Laser 171

Kasha-Regel 103
Kennzahl R 63
Ketelaar-Gleichung 131
Kinetik chemischer Reaktionen 144
Kohlestandard 93
Komplementärfarbe 81
Komplexbildner 22, 23—26, 72
—, selektiver 23
—, spezifischer 23
Komplexbildungsgleichgewichte 123
Kontrastverhältnis, ideales 83
Konzentrationsprofil 96
Kreatinin-phosphokinase (CPK) 44, 45
Kubelka-Munk-Funktion 82, 85
Küvetten 4
Kurzwellige Grenze (UV) 2

Langwellige Grenze (VIS) 2
Laser-Aufheizung 171
Ligand 138, 140
Lösungsmittel 4, 14, 26, 28
Lorentz-Kurve 189, 193
— —, 2. Ableitung 192
— —, 3. Ableitung 193
Lorentz-Profil 192, 193
Lumineszenz-Anregungsspektroskopie 102
Lumineszenz-Spektralphotometer 104

Malachitgrün 154
—, basenkatalysierte Hydrolyse 160—162
Maskierungstechnik 23
Matrix 51
—, inverse 51, 52
—, transponierte 53

Matrix-Ranganalyse 152
— —, graphische 135, 137, 140, 153, 154, 155
— —, numerische 134, 137, 152, 153
MBTH, 3-Methyl-2-benzothiazolinium-
hydrazon 39, 40
Mehrkomponentenanalyse 19, 49
—, Beispiel 55—57
—, Fehlerfortpflanzung 54
— und Fluoreszenz-Anregungsspektroskopie
108
— und Gleichgewicht 54
—, Iterationsverfahren 55
—, Optimierung 54
—, Vielpunktverfahren 55
—, Voraussetzungen 50
Mehrkomponentensystem, zeitlich inkonstant
152
Mesodiphenylhelianthren als Aktino-
metersubstanz 176
Meßgeometrie bei der diffusen Reflexion 84
Metallbestimmung, photometrisch 22—31
Metalldampfentladungslampen, Filter für 10,
11
Metallkomplex 138
Metall-Ligandreaktionen 172
Methode der kleinsten Quadrate 53
Michaelis-Menten-Konstante 46
Mikrophon 89, 94
Mikrowellenaufheizung 171
Mischassoziation 124
Molekülverbindungen 123
Monochromator 12, 74
Morin 22, 188
Mutarotase 47
Mutarotation 47

OH-Valenzschwingung 124
Oktatriin-2,4,6, Schwingungsquant 198
Optische Dichte 50, 55, 130
Optische Weglänge 91—93
Optisch transparent 91
Optisch undurchlässig 91
Oszillatorenstärke 7, 183, 184, 196
— einer Teilbande 197
Oszillatorenstärken und Derivativspektrum 2.
Ordnung 194
Oszillatorenstärken und Derivativspektrum 2.
Ordnung, Verhältnis von 195

Nachweisgrenze, photometrische 20
NAD 41, 44
NADH 41, 44
N-Benzoyl-N-phenylhydroxylamin 22
N-Heterocyclen 125
Nicotinamid-adenin-dinucleotid-
diphosphat (NAD oder NADP) 41, 44
Nitratnachweis 31
Nitrophenol, p-, pk-Wert 117

n-π^*-Übergang 125, 127
Nutzlicht 14

PA-Meßzelle für hohe Temperaturen 102
Parallelreaktion 151
PA-Relaxationsmethode 102
PAS an Lösungen 99
PAS an Polymerfilmen 101
PAS und Reflexionsspektroskopie 98
pH-Abhängigkeit des Absorptionsspektrums
116
1,10-Phenanthrolin 22, 176, 178
Phenylhydrazin 37
Phenylhydrazon 37, 38
Phenylsemicarbazid 39
Phenylsemicarbazon 39
Phosphoreszenz-Polarisations-(PhP)-
Spektrum 106
Phosphoreszenzspektrum 7, 8
Photoaktionsspektrum 104
Photo-Akustik-Amplitude 92, 98
Photo-Akustik-Meßzelle 89
— — —, gasgekoppelt 89
Photo-Akustik-Phasenwinkel 92, 98, 99
Photo-Akustik-Spektroskopie 88
— — — an kondensierten Phasen 89
Photo-Akustik-Spektrum 89
— — —, Chinacridon-Pigment 97
— — —, Filterglas BG12 95
— — —, von kollodialem Silber 96
— — —, Malachitgrün 100
— — —, Rhodamin 6G 100
Photo-Akustik-Zweistrahl-Spektral-
photometer 94
Photocyclisierungsreaktionen 178
Photokinetischer Faktor 175, 177
Photometer 9
Photometerkugel 84
Photometrie 21
Photometrie von Dünnschicht-Chromato-
grammen 87
Photometrische Titration 117, 118, 142
— —, Meßanordnung 118
Photophysikalische Primärprozesse 4, 5
Photoreaktion 150, 173
—, einfache 174, 178
—, komplizierte 174, 177, 178
Photoselektion 187
Photoselektionsmethode 106
Phthalsäure, pk-Wert 123
Piezo-elektrischer Detektor 102
pk-Wert 114, 117, 119, 122, 123
— —, optische Bestimmung 120
pk$_a$-Werte 54, 165
pL-Wert 139, 140
Polarisationsgrad 106, 107
Polarisationsgradspektren 106
Polychromator 13

Polyen, Schwingungsstruktur 199
Polyethylenfolien, gestreckt 187
Polyin, Schwingungsstruktur 199
Polyvinylalkohol (PVA)-Filme, gestreckt 186
Polyvinylalkohol als Lösungsmittel 101
Polyvinylpyrrolidon als Lösungsmittel 101
Potentialkurven 197, 198
Produkt 146
Protolytische Gleichgewichte 114
Protonen-Acceptor 124
Protonen-Donator 124, 127
Protonentransferreaktionen 172
Pulfrich-Photometer 19
Pyridazin 126
Pyridin als Protonenacceptor 127
Pyridin-4-aldehyd 165
Pyridinderivate, pk-Wert 119
1-(2-Pyridylazo)-2naphthol 22
Pyrrolidin-dithiocarbamidat 22

Quantenausbeute 90
— der Fluoreszenz 100, 102
— von Photoreaktionen 174, 175
—, wahre differentielle 174, 175, 177
Quecksilberdampf-Hochdruck-Lampen 9
q_λ-Wert 145—149, 155

Reabsorption 103, 108
Reaktionen, langsame 144
—, schnelle 144, 167
Reaktion 1. Ordnung 42, 145
— — —, Zeitgesetz 145
Reaktion 2. Ordnung 42, 43, 146
— — —, Beispiele 165, 166
— — —, Spezialfälle 147
— — —, Zeitgesetz 146, 147
Reaktion 3. Ordnung 148
— — —, Spezialfälle 149
— — —, Zeitgesetz 148, 149
Reaktion pseudo- 1. Ordnung 42, 43, 149
— — — —, Beispiel 160, 162, 166
Reaktionsspektrum 154, 157
—, Hydrolyse des Malachitgrüns 154
—, Lactonringspaltung der Coumarin-
    3-carbonsäure 163
—, p-Hydroxyanilin und Pyridin-4-
    aldehyd 165
Reaktionstyp 2a→p   146
— a+b→p   147
— 3a→p   148
— 2a+b→p   148
— a+b+c→p   149
Redoxreaktionen 172
Reflexion, diffuse 82
—, reguläre 85
Reflexionsgrad 177
Reflexionsspektroskopie 81
Reflexionsverluste 4, 81

Reflexionsvermögen 82
—, absolutes 83
—, relatives 83
Reflexionsspektrum von Chinacridon-
    pigment 97
— — Hostapermrot E3D 86
— — Trichlormethan, ads. 87
Relaxationsspektroskopie 169, 173
Remission, lineare 188
Resonanzfluoreszenz 5
Resonanz-PAS 102
Rosencwaig-Gersho-Theorie 90, 91
— — —, Grenzfälle der 91, 92

Sättigungseffekt 92, 93, 94
Schiffsche Base 165, 166
Schwarzstandard 93
Schwingungsrelaxation 88
Schwingungsstruktur 5, 6, 196
Seitenspezifität 96
Selbstmodulation 77
SEPIL (selectivity exciting probe Ion
    Luminescence) 109
Signalsättigung 92, 97
Signalverstärkungsmethode 74
Silkostat 36
Singulett-Exciton 104
Singulett-Termschema 88
Spektralphotometer 11
Spektrensammlungen 63
Spektroskopisches Gewicht 59
Spektroskopische Merkmale 59
Stabilitätskonstante, Brutto- 138
—, individuelle 138
—, pH-Abhängigkeit 142
Stöchiometrie von Komplexen 137, 138
Stöchiometrischer Koeffizient 144, 146, 147
Stopped-flow-Methode 167, 168
Stopped-flow-Vidicon-Spektrometer 169
Stopped-flow-Zusatz 163, 169
Streukoeffizient 82
Streulichtanteil 12, 14
Strömungsgeschwindigkeit 167
Strömungsmethode 167, 168
Strömungsorientierung 187
Strömungsrohr 167
—, Zeitgesetz 167, 168
Strukturelemente 60
Swinbourne-Gleichung 157, 161
Syringaldazin 34, 35
—, Methode 34, 35

Tandemküvette 154, 157
Taylor-Kugel 83
Teilreaktionen 152
—, linear unabhängige 153
Temperaturleitwert des Filterglases NG 1 96
Temperatursprungapparatur 172

Temperatursprungmethode 170
Temperatursprungzelle 171, 172
Term 1
Termdifferenz 1
Termschema 5, 6
Tetrabromfluorescein (Eosin) 31
Tetracyanoethylen/Naphthalin 134
Thermische Diffusionslänge 91, 93
Thermisch dicke Probe 91
Thermisch dünne Probe 91
Tiefenprofil 98
Tieftemperatur-Absorptionsspektren 196
Tieftemperatur-PA-Meßzelle 102
Titrationskurve 118, 119
—, Linearisierung der 116, 119
Toluidin-Methode, o-, 34
Totzeit 167
Transmittance 3
Triplett-Exciton 104
Triplett-Triplett-Annihilation 104

Überlappungsintegral der Schwingungsfunk-
    tionen 196—198
Umsatzvariable 144, 151
UV-VIS-Bereich 2

Verdünnungsfehler 118
Verdünnungsmethode 85, 97

Wasserstoffbrückenassoziation 124, 129
Wasserstoffbrückenkomplex 128
Weißstandard 83, 85
Wellenlängenmodulation 77
Wellenzahl 1
Wendepunktsbestimmung bei Titrationskurve
    119

Zweikomponentensystem 50, 69, 71
Zweiphotonenübergänge 5
Zweistrahlgeräte 12

If you have any concerns about our products,
you can contact us on
ProductSafety@springernature.com

In case Publisher is established outside the EU,
the EU authorized representative is:
Springer Nature Customer Service Center GmbH
Europaplatz 3, 69115 Heidelberg, Germany

Printed by Libri Plureos GmbH
in Hamburg, Germany